U0217669

全彩电工
从入门到精通

微视频版

蔡杏山 主编

电子工业出版社
Publishing House of Electronics Industry
北京·BEIJING

内 容 简 介

　　本书以"全彩＋图解＋视频"的方式介绍电工技术，主要内容有电工基础与安全用电、电工工具、测量仪表、低压电器、变压器、电动机、电子元器件、室内配电线路、PLC、变频器、触摸屏等。

　　本书配有高清视频文件，建议读者在阅读本书前先观看这些视频，通过视频的学习，读者能在短时间内快速掌握电工技术。

　　本书内容由浅入深，语言通俗易懂，结构安排符合学习认知规律，适合作为初学者学习电工技术的自学图书，也适合作为职业院校电类专业的电工技术教材。

图书在版编目（CIP）数据

全彩电工从入门到精通：微视频版 / 蔡杏山主编 . —北京：电子工业出版社，2020.10
ISBN 978-7-121-39588-8

Ⅰ . ①全…　Ⅱ . ①蔡…　Ⅲ . ①电工技术－教材　Ⅳ . ① TM

中国版本图书馆 CIP 数据核字（2020）第 175900 号

责任编辑：张　楠
印　　刷：北京天宇星印刷厂
装　　订：北京天宇星印刷厂
出版发行：电子工业出版社
　　　　　北京市海淀区万寿路 173 信箱　　邮编　100036
开　　本：787×1092　1/16　印张：20.25　字数：518.4 千字
版　　次：2020 年 10 月第 1 版
印　　次：2020 年 10 月第 1 次印刷
定　　价：108.00 元

　　凡所购买电子工业出版社图书有缺损问题，请向购买书店调换。若书店售缺，请与本社发行部联系，联系及邮购电话：（010）88254888，88258888。

　　质量投诉请发邮件至 zlts@phei.com.cn，盗版侵权举报请发邮件至 dbqq@phei.com.cn。

　　本书咨询联系方式：（010）88254579。

前 言

在现代社会，众多领域的电气化程度越来越高，这就使得电气及相关行业需要越来越多的电工技术人才。对于一些对电工技术一无所知或略有一点基础的人来说，要想成为一名合格的电工技术人才，既可以在培训机构培训，也可以在职业学校系统学习，还可以自学成才。不管采用哪种方式，都需要一些合适的入门图书。选择好的电工技术图书，不但可以让学习者轻松迈入电工技术大门，而且能让学习者的技术水平快速提高，快速成为电工技术领域的行家里手。

本书采用"全彩＋图解＋视频"的方式进行编写，能让读者轻松、快速地掌握电工技术，适合作为自学图书，也适合作为培训教材。本书主要具有以下特点。

- 起点低：读者只需要具有初中文化便可阅读本书。
- 语言通俗易懂：书中较少使用专业化的术语，对于较难理解的内容，尽量使用形象化的比喻进行说明，避免复杂的理论分析和烦琐的公式推导，令阅读成为一件轻松、顺畅的事儿。
- 图文并茂：尽量采用读者喜欢的图表方式表现内容，使读者不易产生阅读疲劳。
- 章节安排符合认知规律：读者只需要从前往后逐章阅读本书，便会水到渠成地掌握书中内容。

读者可通过扫描二维码下载视频文件。本书在编写过程中得到了许多教师的支持，在此一并表示感谢。由于编者水平有限，书中的错误和疏漏在所难免，望广大读者和同仁予以批评指正。

编者

2020 年 8 月

第1章 电工基础与安全用电 ·· 1

  1.1 电路基础 ·· 1

    1.1.1 电路与电路图 ·· 1

    1.1.2 电流与电阻 ··· 1

    1.1.3 电位、电压和电动势 ·· 3

    1.1.4 电路的三种状态 ·· 4

    1.1.5 接地与屏蔽 ··· 5

  1.2 欧姆定律 ·· 6

    1.2.1 部分电路欧姆定律 ·· 6

    1.2.2 全电路欧姆定律 ··· 7

  1.3 电功、电功率和焦耳定律 ·· 8

    1.3.1 电功 ·· 8

    1.3.2 电功率 ·· 8

    1.3.3 焦耳定律 ··· 9

  1.4 电阻的连接方式 ··· 9

    1.4.1 电阻的串联 ··· 9

    1.4.2 电阻的并联 ·· 10

    1.4.3 电阻的混联 ·· 10

  1.5 直流电与交流电 ··· 11

    1.5.1 直流电 ·· 11

    1.5.2 单相交流电 ·· 12

    1.5.3 三相交流电 ·· 14

  1.6 安全用电与急救 ··· 16

    1.6.1 电流对人体的伤害 ·· 16

    1.6.2 触电的急救方法 ··· 17

第2章 电工工具 ··· 19

  2.1 常用电工工具 ·· 19

    2.1.1 螺丝刀 ·· 19

2.1.2 钢丝钳 ································· 20

2.1.3 尖嘴钳 ································· 21

2.1.4 斜口钳 ································· 21

2.1.5 剥线钳 ································· 22

2.1.6 电工刀 ································· 22

2.1.7 活络扳手 ······························ 22

2.2 常用测试工具 ······························ 23

2.2.1 氖管式测电笔 ··························· 23

2.2.2 数显式测电笔 ··························· 24

2.2.3 校验灯 ································· 26

2.3 绝缘导线 ································· 27

2.3.1 绝缘导线的分类 ························· 27

2.3.2 绝缘导线的选用 ························· 28

2.3.3 绝缘层的剥离 ··························· 30

2.3.4 绝缘导线间的连接 ······················ 32

2.3.5 绝缘导线与接线柱的连接 ·················· 35

2.3.6 绝缘层的恢复 ··························· 36

第 3 章 测量仪表 ······························ 37

3.1 指针式万用表 ······························ 37

3.1.1 测量直流电压 ··························· 39

3.1.2 测量交流电压 ··························· 40

3.1.3 测量直流电流 ··························· 41

3.1.4 测量电阻 ································ 42

3.2 数字式万用表 ······························ 43

3.2.1 测量直流电压 ··························· 44

3.2.2 测量交流电压 ··························· 44

3.2.3 测量直流电流 ··························· 45

3.2.4 测量电阻 ································ 46

3.2.5 检测线路通断 ··························· 47

3.3 电能表 ································· 48

3.3.1 电能表的接线 ··························· 48

3.3.2 电能表的比较 ··························· 50

3.3.3 电能表的选用 ··························· 51

3.4 钳形表 ································· 51

3.4.1 指针式钳形表 ··························· 52

3.4.2　数字式钳形表 ··· 54

3.5　兆欧表 ·· 57

3.5.1　摇表 ·· 57

3.5.2　数字式兆欧表 ·· 61

第 4 章　低压电器与变压器 ·· 63

4.1　低压电器 ·· 63

4.1.1　开关 ·· 63

4.1.2　熔断器 ·· 70

4.1.3　断路器 ·· 72

4.1.4　漏电保护器 ·· 75

4.1.5　接触器 ·· 79

4.1.6　热继电器 ·· 83

4.1.7　中间继电器 ·· 88

4.1.8　时间继电器 ·· 90

4.1.9　速度继电器 ·· 93

4.1.10　压力继电器 ··· 94

4.2　变压器 ·· 95

4.2.1　三相变压器 ·· 96

4.2.2　电力变压器 ·· 98

4.2.3　自耦变压器 ··· 100

4.2.4　交流弧焊变压器 ··· 101

第 5 章　电动机 ·· 103

5.1　三相异步电动机 ·· 103

5.1.1　外形与结构 ··· 103

5.1.2　接线方式 ··· 105

5.1.3　绕组检测 ··· 106

5.1.4　磁极对数和转速 ··· 106

5.1.5　绝缘电阻 ··· 106

5.1.6　简单正转控制线路 ······································· 108

5.1.7　自锁正转控制线路 ······································· 108

5.1.8　接触器联锁正 / 反转控制线路 ····························· 109

5.1.9　限位控制线路 ··· 110

5.1.10　自动往返控制线路 ······································ 112

5.1.11　顺序控制线路 ·· 113

5.1.12 多地控制线路 ·· 114

5.1.13 降压启动控制线路 ·································· 115

5.2 单相异步电动机 ·· 116

5.2.1 结构与工作原理 ·································· 117

5.2.2 启动绕组与主绕组 ······························ 119

5.2.3 转向控制线路 ··································· 119

5.2.4 调速控制线路 ··································· 120

5.3 直流电动机 ·· 122

5.3.1 外形与结构 ······································ 123

5.3.2 工作原理 ··· 123

5.4 同步电动机 ·· 125

5.4.1 外形 ·· 125

5.4.2 结构与工作原理 ·································· 125

5.5 步进电动机 ·· 126

5.5.1 外形 ·· 126

5.5.2 结构与工作原理 ·································· 126

5.5.3 驱动电路 ··· 128

5.6 无刷直流电动机 ·· 128

5.6.1 外形 ·· 129

5.6.2 结构与工作原理 ·································· 129

5.6.3 驱动电路 ··· 130

5.7 直线电动机 ·· 132

5.7.1 外形 ·· 133

5.7.2 结构与工作原理 ·································· 133

5.7.3 种类 ·· 133

第6章 电子元器件 ·· 135

6.1 电阻器 ·· 135

6.1.1 固定电阻器 ······································ 135

6.1.2 电位器 ··· 140

6.1.3 敏感电阻器 ······································ 141

6.2 电感器 ·· 143

6.2.1 外形与图形符号 ·································· 143

6.2.2 主要参数 ··· 144

6.2.3 特性 ·· 144

6.2.4 检测 ·· 146

6.3　电容器 ··· 146
　6.3.1　结构、外形与图形符号 ················ 146
　6.3.2　主要参数 ····································· 147
　6.3.3　特性 ·· 147
　6.3.4　标注方法 ····································· 149
　6.3.5　常见故障及检测 ·························· 150
6.4　二极管 ··· 151
　6.4.1　二极管的基础知识 ······················ 151
　6.4.2　发光二极管 ································· 154
　6.4.3　稳压二极管 ································· 154
6.5　三极管 ··· 155
　6.5.1　电流、电压规律 ·························· 156
　6.5.2　三种工作状态 ······························ 158
　6.5.3　检测 ·· 159
6.6　其他常用元器件 ····································· 163
　6.6.1　光电耦合器 ································· 163
　6.6.2　晶闸管 ·· 163
　6.6.3　场效应管 ····································· 164
　6.6.4　IGBT ·· 166
　6.6.5　集成电路 ····································· 167

第7章　室内配电线路 ····································· 170
7.1　照明光源的安装 ····································· 170
　7.1.1　白炽灯 ·· 170
　7.1.2　荧光灯 ·· 171
　7.1.3　卤钨灯 ·· 172
　7.1.4　高压汞灯 ····································· 173
7.2　导线的安装 ··· 174
　7.2.1　了解整幢楼的配电系统 ················ 174
　7.2.2　室内配电原则 ······························ 175
　7.2.3　配电布线 ····································· 175
7.3　开关的安装 ··· 181
　7.3.1　暗装开关 ····································· 181
　7.3.2　明装开关 ····································· 182
7.4　插座的安装 ··· 183
　7.4.1　暗装插座 ····································· 183

7.4.2 明装插座 ·· 183

7.5 配电箱的安装 ·· 184

第 8 章 PLC ·· 187

8.1 PLC 基础 ·· 187

8.1.1 PLC 的分类 ·· 187

8.1.2 PLC 的控制线路 ·· 188

8.1.3 PLC 的内部组成 ·· 189

8.1.4 PLC 的工作过程 ·· 190

8.1.5 PLC 的编程语言 ·· 191

8.2 S7-200 PLC 介绍 ·· 192

8.2.1 CPU224XP 型 CPU 模块的面板 ·· 193

8.2.2 CPU224XP 型 CPU 模块的接线 ·· 194

8.3 PLC 控制双灯亮灭的开发实例 ·· 194

8.4 S7-200 PLC 编程软件的使用 ·· 201

8.4.1 软件界面的说明 ·· 201

8.4.2 项目文件的建立、保存和打开 ·· 203

8.4.3 程序的编写 ·· 204

8.4.4 计算机与 PLC 的通信连接和设置 ·· 208

8.4.5 程序的下载和上载 ·· 210

8.5 S7-200 PLC 编程软件的使用 ·· 211

8.5.1 软件界面的说明 ·· 211

8.5.2 CPU 型号的设置与扩展模块的安装 ·· 212

8.5.3 程序的仿真 ·· 213

8.6 PLC 的常用指令 ·· 215

8.6.1 位逻辑指令 ·· 215

8.6.2 定时器指令 ·· 219

8.6.3 计数器指令 ·· 222

8.7 PLC 的常用控制线路与梯形图程序 ·· 226

8.7.1 启动、自锁和停止控制线路与梯形图程序 ·· 226

8.7.2 正、反转联锁控制线路与梯形图程序 ·· 227

8.7.3 多地控制线路与梯形图程序 ·· 228

8.7.4 定时控制线路与梯形图程序 ·· 229

8.7.5 延长定时控制线路与梯形图程序 ·· 232

8.7.6 多重输出控制线路与梯形图程序 ·· 233

8.7.7 过载报警控制线路与梯形图程序 ·· 235

　　　8.7.8　闪烁控制线路与梯形图程序 ································ 236

　8.8　实战：PLC 控制喷泉的线路与梯形图程序 ····················· 237

　8.9　实战：PLC 控制交通信号灯的线路及梯形图程序 ·············· 239

　8.10　实战：PLC 控制多级传送带的线路及梯形图程序 ············· 243

　8.11　实战：PLC 控制车库门的线路及梯形图程序 ················· 246

第 9 章　变频器 ··· 250

　9.1　变频器的基本结构及原理 ···································· 250

　　　9.1.1　交 - 直 - 交型变频器的结构与原理 ····················· 251

　　　9.1.2　交 - 交型变频器的结构与原理 ························· 251

　9.2　变频器的外部接线 ·· 252

　　　9.2.1　主电路外部端子的接线 ······························· 254

　　　9.2.2　控制电路外部端子的接线 ····························· 255

　9.3　变频器的调试 ·· 259

　　　9.3.1　利用 SDP（状态显示板）和外部端子调试变频器 ········· 259

　　　9.3.2　利用 BOP（基本操作板）调试变频器 ··················· 260

　9.4　变频器的参数设置及常规操作 ································ 262

　　　9.4.1　变频器的参数设置 ··································· 262

　　　9.4.2　变频器的常规操作 ··································· 263

　9.5　变频器的应用电路 ·· 266

　　　9.5.1　利用输入端子控制电动机正 / 反转和面板键盘调速的电路 ··· 266

　　　9.5.2　利用输入端子控制电动机正 / 反转和电位器调速的电路 ····· 268

　　　9.5.3　变频器的多段速控制方式和电路 ······················· 269

　　　9.5.4　变频器的 PID 控制电路 ······························ 271

　9.6　变频器与 PLC 的综合应用 ··································· 275

　　　9.6.1　PLC 控制变频器驱动电动机延时正 / 反转的电路 ·········· 275

　　　9.6.2　PLC 控制变频器实现多段速运行的电路 ················· 277

第 10 章　触摸屏 ·· 280

　10.1　SMART LINE 触摸屏简介 ··································· 280

　　　10.1.1　SMART LINE 触摸屏的特点 ························· 280

　　　10.1.2　SMART LINE 触摸屏的常用型号 ····················· 280

　　　10.1.3　SMART LINE 触摸屏的主要部件 ····················· 281

　　　10.1.4　SMART LINE 触摸屏的技术规格 ····················· 282

　10.2　SMART LINE 触摸屏与其他设备的连接 ····················· 283

　　　10.2.1　SMART LINE 触摸屏的供电接线 ····················· 283

　　　10.2.2　SMART LINE 触摸屏与组态计算机的以太网连接 ········· 283

　　10.2.3　SMART LINE 触摸屏与西门子 PLC 的连接 ················· 284

　　10.2.4　SMART LINE 触摸屏与其他 PLC 的连接 ······················ 285

10.3　SMART LINE 触摸屏的组态软件 ·································· 286

　　10.3.1　SMART LINE 触摸屏组态软件的安装与卸载 ············· 286

　　10.3.2　SMART LINE 触摸屏组态软件的使用 ······················· 291

10.4　触摸屏操作和监控 PLC 的开发实例 ·································· 298

　　10.4.1　明确要求、规划变量和线路 ······························· 298

　　10.4.2　编写和下载 PLC 程序 ······································· 299

　　10.4.3　设置触摸屏画面项目 ·· 300

　　10.4.4　执行触摸屏连接 PLC 实例的测试操作 ····················· 309

电工基础与安全用电

1.1 电路基础

1.1.1 电路与电路图

图 1-1（a）所示是一个简单的实物电路。图 1-1（b）所示的图形就是图 1-1（a）所示实物电路的电路图。

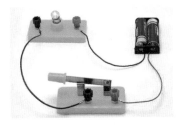

(a) 实物电路

该电路由电源（电池）、开关、导线和灯泡组成：电源的作用是提供电能；开关、导线的作用是控制和传递电能，称为中间环节；灯泡是消耗电能的用电器，它能将电能转变为光能，称为负载。因此，电路是由电源、中间环节和负载组成的。

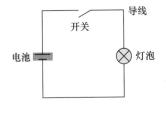

(b) 电路图

使用实物图来绘制电路很不方便，为此人们就采用一些简单的图形符号代替实物的方法来绘制电路，即电路图。

图 1-1　一个简单的电路

1.1.2 电流与电阻

1. 电流

大量的电荷朝一个方向移动（也称定向移动）就形成了电流，这就像公路上有大量的汽车朝一个方向移动就形成"车流"一样，电流说明图如图 1-2 所示。实际上，我们把电子运动的反方向作为电流方向，即把正电荷在电路中的移动方向规定为电流方向。图 1-2 所示电路的电流方向：电源正极→开关→灯泡→电源负极。

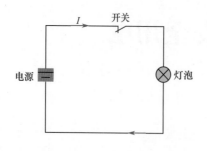

将开关闭合，灯泡会发光，为什么会这样呢？原来当开关闭合时，带负电荷的电子源源不断地从电源负极经导线、灯泡、开关流向电源正极。这些电子在流经灯泡内的钨丝时，钨丝会因发热、温度急剧上升而发光。

图 1-2　电流说明图

电流用字母"I"表示，单位为安培（简称安），用"A"表示，比安培小的单位有毫安（mA）、微安（μA），它们之间的关系为

$$1A=10^3 mA=10^6 \mu A$$

2. 电阻

在图 1-3 所示的电阻说明图中，给电路增加一个元器件——电阻器，发现灯光会变暗。

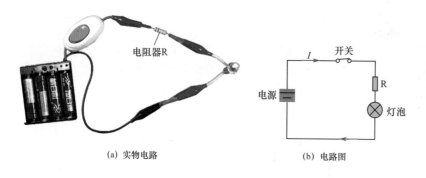

为什么在电路中增加了电阻器后灯泡会变暗呢？原来电阻器对电流有一定的阻碍作用，从而使流过灯泡的电流减小，灯泡变暗。

(a) 实物电路　　　　　　(b) 电路图

图 1-3　电阻说明图

导体对电流的阻碍称为该导体的电阻。电阻用字母"R"表示，电阻的单位为欧姆（简称欧），用"Ω"表示。比欧姆大的单位有千欧（kΩ）、兆欧（MΩ），它们之间的关系为

$$1M\Omega =10^3 k\Omega =10^6 \Omega$$

导体的电阻计算公式为

$$R=\rho \frac{L}{S}$$

式中，L 为导体的长度（单位：m）；S 为导体的横截面积（单位：m^2）；ρ 为导体的电阻率（单位：$\Omega \cdot m$）。不同的导体，一般 ρ 值也不同。表 1-1 列出了一些常见导体的电阻率（20℃时）。

在长度 L 和横截面积 S 相同的情况下，电阻率越大的导体，其电阻越大。例如，L、S 相同的铁导线和铜导线，铁导线的电阻约是铜导线的 5.9 倍。由于铁导线的电阻率较铜导线

大很多，为了减少电能在导线上的损耗，让负载得到较大电流，供电线路通常采用铜导线。

表 1-1　一些常见导体的电阻率（20℃时）

导　体	电阻率（$\Omega \cdot m$）	导　体	电阻率（$\Omega \cdot m$）
银	1.62×10^{-8}	锡	11.4×10^{-8}
铜	1.69×10^{-8}	铁	10.0×10^{-8}
铝	2.83×10^{-8}	铅	21.9×10^{-8}
金	2.4×10^{-8}	汞	95.8×10^{-8}
钨	5.51×10^{-8}	碳	$3\,500 \times 10^{-8}$

导体的电阻除了与材料有关，还受温度影响。一般情况下，导体的温度越高，其电阻越大。例如，在常温下，灯泡（白炽灯）内部钨丝的电阻很小；在通电后，钨丝的温度上升到千度以上，其电阻急剧增大；在导体温度下降后，电阻减小。某些导电材料在温度下降到某一值时（如 -109℃），电阻会突然变为零，这种现象称为超导现象，具有这种性质的材料称为超导材料。

1.1.3　电位、电压和电动势

对于初学者而言可能较难理解电位、电压和电动势的概念。下面通过图 1-4 所示的水流示意图说明这些术语。

水泵将河中的水抽到山顶的 A 处，水到达 A 处后再流到 B 处，水到达 B 处后流往 C 处（河中），同时水泵又将河中的水抽到 A 处，使得水不断循环流动。水为什么能从 A 处流到 B 处，又从 B 处流到 C 处呢？这是因为 A 处水位较 B 处水位高，B 处水位较 C 处水位高。

若要测量 A 处和 B 处水位的高度，则必须找一个基准点（零点），就像测量人的身高时要选择脚底为基准点一样，这里以河的水面为基准（C 处）。A、

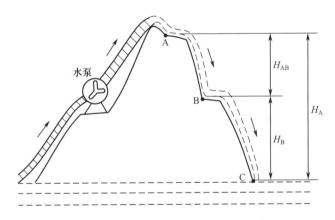

图 1-4　水流示意图

C 之间的垂直高度为 A 处水位的高度，用 H_A 表示；B、C 之间的垂直高度为 B 处水位的高度，用 H_B 表示；由于 A 处和 B 处的水位高度不一样，因此存在水位差，该水位差用 H_{AB} 表示，等于 A 处水位高度 H_A 与 B 处水位高度 H_B 之差，即 $H_{AB} = H_A - H_B$。为了让 A 处有水，需要水泵将低水位的河水抽到高处的 A 点。

1. 电位

电路中的电位、电压和电动势与上述水流情况相似，其说明图如图 1-5 所示。

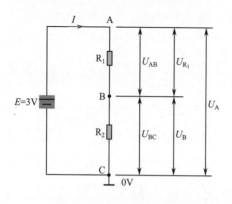

图 1-5　电位、电压和电动势说明图

电源的正极先输出电流，流到 A 点；再经 R_1 流到 B 点；然后通过 R_2 流到 C 点；最后流到电源的负极。

与水流示意图相似，图 1-5 中的 A、B 点也有高低之分，只不过不是水位，而称为电位（A 点电位较 B 点电位高）。为了计算电位的高低，需要找一个基准点作为零点。为了表明某点为基准点，通常在该点处画一个"⊥"符号。该符号称为接地符号，接地符号处的电位规定为 0V，电位的单位不是米，而是伏特（简称伏），用"V"表示。在图 1-5 中，C 点的电位为 0V（该点标有接地符号）；A 点的电位为 3V，表示为 U_A=3V；B 点的电位为 1V，表示为 U_B=1V。

2. 电压

在图 1-5 中，A 点和 B 点的电位是不同的，有一定的差距，这种电位之间的差距称为电位差，又称电压。A 点和 B 点之间的电位差用 U_{AB} 表示，等于 A 点电位 U_A 与 B 点电位 U_B 的差，即 $U_{AB}=U_A-U_B=3V-1V=2V$。因为 A 点和 B 点之间的电位差，实际上就是电阻器 R_1 两端的电位差（R_1 两端的电压用 U_{R_1} 表示），所以 $U_{AB}=U_{R_1}$。

3. 电动势

为了让电路中始终有电流流过，电源需要在内部将流到负极的电流源源不断地"抽"到正极，使电源正极具有较高的电位，这样正极才会输出电流。当然，电源内部将负极的电流"抽"到正极需要消耗能量（如干电池会消耗化学能）。电源通过消耗能量在两极建立的电位差称为电动势，电动势的单位也为伏特。在图 1-5 中，电源的电动势为 3V。

由于电源内部的电流方向是由负极流向正极的，故电源的电动势方向为从电源负极指向正极。

1.1.4　电路的三种状态

电路有三种状态：通路、开路和短路。电路的三种状态如图 1-6 所示。

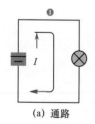
(a) 通路

(b) 开路

(c) 短路

图 1-6　电路的三种状态

❶ 电路特点：电路畅通，有正常的电流流过负载，负载正常工作。

❷ 电路特点：电路断开，无电流流过负载，负载不工作。

❸ 电路特点：电路中有很大电流流过，但电流不流过负载，负载不工作；由于电流很大，很容易烧坏电源和导线。

1.1.5　接地与屏蔽

1. 接地

接地在电工电子技术中应用广泛，常用图 1-7 所示的符号表示。接地符号含义说明如图 1-8 所示。

- 在电路图中，接地符号处的电位规定为 0V，如图 1-8（a）所示。
- 在电路图中，标有接地符号处的地方是相通的。图 1-8（b）所示的两个电路图，虽然从形式上看不一样，但实际的电路连接是一样的，因此两个电路中的灯泡都会亮。

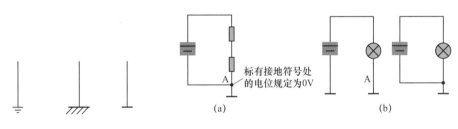

图 1-7　接地符号　　　　　　　图 1-8　接地符号含义说明

- 在强电设备中，常常将设备的外壳与大地连接，当设备的绝缘性能变差而使外壳带电时，可迅速通过接地线将电泄放到大地，从而避免人体触电。强电设备的接地如图 1-9 所示。

2. 屏蔽

在电气设备中，为了防止某些元器件和电路在工作时受到干扰，或者为了防止某些元器件和电路在工作时产生影响其他电路正常工作的干扰信号，通常对这些元器件和电路采取隔离措施，这种隔离称为屏蔽。屏蔽符号如图 1-10 所示。

图 1-9　强电设备的接地　　　　　　图 1-10　屏蔽符号

屏蔽的具体做法是先用金属材料（称为屏蔽罩）将元器件或电路封闭起来，再将屏蔽罩接地（通常为电源负极）。图 1-11 所示为带有屏蔽罩的元器件和导线，外界干扰信号无法穿过金属屏蔽罩干扰内部元器件和电路。

图 1-11　带有屏蔽罩的元器件和导线

1.2　欧姆定律

欧姆定律是电工电子技术中的基本定律，它反映了电路中电阻、电流和电压之间的关系。欧姆定律分为部分电路欧姆定律和全电路欧姆定律。

1.2.1　部分电路欧姆定律

部分电路欧姆定律的内容：在电路中，流过导体的电流 I 的大小与导体两端的电压 U 成正比，与导体的电阻 R 成反比，即

$$I = \frac{U}{R}$$

也可以表示为 $U = IR$ 或 $R = \dfrac{U}{I}$。

为了让大家更好地理解欧姆定律，下面给出欧姆定律的几种形式，如图 1-12 所示。

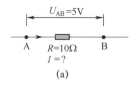

(a)

在图 1-12（a）中，已知电阻 $R = 10\Omega$，电阻两端电压 $U_{AB} = 5V$，那么流过电阻的电流 $I = \dfrac{U_{AB}}{R} = \dfrac{5V}{10\Omega} = 0.5A$。

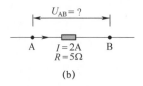

(b)

在图 1-12（b）中，已知电阻 $R = 5\Omega$，流过电阻的电流 $I = 2A$，那么电阻两端的电压 $U_{AB} = I \cdot R = (2 \times 5)\,V = 10V$。

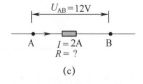

(c)

在图 1-12（c）中，流过电阻的电流 $I = 2A$，电阻两端的电压 $U_{AB} = 12V$，那么电阻的大小 $R = \dfrac{U}{I} = \dfrac{12V}{2A} = 6\Omega$。

图 1-12　欧姆定律的几种形式

部分电路欧姆定律的应用举例如图 1-13 所示。

在图 1-13 中，电源的电动势 $E=12V$，A、D 之间的电压 U_{AD} 与电动势 E 相等，三个电阻器 R_1、R_2、R_3 串联起来，可以相当于一个电阻器 R，$R=R_1+R_2+R_3=（2+7+3）\Omega=12\Omega$。知道了电阻的大小和电阻器两端的电压，就可以求出流过电阻器的电流 I：

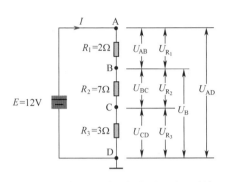

图 1-13 部分电路欧姆定律的应用举例

$$I=\frac{U}{R}=\frac{U_{AD}}{R_1+R_2+R_3}=\frac{12V}{12\Omega}=1A$$

求出了流过 R_1、R_2、R_3 的电流 I，并且它们的电阻大小已知，就可以求 R_1、R_2、R_3 两端的电压 U_{R_1}（U_{R_1} 实际就是 A、B 之间的电压 U_{AB}）、U_{R_2}（实际就是 U_{BC}）和 U_{R_3}（实际就是 U_{CD}），即

$$U_{R_1}=U_{AB}=I \cdot R_1=(1\times2)V=2V$$
$$U_{R_2}=U_{BC}=I \cdot R_2=(1\times7)V=7V$$
$$U_{R_3}=U_{CD}=I \cdot R_3=(1\times3)V=3V$$

因此，$U_{R_1}+U_{R_2}+U_{R_3}=U_{AB}+U_{BC}+U_{CD}=U_{AD}=12V$。

在图 1-13 所示电路中，如何求 B 点电压呢？首先要明白，求某点电压就是求该点与地之间的电压，因此 B 点电压 U_B 就是电压 U_{BD}。求 U_B 有以下两种方法。

- 方法一：$U_B=U_{BD}=U_{BC}+U_{CD}=U_{R_2}+U_{R_3}=（7+3）V=10V$。
- 方法二：$U_B=U_{BD}=U_{AD}-U_{AB}=U_{AD}-U_{R_1}=（12-2）V=10V$。

1.2.2 全电路欧姆定律

全电路欧姆定律的应用举例如图 1-14 所示。全电路是指含有电源和负载的闭合回路。全电路欧姆定律又称闭合电路欧姆定律：闭合电路中的电流与电源的电动势成正比，与电路的内、外电阻之和成反比，即

$$I=\frac{E}{R+R_0}$$

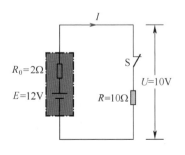

图 1-14 全电路欧姆定律的应用举例

在图 1-14 中，虚线框内为电源，R_0 表示电源的内阻。在开关 S 闭合后，电路中有电流 I 流过，根据全电路欧姆定律可求得 I，即 $I=\frac{E}{R+R_0}=\frac{12V}{(10+2)\Omega}=1A$；电源输出电压 U（电阻 R 两端的电压），即 $U=IR=(1\times10)V=10V$；内阻 R_0 两端的电压 U_0，即 $U_0=IR_0=(1\times2)V=2V$。如果将开关 S 断开，电路中的电流 I 为 0，那么内阻 R_0 上消耗的电压 U_0 为 0，电源输出电压 U 与电源电动势相等，即 $U=E=12V$。

根据全电路欧姆定律不难看出以下几点。

- 在电源未接负载时，不管电源内阻多大，内阻消耗的电压始终为0V，电源两端电压与电动势相等。
- 当电源与负载构成闭合电路后，由于有电流流过内阻，内阻会消耗电压，从而使电源的输出电压减小。内阻越大，内阻消耗的电压越大，电源的输出电压越小。
- 在电源内阻不变的情况下，外阻越小，则电路中的电流越大、内阻消耗的电压越大、电源的输出电压越小。

1.3 电功、电功率和焦耳定律

1.3.1 电功

电流流过灯泡，灯泡会发光；电流流过电炉丝，电炉丝会发热；电流流过电动机，电动机会运转。由此可以看出，在电流流过一些用电设备时会做功，电流做的功称为电功。用电设备的做功大小不但与加到用电设备两端的电压及流过的电流有关，还与通电时间有关。电功可用下面的公式计算：

$$W=UIt$$

式中，W 表示电功，单位是焦耳（J）；U 表示电压，单位是伏（V）；I 表示电流，单位是安（A）；t 表示时间，单位是秒（s）。

在电学中电功还常用到另一个单位：千瓦时（kW·h），也称度。1kW·h=1度。千瓦时与焦耳的换算关系：

$$1kW \cdot h = 1 \times 10^3 W \times (60 \times 60) s = 3.6 \times 10^6 W \cdot s = 3.6 \times 10^6 J$$

1kW·h可以这样理解：一个电功率为100W的灯泡连续使用10h，消耗的电功为1kW·h（即消耗1度电）。

1.3.2 电功率

电流需要通过一些用电设备才能做功。为了衡量这些设备做功能力的大小，引入一个电功率的概念。电流在单位时间内做的功称为电功率。电功率（可简称为功率）用 P 表示，单位是瓦（W）。此外，还有千瓦（kW）和毫瓦（mW），它们之间的换算关系：

$$1kW = 10^3 W = 10^6 mW$$

电功率的计算公式：

$$P=UI$$

根据欧姆定律可知，$U=I \cdot R$，$I=U/R$，所以电功率还可以用公式 $P=I^2 \cdot R$ 和 $P=U^2/R$ 来求。

电功率的计算举例如图1-15所示。

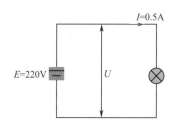

图 1-15　电功率的计算举例

在图 1-15 中，白炽灯两端的电压为 220V（与电源的电动势相等），流过白炽灯的电流为 0.5A，求白炽灯的功率、电阻和白炽灯在 10s 内所做的功。

白炽灯的功率：$P=UI=220\text{V} \cdot 0.5\text{A}=110\text{V} \cdot \text{A}=110\text{W}$

白炽灯的电阻：$R=U/I=220\text{V}/0.5\text{A}=440\text{V}/\text{A}=440\Omega$

白炽灯在 10s 内做的功：$W=UIt=220\text{V} \cdot 0.5\text{A} \cdot 10\text{s}=1100\text{J}$

1.3.3　焦耳定律

电流流过导体时导体会发热，这种现象称为电流的热效应。电饭煲和电热水器等都是利用电流的热效应来工作的。

焦耳定律的具体内容：电流流过导体产生的热量，与电流的平方、导体的电阻、通电时间成正比。由于这个定律除了由焦耳发现，俄国科学家楞次也通过实验独立发现，故该定律又称焦耳－楞次定律。

焦耳定律可用下面的公式表示：

$$Q = I^2 Rt$$

式中，Q 表示热量，单位是焦耳（J）；R 表示电阻，单位是欧姆（Ω）；t 表示时间，单位是秒（s）。

注意：假设某台电动机的额定电压是 220V，线圈的电阻为 0.4Ω，当电动机连接 220V 的电压时，流过的电流是 3A，求电动机的功率和线圈每秒发出的热量。

电动机的功率：$P=UI = 220\text{V}\times3\text{A}=660\text{W}$

线圈每秒发出的热量：$Q=I^2Rt=(3\text{A})^2\times0.4\Omega\times1\text{s}=3.6\text{J}$

1.4　电阻的连接方式

电阻是电路中应用最多的一种元器件。电阻在电路中的连接形式主要有串联、并联和混联三种。

1.4.1　电阻的串联

两个或两个以上的电阻头尾相连串接在电路中，称为电阻的串联，如图 1-16 所示。电阻串联的电路具有以下特点。

- 流过各串联电阻的电流相等，都为 I。
- 电阻串联后的总电阻 R 增大，总电阻等于各串联电阻之和，即 $R=R_1+R_2$。
- 总电压 U 等于各串联电阻上的电压之和，即 $U=U_{R_1}+U_{R_2}$。
- 串联电阻越大，两端电压越高（因为 $R_1<R_2$，所以 $U_{R_1}<U_{R_2}$）。

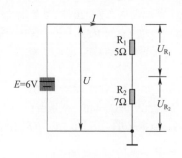

图 1-16　电阻的串联

在图 1-16 所示电路中，两个串联电阻上的总电压 U 等于电源电动势，即 $U=E=6V$；电阻串联后的总电阻 $R=R_1+R_2=12\Omega$；流过各电阻的电流 $I=\dfrac{U}{R_1+R_2}=\dfrac{6V}{12\Omega}=0.5A$；电阻 R_1 上的电压 $U_{R_1}=I\cdot R_1=(0.5\times5)V=2.5V$，电阻 R_2 上的电压 $U_{R_2}=I\cdot R_2=(0.5\times7)V=3.5V$。

1.4.2　电阻的并联

两个或两个以上的电阻并接（头头相接、尾尾相连）在电路中，称为电阻的并联，如图 1-17 所示。

电阻并联的电路具有以下特点。

- 并联的电阻两端的电压相等，即 $U_{R_1}=U_{R_2}$。
- 总电流等于流过各个并联电阻的电流之和，即 $I=I_1+I_2$。
- 电阻并联的总电阻减小，总电阻的倒数等于各并联电阻的倒数之和，即

$$\frac{1}{R}=\frac{1}{R_1}+\frac{1}{R_2}$$

该式可变形为

$$R=\frac{R_1\cdot R_2}{R_1+R_2}$$

- 在并联电路中，电阻越小，流过的电流越大（因为 $R_1<R_2$，所以流过 R_1 的电流 I_1 大于流过 R_2 的电流 I_2）。

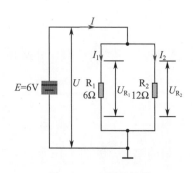
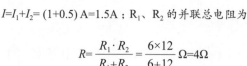

图 1-17　电阻的并联

在图 1-17 所示电路中，并联的电阻 R_1、R_2 两端的电压相等，$U_{R_1}=U_{R_2}=U=6V$；流过 R_1 的电流 $I_1=\dfrac{U_{R_1}}{R_1}=\dfrac{6V}{6\Omega}=1A$；流过 R_2 的电流 $I_2=\dfrac{U_{R_2}}{R_2}=\dfrac{6V}{12\Omega}=0.5A$；总电流 $I=I_1+I_2=(1+0.5)A=1.5A$；R_1、R_2 的并联总电阻为

$$R=\frac{R_1\cdot R_2}{R_1+R_2}=\frac{6\times12}{6+12}\Omega=4\Omega$$

1.4.3　电阻的混联

一个电路中的电阻既有串联又有并联时，称为电阻的混联，如图 1-18 所示。

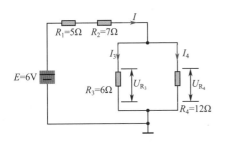

图 1-18　电阻的混联

对于电阻混联电路，总电阻可以这样求：先求并联电阻的总电阻，然后再求串联电阻与并联电阻的总电阻之和。在图 1-18 所示电路中，并联电阻 R_3、R_4 的总电阻为

$$R_0 = \frac{R_3 \cdot R_4}{R_3 + R_4} = \frac{6 \times 12}{6 + 12}\ \Omega = 4\Omega$$

电路的总电阻为

$$R = R_1 + R_2 + R_0 = (5 + 7 + 4)\Omega = 16\Omega$$

1.5　直流电与交流电

1.5.1　直流电

直流电具有方向始终固定不变的电压或电流。能产生直流电的电源称为直流电源。常见的干电池、蓄电池和直流发电机等都是直流电源。直流电源的图形符号如图 1-19（a）所示。在图 1-19（b）所示的直流电路中，电流从直流电源的正极流出，经电阻 R 和灯泡流到负极。

直流电又分为稳定直流电和脉动直流电。

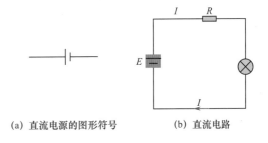

(a) 直流电源的图形符号　　　　(b) 直流电路

图 1-19　直流电源的图形符号与直流电路

- 稳定直流电是指方向固定不变并且大小也不变的直流电。稳定直流电可用图 1-20（a）所示波形表示：电流 I 的大小始终保持恒定（6mA）；电流方向保持不变（从电源正极流向负极）。

- 脉动直流电是指方向固定不变，但大小随时间发生变化的直流电。脉动直流电可用图 1-20（b）所示的波形表示：电流 I 的大小随时间发生变化（如在 t_1 时刻电流为 6mA，在 t_2 时刻电流变为 4mA）；电流方向始终不变（从电源正极流向负极）。

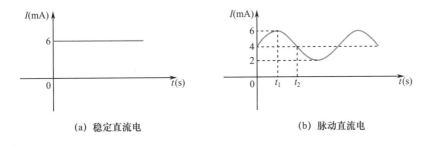

(a) 稳定直流电　　　　　　　　(b) 脉动直流电

图 1-20　直流电

1.5.2 单相交流电

交流电具有方向和大小都随时间进行周期性变化的电压或电流。单相交流电是电路中只有单一交流电压的交流电。单相交流电的类型很多，其中最常见的是正弦交流电，因此这里以正弦交流电为例进行介绍。

1. 符号、电路和波形

正弦交流电的符号、电路和波形如图 1-21 所示。

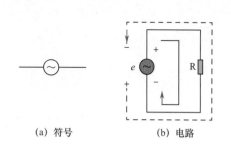

(a) 符号　　　(b) 电路

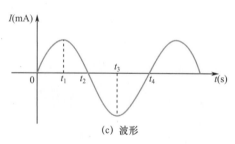

(c) 波形

图 1-21　正弦交流电的符号、电路和波形

- 在 $0 \sim t_1$ 期间：交流电源的电压极性是上正下负，电流 I 的方向：交流电源正极→电阻 R →交流电源负极，并且电流 I 逐渐增大，在 t_1 时刻电流达到最大值。
- 在 $t_1 \sim t_2$ 期间：交流电源的电压极性仍是上正下负，电流 I 的方向：交流电源正极→电阻 R →交流电源负极，但电流 I 逐渐减小，在 t_2 时刻电流为 0。
- 在 $t_2 \sim t_3$ 期间：交流电源的电压极性变为上负下正，电流 I 的方向也发生改变：交流电源正极→电阻 R →交流电源负极，反方向电流逐渐增大，在 t_3 时刻反方向电流达到最大值。
- 在 $t_3 \sim t_4$ 期间：交流电源的电压极性仍为上负下正，电流仍是反方向，电流的方向：交流电源正极→电阻 R →交流电源负极，反方向电流逐渐减小，在 t_4 时刻反方向电流减小到 0。
- 在 t_4 时刻以后，交流电源的电流大小和方向变化与 $0 \sim t_4$ 期间的变化相同。实际上，不但电流大小和方向按正弦波变化，其电压大小和方向变化也像电流一样，按正弦波变化。

2. 周期和频率

周期和频率是交流电中最常用的两个概念，正弦交流电的周期、频率示意图如图 1-22 所示。

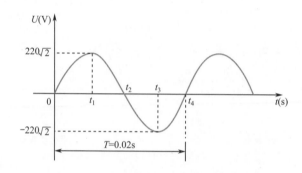

图 1-22　正弦交流电的周期、频率示意图

（1）周期

从图 1-22 可以看出，交流电的变化过程是不断重复的。交流电重复变化一次所需的时间称为周期，周期用 T 表示，单位是秒（s）。图 1-22 所示交流电的周期：$T=0.02s$，说明该交流电每隔 0.02s 就会重复变化一次。

（2）频率

交流电在每秒内重复变化的次数称为频率，频率用 f 表示，它是周期的倒数，即

$$f = \frac{1}{T}$$

频率的单位是赫兹（Hz）。图 1-22 所示交流电的周期：$T=0.02s$，那么它的频率 $f=1/T=1/0.02=50Hz$，说明在 1s 内交流电能重复 $0 \sim t_4$ 这个过程 50 次。交流电的变化越快，变化一次所需的时间越短，即周期越短，频率越高。

3. 瞬时值和有效值

（1）瞬时值

交流电的大小和方向是不断变化的，交流电在某一时刻的值称为交流电在该时刻的瞬时值。以图 1-22 所示的交流电压为例，它在 t_1 时刻的瞬时值为 $220\sqrt{2}$ V（约为 311V），该值为最大瞬时值，在 t_2 时刻的瞬时值为 0V，该值为最小瞬时值。

（2）有效值

交流电的大小和方向是不断变化的，这给电路计算和测量带来不便，为此引入有效值的概念。对交流电有效值的说明图如图 1-23 所示。

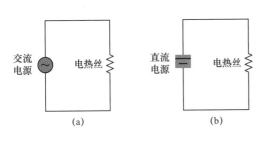

图 1-23 所示两个电路中的电热丝完全一样，现分别给电热丝通交流电和直流电，如果两个电路的通电时间相同，并且电热丝发出的热量也相同，则对电热丝来说，这里的交流电和直流电是等效的，此时就将图 1-23（b）中直流电的电压值或电流值称为图 1-23（a）中交流电的有效电压值或有效电流值。

图 1-23　对交流电有效值的说明图

正弦交流电的有效值与最大瞬时值的关系：最大瞬时值 $=\sqrt{2}$ 有效值。例如，交流市电的有效电压值为 220V，它的最大瞬时电压值为 $220\sqrt{2}$ V。

4. 相位与相位差

（1）相位

正弦交流电的波形如图 1-24 所示。

在图 1-24 中画出了交流电的一个周期，一个周期的角度为 2π，一个周期的时间为 0.02s。交流电在某时刻的角度称为交流电在该时刻的相位。例如，交流电在 t=0.005s 时的相位为 π/2；在 t=0.01s 时的相位为 π。在 t=0 时的角度称为交流电的初相位，即初相位为 0°。

对于初相位为 0° 的交流电，交流电压的瞬时值 U 可用下面的式子表示：

$$U=U_m\sin\omega t$$

式中，U_m 为交流电压的最大值；ωt 为交流电压的相位，其中 ω 称为交流电的角频率，$\omega=2\pi/T=2\pi f$。利用上面的式子可以求出交流电压在任一时刻的相位及该时刻的电压值。

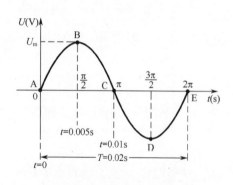

图 1-24　正弦交流电的波形

（2）相位差

相位差是指两个同频率交流电的相位之差，其示意图如图 1-25 所示。

两个同频率的交流电流 i_1、i_2 分别从两条线路流向 A 点，在同一时刻，到达 A 点的 i_1、i_2 交流电的相位并不相同：在 t=0 时，i_1 的相位为 π/2，而 i_2 的相位为 0°；在 t=0.01s 时，i_1 的相位为 3π/2，而 i_2 的相位为 π，两个电流的相位差为（π/2-0°）=π/2 或（3π/2-π）=π/2，即 i_1、i_2 的相位差始终是 π/2。在图 1-25（b）中，若将 i_1 的前一段补充出来（虚线所示），也可以看出 i_1、i_2 的相位差是 π/2。

两个交流电存在相位差，实际上就是两个交流电的变化存在时间差。例如，图 1-25（b）中的两个交流电，在 t=0 时，i_1 为 5mA，i_2 为 0；在 t=0.005s 时，i_1 变为 0，i_2 变为 5mA。总之，i_2 的变化总是滞后于 i_1 的变化。

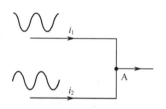

(a)

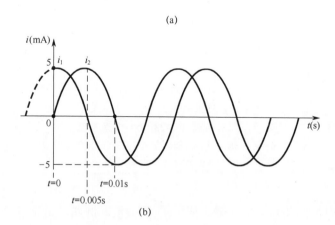

(b)

图 1-25　交流电的相位差示意图

1.5.3　三相交流电

1.三相交流电的产生

目前应用的电能绝大多数是由三相交流发电机产生的，三相交流发电机与单相交流发电机的区别在于：三相交流发电机可以同时产生并输出三组电源，而单相交流发电机只能输出一组电源，因此，三相交流发电机的效率较单相更高。三相交流发电机的结构示意图如图 1-26 所示。

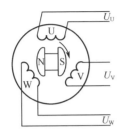

从图 1-26 中可以看出，三相交流发电机主要由互成 120°且固定不动的 U、V、W 三组线圈和一块旋转磁铁组成。当磁铁旋转时，磁铁产生的磁场将切割这三组线圈，从而在 U、V、W 三组线圈中产生交流电动势，并在线圈两端分别输出交流电压 U_U、U_V、U_W。这三个频率相同、电动势振幅相等、相位差互为 120°的交流电路就称为三相交流电。

图 1-26 三相交流发电机的结构示意图

不管磁铁旋转到哪个位置，穿过三组线圈的磁感线都会不同，因此，三组线圈产生的交流电压也就不同。由三相交流发电机产生的三相交流电波形如图 1-27 所示。

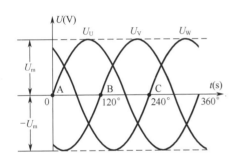

从图 1-27 中可以看出，U_U、U_V、U_W 的相位不同，但相位差都是 120°。它们在任意时刻的电压值可用下面的公式计算：

$$U_U=U_m\sin\omega t$$
$$U_V=U_m\sin(\omega t-120°)$$
$$U_W=U_m\sin(\omega t-240°)$$

图 1-27 三相交流电波形

2. 三相交流电的供电方式

将三相交流电供给用户时，可采用三种方式：直接连接供电、星形连接供电和三角形连接供电。

（1）直接连接供电方式

直接连接供电方式如图 1-28 所示。直接连接供电方式是用两根导线直接向用户供电。这种方式共用到 6 根导线，若在长距离供电时采用这种供电方式，会使成本增加。

（2）星形连接供电方式

星形连接供电方式如图 1-29 所示。星形连接是将发电机的三组线圈末端连接在一起，并接出一根线，称为中性线 N，从三组线圈的首端各引出一根线，称为相线，即 U 相线、V 相线和 W 相线。三根相线分别连接到单独的用户，而中性线则在

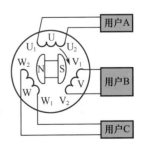

图 1-28 直接连接供电方式

用户端一分为三，同时连接三个用户。在这种供电方式中，三组线圈连接成星形，并且采用四根线来传送三相电压，因此这种方式又称为三相四线制星形连接供电方式。

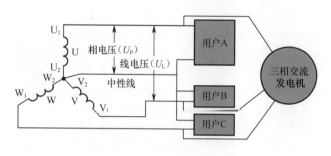

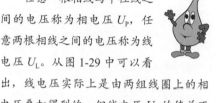

任意一根相线与中性线之间的电压称为相电压 U_P，任意两根相线之间的电压称为线电压 U_L。从图 1-29 中可以看出，线电压实际上是由两组线圈上的相电压叠加得到的，但线电压 U_L 的值并不是相电压 U_P 的 2 倍。根据理论推导可知，在采用星形连接供电方式时，线电压是相电压的 $\sqrt{3}$ 倍，即 $U_L = \sqrt{3}\, U_P$。

图 1-29　星形连接供电方式

（3）三角形连接供电方式

三角形连接供电方式如图 1-30 所示。三角形连接是将发电机的三组线圈的首末端依次连接在一起，并在三个连接点处各接出一根线，分别称为 U 相线、V 相线和 W 相线。在这种供电方式中，三组线圈连接成三角形，并且采用三根线来传送三相电压，因此这种方式又称为三相三线制三角形连接供电方式。

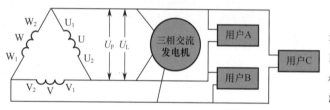

在采用三角形连接供电方式中，相电压 U_P（每组线圈上的电压）和线电压 U_L（两根相线之间的电压）是相等的，即 $U_L = U_P$。

图 1-30　三角形连接供电方式

1.6　安全用电与急救

 1.6.1　电流对人体的伤害

1. 人体在触电时表现出的症状

当人体不小心接触带电体时，就会有电流流过人体，即触电。人体在触电时表现出来的症状与流过人体的电流大小有关。表 1-2 是人体通过大小不同的交流电流、直流电流时的症状。

表 1-2　人体通过大小不同的交流电流、直流电流时的症状

电流（mA）	人体表现出来的症状	
	交流（频率为 50Hz 或 60Hz）	直　流
0.6～1.5	开始有感觉，手轻微颤抖	没有感觉
2～3	手指强烈颤抖	没有感觉
5～7	手部痉挛	感觉痒和热
8～10	难以摆脱带电体，但还能摆脱；手指尖部到手腕剧痛	热感增加
20～25	手迅速麻痹，不能摆脱带电体；剧痛，呼吸困难	热感大大增加，手部肌肉收缩
50～80	呼吸麻痹，心室开始颤动	热感强烈，手部肌肉收缩、痉挛，呼吸困难
90～100	呼吸麻痹，延续 3s 或更长时间；心脏麻痹，心室颤动	呼吸麻痹

　　从表 1-2 可以看出：流过人体的电流越大，人体表现出来的症状越强烈，电流对人体的伤害越大；对于相同大小的交流电流和直流电流来说，交流电流对人体的伤害更大。

2. 与触电伤害程度有关的因素

　　与触电伤害程度有关的因素如下。

- 人体电阻的大小。人体是一种有一定阻值的导电体，其阻值不是固定的：当人体皮肤干燥时，阻值较大（10～100kΩ）；当皮肤出汗或破损时，阻值较小（800～1000Ω）；当人体接触带电体的面积大、接触紧密时，阻值会减小。在接触大小相同的电压时，人体电阻越小，流过人体的电流就越大，触电对人体的伤害就越严重。
- 触电电压的大小。当人体触电时，接触的电压越高，流过人体的电流就越大，对人体的伤害就越严重。一般规定，在正常环境下，安全电压为 36V；在潮湿场所，安全电压为 24V 和 12V。
- 触电的时间。如果触电后长时间未能脱离带电体，则电流长时间流过人体会造成严重的伤害。

　　此外，即使相同大小的电流，流过人体的部位不同，对人体造成的伤害也不同。电流流过心脏和大脑时，对人体的伤害最大，因此，双手之间、头足之间和手脚之间的触电更危险。

1.6.2　触电的急救方法

　　当发现有人触电后，第一步是让触电者迅速脱离带电体，第二步是对触电者进行现场救护。

1. 让触电者迅速脱离带电体

让触电者迅速脱离带电体可采用以下方法：切断电源；用带有绝缘柄的利器切断电源线；用绝缘物使导线与触电者脱离；戴上手套或在手上包裹干燥的衣服、围巾、帽子等绝缘物拖曳触电者，使之脱离电源。

2. 现场救护

在触电者脱离带电体后，应先就地进行救护，并做好将触电者送往医院的准备工作。在现场救护时，根据触电者受伤害的轻重程度，可采取以下救护措施。

- 如果触电者所受的伤害不太严重，神志尚清醒，只是心悸、头晕、出冷汗、恶心、呕吐、四肢发麻、全身乏力，甚至一度昏迷，但未失去知觉，则应让触电者在通风、暖和的地方静卧休息，并派人严密观察，同时请医生前来或送往医院诊治。
- 如果触电者已失去知觉，但呼吸和心跳尚正常，则应使其平躺，解开衣服以利呼吸，四周不要围人，保持空气流通，冷天应注意保暖，同时立即请医生前来或送往医院诊治。若发现触电者呼吸困难或心跳失常，则应立即实施人工呼吸或胸外心脏按压。
- 如果触电者出现三种"假死"的临床症状：一是心跳停止，但尚能呼吸；二是呼吸停止，但心跳尚存（脉搏很弱）；三是呼吸和心跳均已停止，应立即按心肺复苏法就地抢救，并立即请医生前来。心肺复苏法就是支持生命的三项基本措施：通畅气道，口对口（鼻）人工呼吸，胸外心脏按压（人工循环）。

电工工具

2.1 常用电工工具

2.1.1 螺丝刀

螺丝刀又称起子、改锥、螺丝批、螺钉旋具等，是一种用来旋转螺钉的工具。

根据头部形状不同，螺丝刀可分为十字形（又称梅花形）和一字形（又称平口形），如图 2-1 所示；根据手柄的材料和结构不同，螺丝刀可分为木柄和塑料柄；根据手柄以外的刀体长度不同，螺丝刀可分为 100mm、150mm、200mm、300mm 和 400mm 等多种规格。在转动螺钉时，应选用合适规格的螺丝刀，如果用小规格的螺丝刀旋转大号螺钉，则容易损坏螺丝刀。

图 2-1　十字形和一字形螺丝刀

多用途螺丝刀由手柄和多种规格的刀头组成，可以旋转多种规格的螺钉。多用途螺丝刀有手动和电动之分，如图 2-2 所示。电动螺丝刀适用于有大量的螺钉需要紧固或松动的场合。

(a) 手动

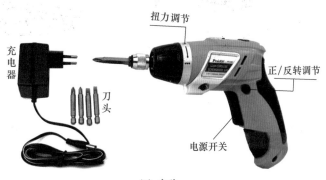

(b) 电动

图 2-2　多用途螺丝刀

螺丝刀的使用方法与技巧如图 2-3 所示。

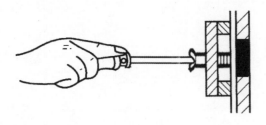

(a) 旋转大螺钉

(b) 旋转小螺钉

图 2-3　螺丝刀的使用方法与技巧

- 在旋转大螺钉时使用大螺丝刀，可用大拇指、食指和中指握住手柄，手掌顶住手柄的末端，以防螺丝刀转动时滑落，如图 2-3（a）所示。
- 在旋转小螺钉时，可用拇指和中指握住手柄，用食指顶住手柄的末端，如图 2-3（b）所示。
- 在使用较长的螺丝刀时，可用右手顶住并转动手柄，左手握住螺丝刀的中间部分，用来稳定螺丝刀以防滑落。
- 在旋转螺钉时，顺时针旋转螺丝刀可紧固螺钉，逆时针旋转可旋松螺钉，少数螺钉恰好相反。
- 在带电操作时，应让手与螺丝刀的金属部位保持绝缘，以避免发生触电事故。

 2.1.2　钢丝钳

钢丝钳又称老虎钳，由钳头和钳柄两部分组成。钳头由钳口、齿口、刀口和铡口四部分组成。电工使用的钢丝钳的钳柄带塑料套，耐压为 500V。钢丝钳的外形与结构如图 2-4 所示。

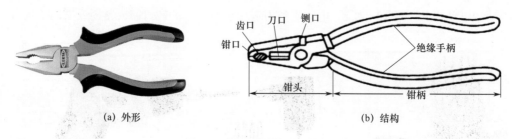

(a) 外形　　　　　　　　　　　　　　(b) 结构

图 2-4　钢丝钳的外形与结构

钢丝钳的功能很多，如图 2-5 所示。

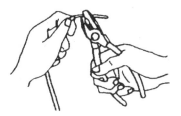
(a) 钳口弯绞导线

(b) 齿口紧固螺母

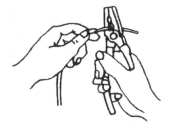
(c) 刀口剪切导线

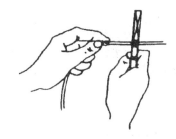
(d) 铡口铡切导线

图 2-5　钢丝钳的功能

2.1.3　尖嘴钳

尖嘴钳的"头部"呈细长圆锥形，在接近端部的钳口上有一段齿纹。尖嘴钳的外形如图 2-6 所示。

图 2-6　尖嘴钳的外形

尖嘴钳的"头部"尖而长，适合在狭窄的环境中夹持轻巧的工件或线材，也可以将单股导线接头弯曲。带刀口的尖嘴钳不但可以剪切线径较细的单股与多股线，还可以剥去塑料绝缘层。电工使用的尖嘴钳柄部应套有塑料套。

2.1.4　斜口钳

斜口钳又称断线钳，其外形如图 2-7 所示。

图 2-7　斜口钳的外形

斜口钳主要用于剪切金属薄片和线径较细的金属线，非常适合清除接线后多余的线头和飞刺。

2.1.5 剥线钳

剥线钳用来剥削导线头部表面的绝缘层，其外形与结构如图 2-8 所示。它由刀口、压线口和钳柄组成。剥线钳的钳柄上有额定工作电压为 500V 的绝缘套。

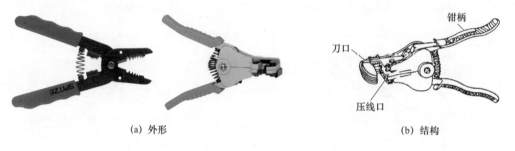

(a) 外形　　　　　　　　　　　　(b) 结构

图 2-8　剥线钳的外形与结构

2.1.6 电工刀

电工刀用来剥离导线的绝缘层、切削木台缺口和削制木枕等，其外形如图 2-9 所示。

图 2-9　电工刀的外形

电工刀的刀柄是无绝缘保护的，因此不得带电操作，以免触电。应将刀口朝外剖削，并注意避免伤及手指。在剖削导线的绝缘层时，应使刀面与导线呈较小的锐角，以免割伤导线。电工刀用完后，应将刀身折进刀柄中。

2.1.7 活络扳手

活络扳手又称活络扳头、活扳手，用来旋转六角或方头螺栓、螺钉、螺母。活络扳手由手柄、活络扳唇、呆扳唇、扳口、蜗轮和轴销等构成。活络扳手的外形与结构如图 2-10 所示。

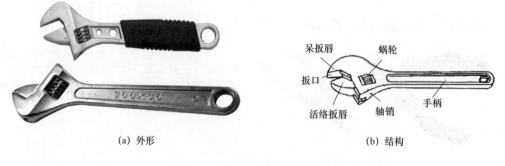

(a) 外形　　　　　　　　　　　　(b) 结构

图 2-10　活络扳手的外形与结构

由于旋转蜗轮可调节扳口的大小，故活络扳手特别适用于螺栓规格多的场合。活络扳手的规格是以长度×最大开口宽度表示的。

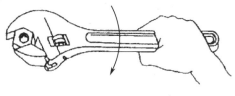

(a) 扳拧大螺母

(b) 扳拧较小螺母

图 2-11 活络扳手的使用

在使用活络扳手扳拧大螺母时，应用的力矩较大，因此手应握在柄尾处，如图 2-11（a）所示；在扳拧较小螺母时，应用的力矩不大，但螺母过小易打滑，因此手应握在手柄头部，如图 2-11（b）所示，以便随时调节蜗轮，收紧活络扳唇，防止打滑。

2.2 常用测试工具

2.2.1 氖管式测电笔

测电笔又称试电笔、验电笔和低压验电器等，用来检验导线、电器和电气设备的金属外壳是否带电。氖管式测电笔是一种常用的测电笔，测试时根据内部的氖管是否发光来判断物体是否带电。

1. 外形与结构

氖管式测电笔主要有笔式和螺丝刀式两种形式。其外形与结构如图 2-12 所示。

2. 工作原理

在检验物体是否带电时，先将氖管式测电笔的探头接触带电体，然后用手接触测电笔的金属笔挂（或金属端盖）。如果物体的电压达到一定值（交流或直流 60V 以上），则其电压通过测电笔的探头、电阻到达氖管，氖管便发出红光；通过氖管的微弱电流再经弹簧、金属笔挂（或金属端盖）、人体到达大地。

在手持氖管式测电笔验电时，手一定要接触氖管式测电笔尾端的金属笔挂（或金属端盖）。氖管式测电笔的正确握持方法如图 2-13 所示，以便形成人体到大地的电流回路，否则氖管式测电笔的氖管不亮。

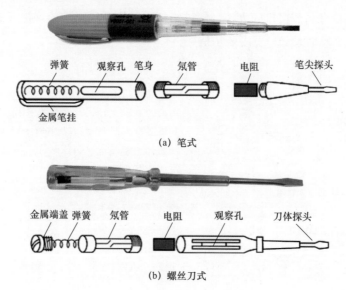

弹簧　观察孔　笔身　氖管　　电阻　　笔尖探头

金属笔挂

(a) 笔式

金属端盖 弹簧 氖管　　电阻　观察孔　刀体探头

(b) 螺丝刀式

图 2-12　氖管式测电笔的外形与结构

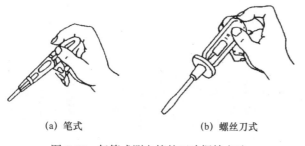

(a) 笔式　　　　　　(b) 螺丝刀式

图 2-13　氖管式测电笔的正确握持方法

氖管式测电笔可以检验 60 ～ 500V 范围内的电压，在该范围内，电压越高，氖管越亮；若低于 60V，则氖管不亮。为了安全起见，不要用氖管式测电笔检测高于 500V 的电压。

 2.2.2　数显式测电笔

数显式测电笔又称感应式测电笔，不但可以测试物体是否带电，而且还能显示出大致的电压范围。另外，有些数显式测电笔可以检验出绝缘导线的断线位置。

1. 外形

数显式测电笔的外形与各部分名称如图 2-14、图 2-15 所示。图 2-15 所示的数显式测电笔上标有"12-240V AC.DC"，表示该数显式测电笔可以测量 12 ～ 240V 范围内的交流或直流电压。数显式测电笔上的两个按键均为金属材料，测量时手应按住按键不放，以形成电流回路。通常情况下，直接测量按键距离显示屏较远，而感应测量按键距离显示屏较近。

2. 使用方法

（1）直接测量法

直接测量法是将数显式测电笔的金属探头直接接触被测物来判断是否带电的测

量方法。在使用直接测量法时，将数显式测电笔的金属探头接触被测物，同时手按住直接测量按键（DIRECT）不放。如果被测物带电，则数显式测电笔上的指示灯变亮，同时显示屏显示所测电压的大致值。

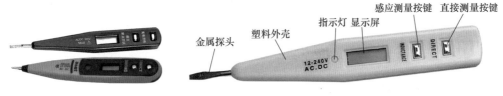

图 2-14　数显式测电笔的外形　　　　图 2-15　数显式测电笔的各部分名称

（2）感应测量法

感应测量法是将数显式测电笔的探头接近但不接触被测物，利用电压感应来判断被测物是否带电的测量方法。使用感应测量法时，将数显式测电笔的金属探头靠近但不接触被测物，同时手按住感应测量按键（INDUCTANCE）。如果被测物带电，则测电笔上的指示灯变亮，同时显示屏有高压符号显示。

感应测量法非常适合判断绝缘导线内部的断线位置，如图 2-16 所示。

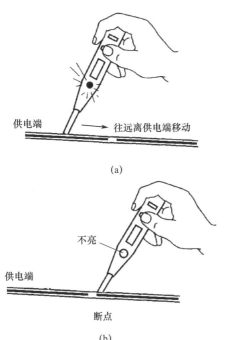

测试时，手按住数显式测电笔的感应测量按键，将探头接触导线绝缘层，如果指示灯亮，则表示当前位置的内部芯线带电，如图 2-16（a）所示；保持探头接触导线的绝缘层，并往远离供电端的方向移动，当指示灯突然熄灭、高压符号消失时，表明当前位置存在断线，如图 2-16（b）所示。

图 2-16　利用感应测量法找出绝缘导线的断线位置

利用感应测量法可以找出绝缘导线的断线位置，也可以对绝缘导线进行相线、零线判断，还可以检查微波炉辐射及泄漏情况。

2.2.3 校验灯

校验灯是用灯泡连接两根导线制作而成的，如图2-17所示。

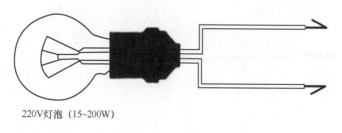

220V灯泡（15~200W）

图2-17 校验灯

校验灯使用额定电压为220V、功率在15～200W的灯泡；使用的导线为单芯线，并将芯线的头部弯折成钩状，既可以碰触线路，也可以钩住线路。

校验灯的使用举例如图2-18所示。在使用校验灯时，断开相线上的熔断器，将校验灯串在熔断器位置，并将支路的S₁、S₂、S₃开关都断开，可能会出现以下情况。

- 校验灯不亮，说明校验灯之后的线路无短路故障。
- 校验灯很亮（亮度与直接接在220V电压上的亮度一样），说明校验灯之后的线路出现相线与零线短路，校验灯两端有220V电压。
- 将某支路的开关闭合（如闭合S₁），如果校验灯会亮，但亮度不高，则说明该支路正常。校验灯的亮度不高是因为校验灯与该支路的灯泡串联接在220V之间，校验灯两端的电压低于220V。
- 将某支路的开关闭合（如闭合S₁），如果校验灯很亮，则说明该支路出现短路（灯泡L₁短路），校验灯两端有220V电压。

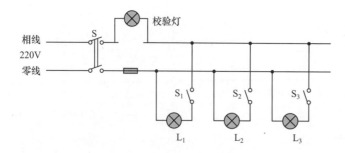

图2-18 校验灯的使用举例

 当校验灯与其他电路串联时，其他电路的功率越大，该电路的等效电阻就越小、校验灯两端的电压越高，灯泡越亮。

校验灯还可以按图2-19所示方法使用。

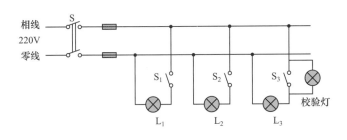

如果闭合 S_3，灯泡 L_3 不亮，则可能是开关 S_3 或灯泡 L_3 开路。为了判断到底是哪一个损坏，可将 S_3 置于接通位置，将校验灯并联在 S_3 两端，如果校验灯和灯泡 L_3 都亮，则说明开关 S_3 损坏；如果校验灯不亮，则说明灯泡 L_3 损坏。

图 2-19　校验灯的使用举例

2.3　绝缘导线

导线的种类很多，通常可分为两大类：裸导线和绝缘导线。裸导线是不带绝缘层的导线，一般用于电能的传输，由于其无绝缘层，故需要架设在位置高的地方，出于安全考虑，室内配电线路主要采用绝缘导线，很少采用裸导线；绝缘导线是在金属导线（如铜、铝）外面加上绝缘层的导线。

2.3.1　绝缘导线的分类

绝缘导线主要分为漆包线、普通绝缘导线和护套绝缘导线。

1. 漆包线

漆包线是在铜线的外面涂上绝缘漆的导线，绝缘漆就是它的绝缘层。由于很多绝缘漆的颜色与铜相似，因此很容易将漆包线当成裸铜线。漆包线如图 2-20 所示。

电动机、变压器、继电器、接触器和电工仪表等设备中的线圈通常由漆包线绕制而成。漆包线的线径和横截面积由铜导线决定，线径越粗，横截面积越大。

图 2-20　漆包线

2. 普通绝缘导线

普通绝缘导线由金属芯线和绝缘层组成：根据绝缘层的不同，可分为塑料绝缘导线和橡胶绝缘导线；根据芯线材料的不同，可分为铜芯绝缘导线和铝芯绝缘导线；根据芯线数量的不同，可分为单股和多股绝缘导线；根据导线形式的不同，可分为绝缘双绞线和绝缘平行线等。常见的绝缘导线如图2-21所示。

3. 护套绝缘导线

护套绝缘导线是在普通绝缘导线的基础上再套一个绝缘护套的导线。护套绝缘导线如图2-22所示。

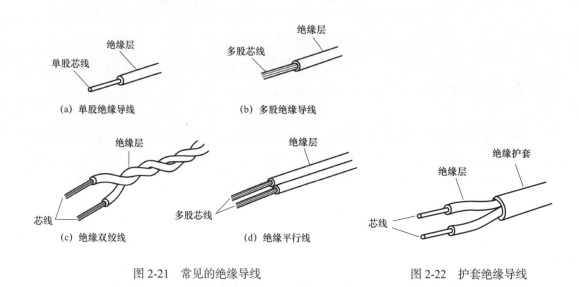

图 2-21　常见的绝缘导线　　　　　　　　　　图 2-22　护套绝缘导线

2.3.2　绝缘导线的选用

在选用绝缘导线时，主要考虑导线的安全电流、机械强度和额定电压。

1. 安全电流

在有电流流过导线时导线会发热，电流越大，发出的热量越多。热量可通过绝缘层散发出去，如果散发的热量等于导线发出的热量，则导线的温度不再上升；若因流过导线的电流过大而产生大量的热量，这些热量又不能被绝缘层散发，则导线的温度就会上升，绝缘层就容易老化，甚至因损坏而引起触电或火灾事故。

安全电流是导线温度达到绝缘层最高允许值（规定为65℃）且不再上升时流过导线的电流。安全电流的大小除了与导线的横截面积有关（横截面积越大，导线电阻就越小、产生的热量越少、安全电流越大），还与绝缘层的散热性能有很大的关系：绝缘层的散热性能越好，安全电流就越大。

在选用绝缘导线时，导线的安全电流应大于所接负载的总电流，一般为 1.5 ～ 2 倍。表2-1、表2-2、表2-3分别列出了几类绝缘导线在不同安装情况下的安全电流。

表 2-1　塑料绝缘导线在不同安装情况下的安全电流（单位：A）

导线截面积（mm²）	固定敷设用的芯线		明线安装	穿钢管安装						穿硬塑料管安装					
	芯线股数/单股直径（mm）	股数/线号		一管二根线		一管三根线		一管四根线		一管二根线		一管三根线		一管四根线	
				铜	铝	铜	铝	铜	铝	铜	铝	铜	铝	铜	铝
1.0	1/1.13	1/18#	17	12		11		10		10		10		9	
1.5	1/1.37	1/17#	21	16	17	13	15	11	14	10	14	11	13	10	11	9
2.5	1/1.76	1/15#	28	22	23	17	21	16	19	13	21	16	18	14	17	12
4	1/2.24	1/13#	35	28	30	23	27	21	24	19	27	21	24	19	22	17
6	1/2.73	1/11#	48	37	41	30	36	28	32	24	36	27	31	23	28	22
10	7/1.33	7/17#	65	51	56	42	49	38	43	33	49	36	42	33	38	29
16	7/1.70	7/16#	91	69	71	55	64	49	56	43	62	48	56	42	49	38

表 2-2　橡胶绝缘导线在不同安装情况下的安全电流（单位：A）

导线截面积（mm²）	固定敷设用的线芯		明线安装	穿钢管安装						穿硬塑料管安装					
	线芯股数/单股直径（mm）	股数/线号		一管二根线		一管三根线		一管四根线		一管二根线		一管三根线		一管四根线	
				铜	铝	铜	铝	铜	铝	铜	铝	铜	铝	铜	铝
1.0	1/1.13	1/18#	18	13		12		10		11		10		10	
1.5	1/1.37	1/17#	23	16	17	13	16	12	15	10	15	12	14	11	12	10
2.5	1/1.76	1/15#	30	24	24	18	22	17	20	14	22	17	19	15	17	13
4	1/2.24	1/13#	39	30	32	24	29	22	26	20	29	22	26	20	23	17
6	1/2.73	1/11#	50	39	43	32	37	30	34	26	37	29	33	25	30	23
10	7/1.33	7/17#	74	57	59	45	52	40	46	34.5	51	38	45	35	40	30
16	7/1.70	7/16#	95	74	75	57	67	51	60	45	66	50	59	45	52	40

表 2-3　护套绝缘导线在不同安装情况下的安全电流（单位：A）

导线截面积（mm²）	护套绝缘导线								软导线		
	2 股芯线				3~4 股芯线				单股芯线	2 股芯线	
	塑料绝缘导线		橡胶绝缘导线		塑料绝缘导线		橡胶绝缘导线		塑料绝缘导线	塑料绝缘导线	橡胶绝缘导线
	铜	铝	铜	铝	铜	铝	铜	铝	铜	铜	铜
0.5	7		7		4		4		8	7	7
0.75									13	10.5	9.5
0.8	11		10		9		9		14	11	10
1.0	13		11		9.6		10		17	13	11
1.5	17	13	14	12	10	8	10	8	21	17	14
2.0	19		17		13		12	12	25	18	17
2.5	23	17	18	14	17	14	16	16	29	21	18
4.0	30	23	28	21.8	23	19	21				
6.0	37	29			28	22					

2. 机械强度

在选用绝缘导线时，除了要考虑导线的安全电流，在某些情况下还要考虑其机械强度。机械强度是指导线承受拉力、扭力和重力等的能力。例如，遇到图 2-23 所示的线路安装时就需要考虑导线的机械强度。

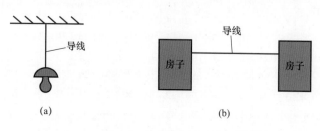

在图 2-23（a）中，选用的绝缘导线要能承受灯具的重力；在图 2-23（b）中，选用的绝缘导线除了要能承受自身重力形成的拉力，由于安装在室外，所以还要考虑到一些外界因素（如风力等）。

图 2-23　线路安装时需要考虑导线的机械强度

3. 额定电压

导线的绝缘层一般都有一定的耐压范围，若超出这个范围，则绝缘性能下降。在选用导线时，要根据线路的电压选择符合额定电压要求的绝缘导线。常用绝缘导线的额定电压有 250V、500V 和 1000V 等。例如，线路的实际电压为 220V，可选择额定电压为 250V 的绝缘导线。

2.3.3　绝缘层的剥离

在连接绝缘导线前，需要先去掉导线连接处的绝缘层、露出金属芯线，再进行连接。剥离的绝缘层长度为 50 ～ 100mm，通常线径小的导线剥离短些，线径粗的导线剥离长些。绝缘导线的种类较多，绝缘层的剥离方法也有所不同。

1. 硬绝缘导线绝缘层的剥离

对于截面积在 0.4mm^2 以下的硬绝缘导线，可以使用钢丝钳（俗称老虎钳）剥离绝缘层，如图 2-24 所示。

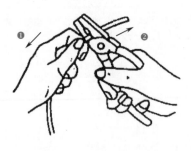

❶ 左手捏住导线，右手拿钢丝钳，将钳口钳住剥离处的导线，切不可用力过大，以免切伤内部芯线。

❷ 左、右手分别朝相反方向用力，绝缘层就会沿钢丝钳的运动方向脱离。

图 2-24　截面积在 0.4mm^2 以下的硬绝缘导线绝缘层的剥离

如果在剥离绝缘层时不小心伤及内部芯线，则在较严重时需要剪掉切伤部分的导线，重新剥离绝缘层。

对于截面积在 $0.4mm^2$ 以上的硬绝缘导线，可以使用电工刀来剥离绝缘层，如图 2-25 所示。

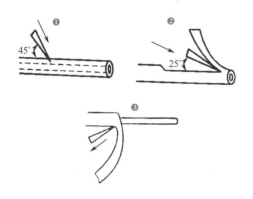
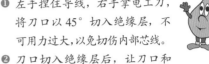

❶ 左手捏住导线，右手拿电工刀，将刀口以 45°切入绝缘层，不可用力过大，以免切伤内部芯线。

❷ 刀口切入绝缘层后，让刀口和芯线保持 25°，推动电工刀，将部分绝缘层削去。

❸ 将剩余的绝缘层反向扳过来，并用电工刀将剩余的绝缘层齐根削去。

图 2-25　截面积在 $0.4mm^2$ 以上的硬绝缘导线绝缘层的剥离

2. 软绝缘导线绝缘层的剥离

可使用钢丝钳或剥线钳剥离软绝缘导线的绝缘层，但不可使用电工刀。因为软绝缘导线的芯线由多股细线组成，若用电工刀剥离，则容易切断部分芯线。用钢丝钳剥离软绝缘导线绝缘层的方法与剥离硬绝缘导线绝缘层的操作方法一样，这里只介绍如何用剥线钳剥离绝缘层，如图 2-26 所示。

剪切　剥线　夹持

❶

❷

❶ 将剥线钳钳入需要剥离的软绝缘导线，握住剥线钳手柄进行圆周运动，让钳口在导线的绝缘层上切出一个圆，注意不要切伤内部芯线。

❷ 往外推动剥线钳，绝缘层就会随钳口的移动方向脱离。

图 2-26　用剥线钳剥离绝缘层

3. 护套绝缘导线绝缘层的剥离

护套绝缘导线除了内部有绝缘层，在外面还有护套。在剥离护套绝缘导线的绝缘层时，先要剥离护套，再剥离内部的绝缘层。常用电工刀剥离护套，在剥离内部的绝缘层时，可根据情况使用钢丝钳、剥线钳或电工刀。护套绝缘导线绝缘层的剥离如图 2-27 所示。

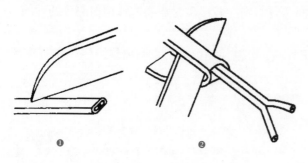

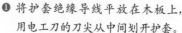

❶ 将护套绝缘导线平放在木板上，用电工刀的刀尖从中间划开护套。

❷ 将护套绝缘导线折弯，再用电工刀将护套齐根削去。根据护套绝缘导线内部芯线的类型，可选用钢丝钳、剥线钳或电工刀剥离内部绝缘层；若芯线是较粗的硬导线，则可使用电工刀；若芯线是细硬导线，则可使用钢丝钳；若芯线是软导线，则可使用剥线钳。

图 2-27　护套绝缘导线绝缘层的剥离

2.3.4　绝缘导线间的连接

　　当导线长度不够或存在分支线路时，需要将导线与导线连接起来。导线的连接部位是线路的薄弱环节，正确进行导线连接可以增强线路的安全性、可靠性，使得用电设备能稳定、可靠地运行。在连接导线前，应先去除芯线上的污物和氧化层。本节主要介绍绝缘导线的连接方法。

1. 铜芯导线间的连接

（1）单股铜芯导线的直线连接

单股铜芯导线的直线连接如图 2-28 所示。

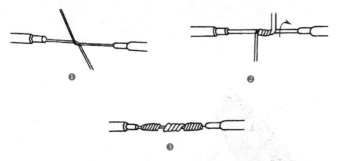

❶ 将去除绝缘层和氧化层的两根单股导线进行 X 形相交。

❷ 将两根导线向两边紧密、斜着缠绕 2～3 圈。

❸ 将两根导线扳直，再向两边各绕 6 圈，多余的线头用钢丝钳剪掉。

图 2-28　单股铜芯导线的直线连接

（2）单股铜芯导线的 T 字形分支连接

单股铜芯导线的 T 字形分支连接如图 2-29 所示。

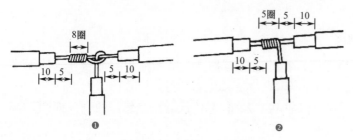

图 2-29　单股铜芯导线的 T 字形分支连接

❶ 先将除去绝缘层和氧化层的支路芯线与主干芯线十字相交，然后将支路芯线在主干芯线上绕一圈并跨过支路芯线（即打结），再在主干芯线上缠绕 8 圈，将多余的支路芯线剪掉。

❷ 对于截面积小的导线，可以不打结，直接将支路芯线在主干芯线上缠绕几圈。

（3）7 股铜芯导线的直线连接

7 股铜芯导线的直线连接如图 2-30 所示。

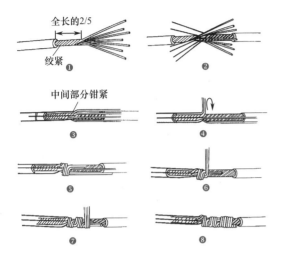

● 将去除绝缘层和氧化层的两根导线的 7 股芯线散开，并将绝缘层旁约 2/5 的芯线段绞紧。

● 将两根导线的芯线隔根交叉。

● 压平两端交叉的线头，并将中间部分钳紧。

● 将一端的 7 股芯线按 2、2、3 分成三组：把第一组的 2 股芯线扳直（即与主干芯线垂直）。

● 按顺时针方向在主干芯线上紧绕 2 圈，并将余下的扳到主干芯线上。

● 将第二组的 2 股芯线扳直，按顺时针方向在第一组芯线及主干芯线上紧绕 2 圈。

● 将第三组的 3 股芯线扳直，按顺时针方向在第一、二组芯线及主干芯线上紧绕 2 圈。

● 在三组芯线绕好后把多余的部分剪掉即可。

图 2-30　7 股铜芯导线的直线连接

（4）7 股铜芯导线的 T 字形分支连接

7 股铜芯导线的 T 字形分支连接如图 2-31 所示。

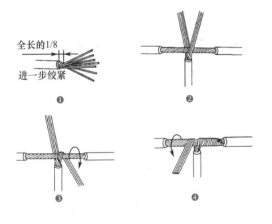 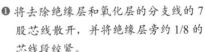

● 将去除绝缘层和氧化层的分支线的 7 股芯线散开，并将绝缘层旁约 1/8 的芯线段绞紧。

● 将分支线的 7 股芯线按 3、4 分成两组，并叉入主干芯线。

● 将第一组的 3 股芯线在主干芯线上按顺时针方向紧绕 3 圈，并将余下的芯线剪掉。

● 将第二组的 4 股芯线在主干芯线上按顺时针方向紧绕 4 圈，并将余下的芯线剪掉。

图 2-31　7 股铜芯导线的 T 字形分支连接

（5）不同直径的铜导线连接

不同直径的铜导线连接如图 2-32 所示。

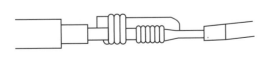

具体过程：将细导线的芯线在粗导线的芯线上绕 5～6 圈；将粗芯线折弯压在细芯线上，并把细芯线在折弯的粗芯线上绕 3～4 圈；将多余的细芯线剪去。

图 2-32　不同直径的铜导线连接

（6）多股软导线与单股硬导线的连接

多股软导线与单股硬导线的连接如图 2-33 所示。

具体过程：将多股软导线的芯线拧成一股芯线；将拧紧的芯线在硬导线的芯线上缠绕 7 ~ 8 圈；将硬导线的芯线折弯压在缠绕的软导线的芯线上。

图 2-33　多股软导线与单股硬导线的连接

（7）多芯导线的连接

多芯导线的连接如图 2-34 所示。从该图中可以看出，多芯导线的连接关键在于各连接点应相互错开，以防连接点之间短路。

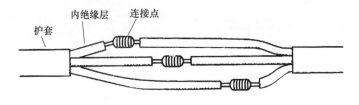

图 2-34　多芯导线的连接

2. 铝芯导线间的连接

铝芯导线采用铝材料作为芯线，铝材料易氧化，并在表面形成氧化铝。氧化铝的电阻率较高，如果线路安装的要求较高，则铝芯导线间一般利用铝压接管（见图 2-35）进行连接。

利用铝压接管连接铝芯导线的方法如图 2-36 所示。

图 2-35　铝压接管

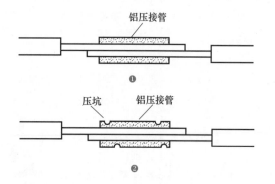

❶ 将待连接的两根铝芯导线穿入铝压接管，并穿出一定的长度（芯线的截面积越大，穿出的铝芯导线越长）。

❷ 用压接钳对铝压接管进行压接，铝芯导线的截面积越大，要求压坑越多。

图 2-36　用铝压接管连接铝芯导线

如果需要将三根或四根铝芯导线压接在一起，可按如图 2-37 所示的方法进行操作。

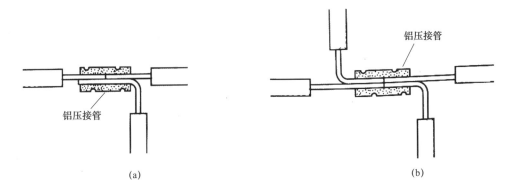

(a)　　　　　　　　　　　　　　(b)

图 2-37　利用铝压接管连接三根或四根铝芯导线

3. 铝芯导线与铜芯导线的连接

当铝和铜接触时容易发生电化腐蚀，因此铝芯导线和铜芯导线不能直接连接，连接时需要用到铜铝压接管。铜铝压接管由铜和铝制作而成，如图 2-38 所示。

图 2-38　铜铝压接管

铝芯导线与铜芯导线的连接如图 2-39 所示。

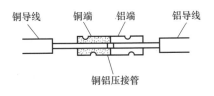

图 2-39　铝芯导线与铜芯导线的连接

❶ 将铝芯导线从铜铝压接管的铝端穿入，芯线不要超过铜铝压接管的铜端；铜芯导线从铜铝压接管的铜端穿入，芯线不要超过铜铝压接管的铝端。

❷ 用压接钳压挤铜铝压接管，将铜芯导线与铜铝压接管的铜端压紧，铝芯导线与铜铝压接管的铝端压紧。

2.3.5　绝缘导线与接线柱的连接

绝缘导线与针孔式接线柱的连接如图 2-40 所示。

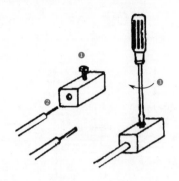

① 旋松接线柱上的螺钉。

② 将芯线插入针孔式接线柱内。

③ 旋紧螺钉,如果芯线较细,可把它折成两股再插入接线柱。

图 2-40　绝缘导线与针孔式接线柱的连接

绝缘导线与螺钉平压式接线柱的连接如图 2-41 所示。

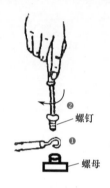

螺钉

螺母

① 将芯线弯成圆环状,并保证芯线处于平分圆环位置。

② 将圆环套在螺钉上,并旋紧螺钉,芯线就被紧压在螺钉和螺母之间。

图 2-41　绝缘导线与螺钉平压式接线柱的连接

2.3.6　绝缘层的恢复

在芯线连接好后,为了安全起见,需要在芯线上缠绕绝缘材料,即恢复绝缘层。缠绕的绝缘材料主要有黄蜡带、黑胶带和涤纶薄膜胶带。缠绕绝缘材料的方法如图 2-42 所示。

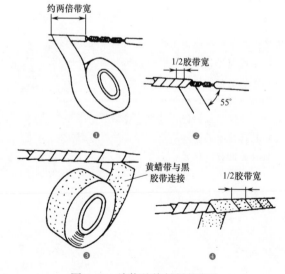

① 从左端绝缘层约两倍胶带宽处开始缠绕黄蜡带。

② 缠绕时,胶带保持与导线成 55°,并且缠绕时胶带要压住上圈胶带的 1/2,缠绕到导线右端绝缘层约两倍胶带宽处停止。

③ 在导线右端将黑胶带与黄蜡带连接好。

④ 从右往左斜向缠绕黑胶带,缠绕方法与黄蜡带相同,缠绕至导线左端黄蜡带的起始端结束。

图 2-42　缠绕绝缘材料的方法

测量仪表

3.1 指针式万用表

指针式万用表是一种广泛使用的电子测量仪表，由一个灵敏度很高的直流电流表（微安表）、挡位开关和相关电路组成。指针式万用表可以测量电压、电流、电阻，还可以检测电子元器件的好坏。指针式万用表的种类很多，使用方法大同小异。本节以 MF-47 型万用表为例进行介绍。MF-47 型万用表的面板如图 3-1 所示。

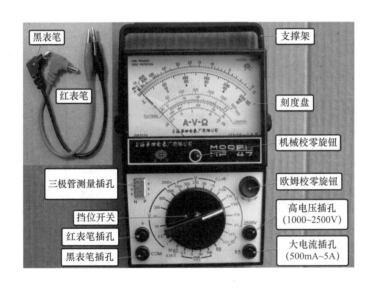

图 3-1 MF-47 型万用表的面板

- 刻度盘用来指示测量值的大小，由 1 根表针和 6 条刻度线组成。刻度盘如图 3-2 所示。
- 挡位开关的功能是选择不同的测量挡位。挡位开关如图 3-3 所示。
- 在万用表面板上有两个旋钮：机械校零旋钮和欧姆校零旋钮。机械校零旋钮的功能是在测量前将表针调到电压 / 电流刻度线的 "0" 处。欧姆校零旋钮的功能是在使用电阻挡测量时，将表针调到电阻刻度线的 "0" 处。
- 万用表面板上有 4 个独立插孔和一个 6 孔组合插孔。标有 "+" 字样的为红表笔插孔；标有 "COM" 或 "-" 字样的为黑表笔插孔；标有 "5A" 字样的为大电流插孔，当测量 500mA ～ 5A 的电流时，红表笔应插入该插孔；标有 "2500V" 字样的为高电压插孔，当测量 1000 ～ 2500V 的电压时，红表笔应插入此插孔。6 孔组合插孔为三极管测量插孔，标有 "N" 字样的 3 个孔为 NPN 三极管的测量插孔，标有 "P" 字样的 3 个孔为 PNP 三极管的测量插孔。

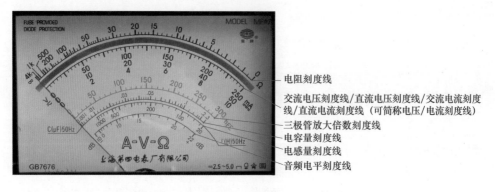

电阻刻度线
交流电压刻度线/直流电压刻度线/交流电流刻度线/直流电流刻度线（可简称电压/电流刻度线）
三极管放大倍数刻度线
电容量刻度线
电感量刻度线
音频电平刻度线

图 3-2　刻度盘

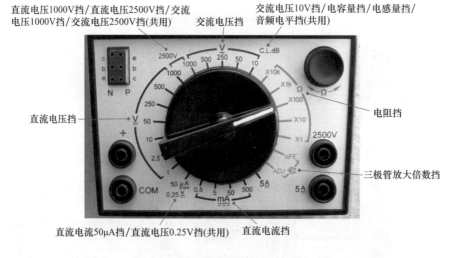

直流电压1000V挡/直流电压2500V挡/交流电压1000V挡/交流电压2500V挡（共用）
交流电压挡
交流电压10V挡/电容量挡/电感量挡/音频电平挡（共用）

直流电压挡

电阻挡

三极管放大倍数挡

直流电流50μA挡/直流电压0.25V挡（共用）
直流电流挡

图 3-3　挡位开关

指针式万用表在使用前，需要安装电池、机械校零和安插表笔。

· 在使用指针式万用表前，需要安装电池，若不安装电池，则电阻挡和三极管放大倍数挡将无法使用。MF-47 型万用表需要 9V 和 1.5V 两个电池，如图 3-4 所示。

· 在指针式万用表出厂时，大多数厂家已对万用表进行了机械校零。若由于某些原因造成表针未校零，则可自己进行机械校零。机械校零的过程如图 3-5 所示。

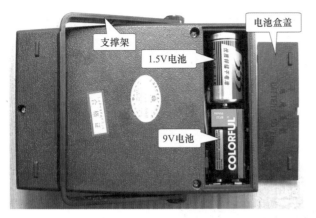

9V 电池供给电阻挡中的 ×10kΩ 挡使用，1.5V 电池供给 ×10kΩ 挡以外的电阻挡和三极管放大倍数挡使用。在安装电池时，一定要注意电池的极性不能装错。

图 3-4　MF-47 型万用表需要 9V 和 1.5V 两个电池

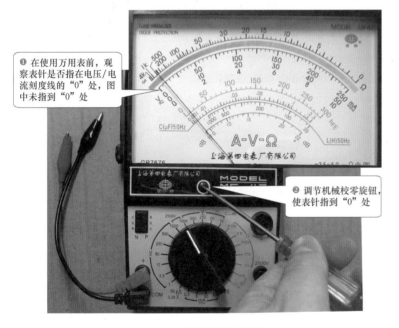

❶ 在使用万用表前，观察表针是否指在电压/电流刻度线的"0"处，图中未指到"0"处

万用表有红、黑两根表笔。在测量时，红表笔要插入标有"+"字样的插孔，黑表笔要插入标有"COM"或"−"字样的插孔。

❷ 调节机械校零旋钮，使表针指到"0"处

图 3-5　机械校零的过程

3.1.1　测量直流电压

　　MF-47 型万用表的直流电压挡具体又分为 0.25V、1V、2.5V、10V、50V、250V、500V、1000V 和 2500V 挡。

　　下面通过测量一节干电池的电压来说明直流电压的测量操作，如图 3-6 所示。

　　注意：当测量 1000 ~ 2500V 的电压时，挡位开关应置于直流电压 1000V 挡，红表笔要插在 2500V 的专用插孔中，黑表笔仍插在"COM"插孔中。在读数时选择最大值为 250 的那一组数。直流电压 0.25V 挡与直流电流 50μA 挡是共用的。在测直流电压时选择该挡，可以测量 0 ~ 0.25V 的电压，读数时选择最大值为 250 的那一组数；在测直流电流时选择该挡，可以测量 0 ~ 50μA 的电流，读数时选择最大值为 50 的那一组数。

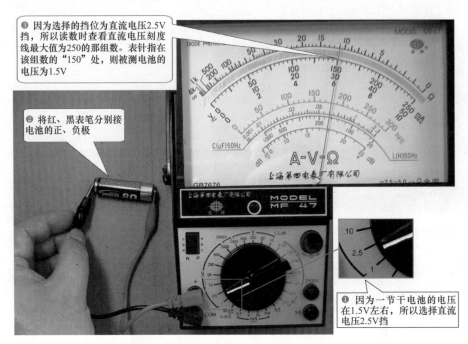

❸ 因为选择的挡位为直流电压2.5V挡,所以读数时查看直流电压刻度线最大值为250的那组数。表针指在该组数的"150"处,则被测电池的电压为1.5V

❷ 将红、黑表笔分别接电池的正、负极

❶ 因为一节干电池的电压在1.5V左右,所以选择直流电压2.5V挡

图 3-6　直流电压的测量(测量电池的电压)

3.1.2　测量交流电压

MF-47 型万用表的交流电压挡具体又分为 10V、50V、250V、500V、1000V 和 2500V 挡。下面通过测量市电电压的大小来说明交流电压的测量操作,如图 3-7 所示。

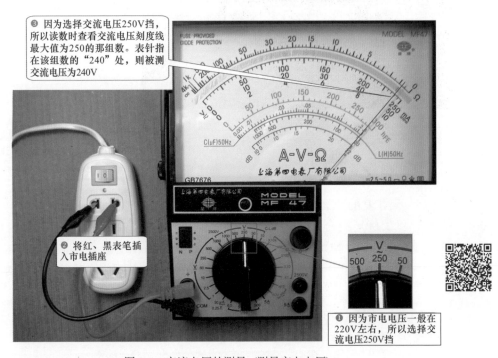

❸ 因为选择交流电压250V挡,所以读数时查看交流电压刻度线最大值为250的那组数。表针指在该组数的"240"处,则被测交流电压为240V

❷ 将红、黑表笔插入市电插座

❶ 因为市电电压一般在220V左右,所以选择交流电压250V挡

图 3-7　交流电压的测量(测量市电电压)

3.1.3　测量直流电流

MF-47 型万用表的直流电流挡具体又分为 50μA、0.5mA、5mA、50mA、500mA 和 5A 挡。下面以测量流过灯泡的电流大小为例来说明直流电流的测量操作，如图 3-8 所示。

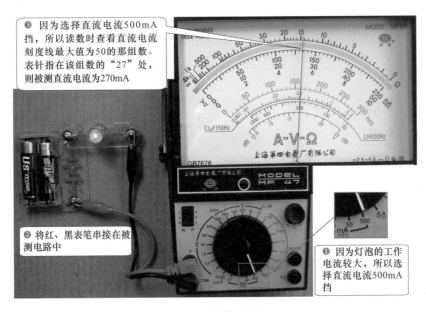

❸ 因为选择直流电流500mA 挡，所以读数时查看直流电流刻度线最大值为50的那组数。表针指在该组数的"27"处，则被测直流电流为270mA

❷ 将红、黑表笔串接在被测电路中

❶ 因为灯泡的工作电流较大，所以选择直流电流500mA 挡

(a) 实际测量图

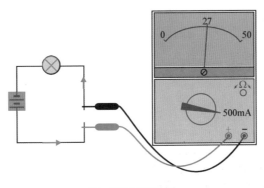

(b) 等效电路测量图

图 3-8　直流电流的测量

注意：在测量电路的电流时，一定要断开电路，并将万用表串接在电路断开处，使得电流流过万用表，万用表才能测量电流的大小。

3.1.4 测量电阻

在测量电阻的阻值时需要选择电阻挡。MF-47 型万用表的电阻挡具体又分为 ×1Ω、×10Ω、×100Ω、×1kΩ 和 ×10kΩ 挡。

下面通过测量一个电阻的阻值来说明电阻挡的使用，如图 3-9 所示。

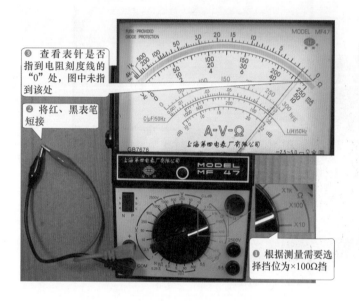

❸ 查看表针是否指到电阻刻度线的"0"处，图中未指到该处

❷ 将红、黑表笔短接

❶ 根据测量需要选择挡位为×100Ω挡

在测量时尽可能让表针指在电阻刻度线的中央位置，因为表针指在刻度线中央时的测量值最准确。若不能估计电阻的阻值，则可先选高挡位测量，如果发现阻值偏小，再换成合适的低挡位重新测量。现估计被测电阻阻值为几百至几千欧，则选择挡位×100Ω较为合适。

测量时不要选错挡位，这样极易烧坏万用表。万用表不用时，可将挡位置于交流电压的最高挡（如 1000V 挡）。在测量直流电压或直流电流时，要将红表笔接电源或电路的高电位。测量时，手不要接触表笔的金属部位，以免触电或影响测量的准确度。在测量电阻阻值和三极管放大倍数时要进行欧姆校零，如果旋钮无法将表针调到电阻刻度线的"0"处，则可能原因为万用表内部电池失效，可更换新电池。

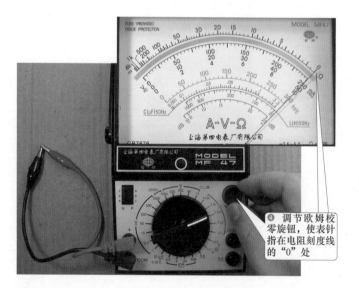

❹ 调节欧姆校零旋钮，使表针指在电阻刻度线的"0"处

图 3-9　电阻的测量

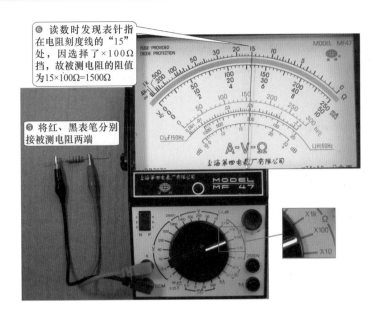

❻ 读数时发现表针指在电阻刻度线的 "15" 处，因选择了 ×100Ω 挡，故被测电阻的阻值为 15×100Ω=1500Ω

❺ 将红、黑表笔分别接被测电阻两端

图 3-9 电阻的测量（续）

3.2 数字式万用表

数字式万用表与指针式万用表相比，具有测量准确度高、测量速度快、输入阻抗大、过载能力强和功能多等优点，因此它与指针式万用表一样，在电工电子技术的测量方面得到了广泛应用。数字式万用表的种类很多，但使用方法基本相同。下面以广泛使用的 DT-830 型数字式万用表为例来说明数字式万用表的使用方法。

数字式万用表的面板主要由显示屏、挡位开关和各种插孔构成。DT-830 型数字式万用表的面板如图 3-10 所示。

- 显示屏用来显示被测量的数值（可以显示 4 位数字），最高位只能显示 0 和 1，其他位可显示 0 ~ 9。
- 挡位开关的功能是选择不同的测量挡位，包括直流电压挡、交流电压挡、直流电流挡、电阻挡、二极管 / 通断测量挡和三极管放大倍数挡。
- 数字式万用表的面板上有 3 个独立插孔和 1 个 6 孔组合插孔（标有 "10ADC" 字样的为直流大电流插孔，当测量 200mA ~ 10A 的直流电流时，红表笔要插入该插孔；6 孔组合插孔为三极管测量插孔）。

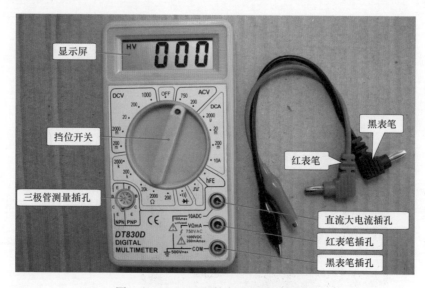

图 3-10　DT-830 型数字式万用表的面板

3.2.1　测量直流电压

DT-830 型数字式万用表的直流电压挡具体又分为 200mV 挡、2000mV 挡、20V 挡、200V 挡、1000V 挡。

下面通过测量一节电池的电压来说明直流电压的测量过程，如图 3-11 所示。

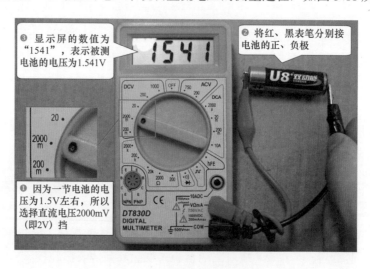

❸ 显示屏的数值为"1541"，表示被测电池的电压为 1.541V

❷ 将红、黑表笔分别接电池的正、负极

❶ 因为一节电池的电压为 1.5V 左右，所以选择直流电压 2000mV（即 2V）挡

图 3-11　直流电压的测量过程

3.2.2　测量交流电压

DT-830 型数字式万用表的交流电压挡具体又分为 200V 挡和 750V 挡。下面通过测量市电的电压值来说明交流电压的测量过程，如图 3-12 所示。

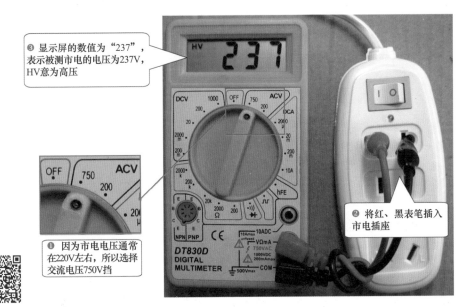

❸ 显示屏的数值为"237"，
表示被测市电的电压为237V，
HV意为高压

❶ 因为市电电压通常
在220V左右，所以选择
交流电压750V挡

❷ 将红、黑表笔插入
市电插座

图 3-12　交流电压的测量过程

3.2.3　测量直流电流

DT-830 型数字式万用表的直流电流挡具体又分为 2000μA 挡、20mA 挡、200mA 挡、10A 挡。下面以测量流过灯泡的电流大小为例来说明直流电流的测量过程，如图 3-13 所示。

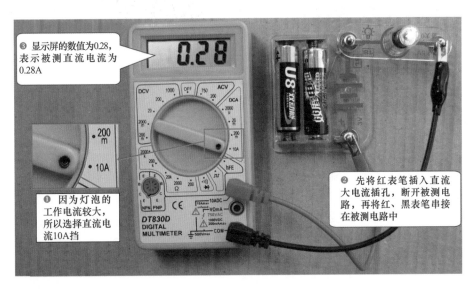

❸ 显示屏的数值为0.28，
表示被测直流电流为
0.28A

❶ 因为灯泡的
工作电流较大，
所以选择直流电
流10A挡

❷ 先将红表笔插入直流
大电流插孔，断开被测电
路，再将红、黑表笔串接
在被测电路中

图 3-13　直流电流的测量过程

3.2.4 测量电阻

DT-830 型万用表的电阻挡具体又分为 200Ω 挡、2000Ω 挡、20kΩ 挡、200kΩ 挡和 2000kΩ 挡。

1. 测量一个电阻的阻值

下面通过测量一个电阻的阻值来说明电阻挡的使用方法，如图 3-14 所示。

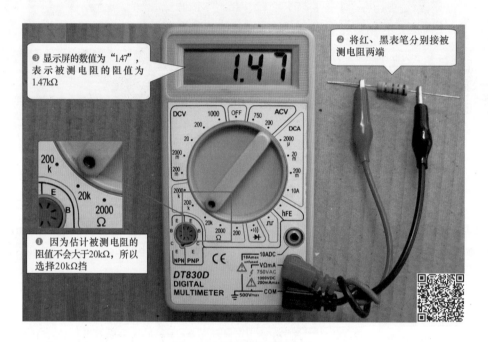

❸ 显示屏的数值为"1.47"，表示被测电阻的阻值为 1.47kΩ

❷ 将红、黑表笔分别接被测电阻两端

❶ 因为估计被测电阻的阻值不会大于20kΩ，所以选择20kΩ挡

图 3-14　电阻挡的使用方法

2. 测量导线的电阻

导线的电阻大小与导体材料、截面积和长度有关。对于采用相同导体材料（如铜）的导线，芯线越粗其电阻越小，芯线越长其电阻越大。因导线的电阻较小，数字式万用表一般使用 200Ω 挡测量，测量操作如图 3-15 所示。如果被测导线的电阻阻值无穷大，则导线开路。

注意：在使用数字式万用表的低电阻挡（200Ω 挡）测量时，将两根表笔短接，通常会发现在显示屏中显示的阻值不为零，一般在零点几欧至几欧之间，该阻值主要为误差阻值，性能好的数字式万用表的误差阻值很小。由于数字式万用表无法进行欧姆校零，如果对测量准确度要求很高，可在测量前记下表笔短接时的阻值，再将测量值减去该值即为被测元器件或线路的实际阻值。

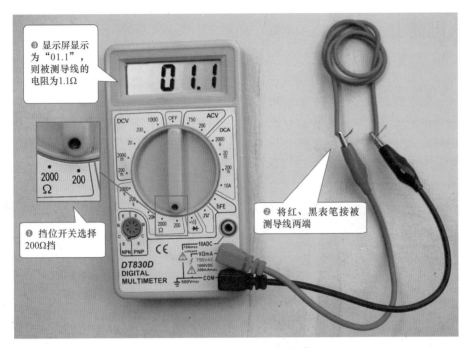

❸ 显示屏显示为"01.1"，则被测导线的电阻为1.1Ω

❶ 挡位开关选择200Ω挡

❷ 将红、黑表笔接被测导线两端

图 3-15　导线电阻的测量操作

3.2.5　检测线路通断

　　线路通断可以用万用表的电阻挡检测，但每次检测时都要通过查看显示屏的电阻阻值来判断，这样有些麻烦。为此有的数字式万用表专门设置了二极管 / 通断测量挡。在测量时，当被测线路的电阻小于一定值（一般为 50Ω）时，万用表会发出蜂鸣声，提示被测线路处于导通状态。利用二极管 / 通断测量挡检测导线通断的操作，如图 3-16 所示。

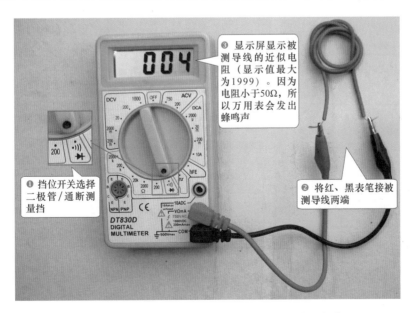

❸ 显示屏显示被测导线的近似电阻（显示值最大为1999）。因为电阻小于50Ω，所以万用表会发出蜂鸣声

❶ 挡位开关选择二极管/通断测量挡

❷ 将红、黑表笔接被测导线两端

图3-16　利用二极管/通断测量挡检测导线通断的操作

3.3 电能表

电能表又称电度表，是一种用来计算用电量（电能）的测量仪表。电能表可分为单相电能表和三相电能表，分别用在单相和三相交流电源电路中。根据工作方式的不同，电能表又可分为电子式和机械式两种：电子式电能表利用电子电路来驱动计数机构对电能进行计数；机械式（又称感应式）电能表利用电磁感应产生的力矩来驱动计数机构对电能进行计数。常见的电能表外形如图 3-17 所示。

（a）电子式和机械式电能表（单相）

（b）电子式和机械式电能表（三相）

图 3-17 常见的电能表外形

3.3.1 电能表的接线

1. 单相电能表的接线

在使用电能表时，只有与线路正确连接才能令电能表正常工作。如果连接错误，轻则会出现电量计数错误，重则会烧坏电能表。在接线时，除了要注意一般的规律，还要认真查看电能表的接线说明图。单相电能表的接线如图 3-18 所示。

电压线圈（线径细、匝数多、阻值大，要接在电源相线和零线之间）
电流线圈（线径粗、匝数小、阻值小，要串接在电源相线和负载之间）

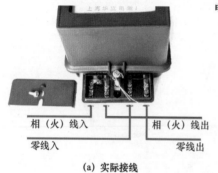
（a）实际接线

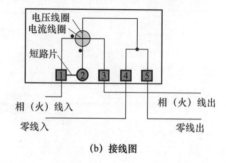
（b）接线图

图 3-18 单相电能表的接线

2. 三相电能表的直接接线

三相电能表用于三相交流电源电路中，如果负载功率不是很大，则三相电能表可直接接在三相交流电源电路中。三相电能表的直接接线（三相四线式）如图 3-19 所示。

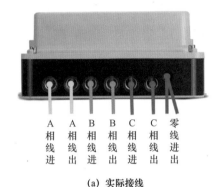

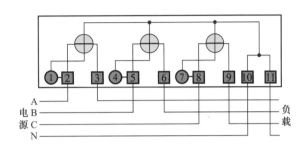

(a) 实际接线　　　　　　　　　　　　　(b) 接线图

图 3-19　三相电能表的直接接线（三相四线式）

3. 三相电能表的互感式接线

电流互感器是一种能增大或减小交流电流的器件，其外形与工作原理如图 3-20 所示。

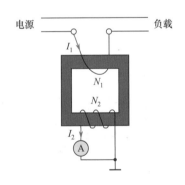

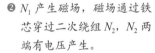

❶ 一次绕组电流 I_1 流过一次绕组 N_1。

❷ N_1 产生磁场，磁场通过铁芯穿过二次绕组 N_2，N_2 两端有电压产生。

❸ 与 N_2 连接的电流表有二次绕组电流 I_2 流过。

(a) 外形　　　　　　　　　(b) 工作原理

图 3-20　电流互感器的外形与工作原理

电流互感器的一次绕组电流 I_1 与二次绕组电流 I_2 存在如下关系：

$$\frac{I_1}{I_2} = \frac{N_2}{N_1}$$

从上式可知，绕组流过的电流大小与匝数成反比，即匝数多的绕组流过的电流小，匝数少的绕组流过的电流大，N_2/N_1 称为变流比。

当电能表需要用在大电流电路中时，可在电源线与电能表之间添加电流互感器。三相电能表的互感式接线（三相四线式）如图 3-21 所示。

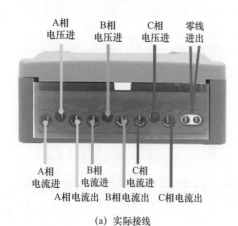

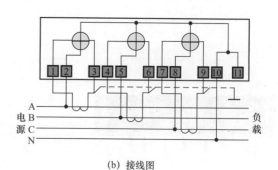

(a) 实际接线　　　　　　　　　　　　(b) 接线图

图 3-21　三相电能表的互感式接线（三相四线式）

注意：在利用连接电流互感器的电能表测量电路电量时，测得的值并不是电路的实际用电量（实际用电量等于测得的值与电流互感器的变流比的乘积）。例如，电流互感器的变流比为 400/5，电能表测得的值为 10kW·h，那么实际用电量为 800kW·h（10kW·h×400/5=800kW·h）。

3.3.2　电能表的比较

　　与机械式电能表相比，电子式电能表具有精度高、可靠性高、功耗低、过载能力强、体积小和重量轻等优点。根据显示方式的不同，电子式电能表可分为滚轮显示电能表和液晶显示电能表，如图 3-22 和图 3-23 所示。

图 3-22　滚轮显示电能表　　　　　　　　　　图 3-23　液晶显示电能表

- 滚轮显示电能表的面板上没有铝盘，不能带动滚轮计数器（内部安装一个小型步进电机）。在测量时，电能表每通过一定的电量，测量电路就会产生一个脉冲。该脉冲可驱动电机旋转一定的角度、带动滚轮计数器转动并进行计数。

- 液晶显示电能表由测量电路输出显示信号，并直接驱动液晶显示器显示电量数值。

电子式电能表与机械式电能表的区别如图 3-24 所示。

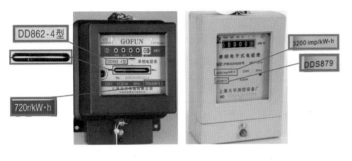

查看面板上有无铝盘（电子式电能表无，机械式电能表有）；查看面板型号（若面板型号的第 3 位为字母 S，则为电子式电能表，否则为机械式电能表，如 DDS633 为电子式电能表）；查看常数单位（电子式电能表的常数单位为 imp/kW·h；机械式电能表的常数单位为 r/kW·h）。

图 3-24　电子式电能表与机械式电能表的区别

3.3.3　电能表的选用

在选用电能表时，先要确定电源类型是单相还是三相，再根据电源负载的功率确定电能表的电流规格。对于 220V 单相交流电源电路，应选用单相电能表，最大测量功率 P 与电能表额定最大电流 I 的关系：$P = I \times 220$；对于 380V 三相交流电源电路，应选用三相电能表，最大测量功率 P 与电能表额定最大电流 I 的关系：$P = 3I \times 220$。电能表的常用电流规格及对应的最大测量功率如表 3-1 所示。

表 3-1　电能表的常用电流规格及对应的最大测量功率

单相电能表（220V）		三相电能表（380V）	
电流规格	最大测量功率	电流规格	最大测量功率
1.5（6）A	1.32kW	1.5（6）A	在外接电流互感器时使用
2.5（10）A	2.2kW	5（20）A	13.2kW
5（20）A	4.4kW	10（40）A	26.4kW
10（40）A	8.8kW	15（60）A	39.6kW
15（60）A	13.2kW	20（80）A	52.8kW
20（80）A	17.6kW	30（100）A	66kW

注："（）"中为电能表的额定最大电流。

3.4　钳形表

钳形表又称钳形电流表，是一种测量电气线路中电流大小的仪表。与电流表和万用表相比，钳形表的优点是在测量电流时不需要断开电路。钳形表可分为指针式钳形表和数字式钳形表两类：指针式钳形表利用内部电流表的指针摆动来指示被测电流的大小；数字式钳形表利用数字测量电路检测电流，并通过显示器将电流大小显示出来。

钳形表有指针式和数字式之分，这里以指针式为例来说明钳形表的结构与工作原理。指针式钳形表的结构如图 3-25 所示。

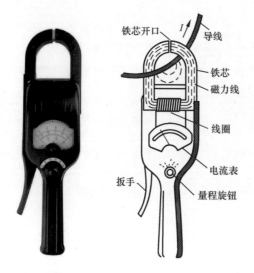

指针式钳形表主要由铁芯、线圈、电流表、量程旋钮和扳手等组成。

使用钳形表的步骤：按下扳手→铁芯开口张开→从开口处将导线放入铁芯中央→松开扳手→铁芯开口闭合。当有电流流过导线时，导线周围会产生磁场，磁场的磁力线沿铁芯穿过线圈，线圈立即产生电流。该电流经内部一些元器件后流进电流表。电流表的表针摆动，以便指示电流的大小。流过导线的电流越大、导线产生的磁场越大、穿过线圈的磁力线越多、线圈产生的电流越大、流进电流表的电流越大、表针摆动幅度越大，则指示的电流值越大。

图 3-25　指针式钳形表的结构

 3.4.1　指针式钳形表

1. 实物外形

早期的钳形表仅能测电流，而现在常用的钳形表大多已将钳形表和万用表结合起来，不但可以测电流，还能测电压和电阻。常见的指针式钳形表如图 3-26 所示。

图 3-26　常见的指针式钳形表

2. 使用方法

在使用钳形表测量前，要做好以下准备工作。

- 安装电池：安装时要注意电池的极性与电池盒的标注相同。
- 机械校零：将钳形表平放在桌面上，观察表针是否指在刻度线的"0"处，若没有，则用螺丝刀调节刻度盘下方的机械校零旋钮，将表针调到"0"处。
- 安装表笔：如果仅用钳形表测量电流，则不用安装表笔；如果要测量电压和电阻，则需要给钳形表安装表笔。在安装表笔时，应将红表笔插入标有"＋"的插孔，将黑表笔插入标有"－"或"COM"的插孔。

使用钳形表测量电流时，一般按以下操作进行。

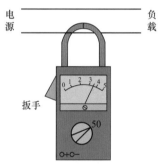

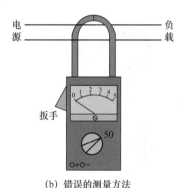

❶ 估计被测电流大小的范围，选取合适的电流挡位。

❷ 钳入被测导线。按下钳形表上的扳手，张开铁芯，钳入一根导线。正确的测量方法如图 3-27（a）所示。表针摆动，指示导线流过的电流大小。测量时要注意，不能将两根导线同时钳入，这是因为两根导线流过的电流大小相等，但方向相反，由两根导线产生的磁场方向也是相反的，钳形表测出的电流值将为 0。如果不为 0，则说明两根导线流过的电流不相等，负载漏电（一根导线的部分电流经绝缘性能差的物体直接到地，没有全部流到另一根导线上）。此时钳形表测出的值为漏电电流值。错误的测量方法如图 3-27（b）所示。

❸ 读数。观察表针指在交流电流刻度线的数值，并配合挡位数进行综合读数。例如，在图 3-27（a）中，表针指在交流电流刻度线的 3.5 处，此时挡位为交流电流 50A挡，读数时要将交流电流刻度线的最大值 5 看成 50，即被测导线流过的电流值为 35A。

(a) 正确的测量方法

(b) 错误的测量方法

图 3-27　钳形表的测量方法

如果被测导线的电流较小，则可将导线在钳形表的铁芯上多绕几圈再测量，如图 3-28所示。若将导线在铁芯上绕两圈，则测出的电流值是实际电流的两倍。

在使用钳形表时，为了使用安全和测量准确，需要注意以下事项。

- 应选择合适的挡位，不要用低挡位测大电流。
- 在测量时，每次只能钳入一根导线。若钳入导线后发现有振动和碰撞声，则应重新打开钳口，并合几次，直至噪声消失。
- 在测量大电流后再测量小电流时，也需要开合钳口数次，消除铁芯上的剩磁，以免产生测量误差。

- 在测量时不要切换量程，以免在切换时线圈瞬间开路，从而感应出很高的电压，造成表内的元器件损坏。

- 在测量一根导线的电流时，应尽量让其他的导线远离钳形表，以免受到这些导线产生的磁场影响，从而使测量误差增大。

- 在测量裸露线时，需要用绝缘物将其与其他的导线隔开，以免因开合钳口引起短路。

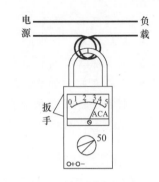

图 3-28　钳形表测量小电流的方法

 3.4.2　数字式钳形表

常用的数字式钳形表如图 3-29 所示，它除了具有钳形表无须断开电路就能测量交流电流的功能，还具有部分数字式万用表的功能（在应用数字式万用表的功能时，需要用到测量表笔）。

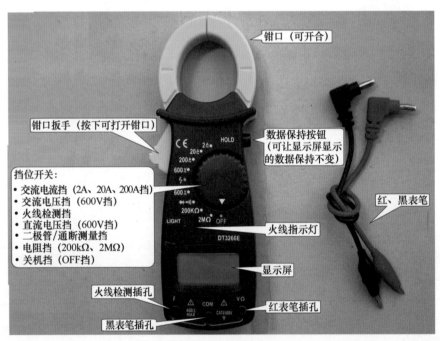

图 3-29　常用的数字式钳形表

1. 测量交流电流

为了便于利用钳形表测量用电设备的交流电流，可按如图 3-30 所示制作一个电源插座，利用电源插座和钳形表测量电烙铁的工作电流的操作如图 3-31 所示。

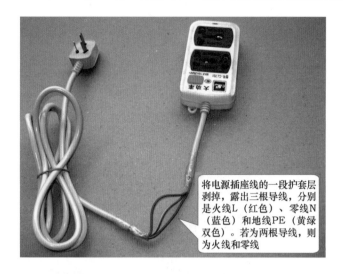

将电源插座线的一段护套层剥掉，露出三根导线，分别是火线L（红色）、零线N（蓝色）和地线PE（黄绿双色）。若为两根导线，则为火线和零线

图 3-30　制作一个便于用钳形表测量用电设备的交流电流的电源插座

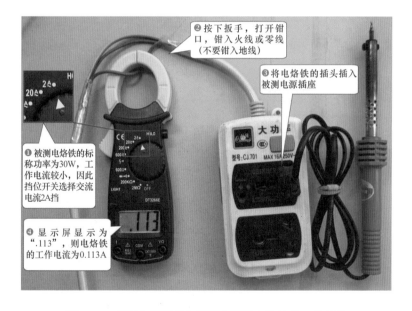

❷ 按下扳手，打开钳口，钳入火线或零线（不要钳入地线）

❸ 将电烙铁的插头插入被测电源插座

❶ 被测电烙铁的标称功率为30W，工作电流较小，因此挡位开关选择交流电流2A挡

❹ 显示屏显示为".113"，则电烙铁的工作电流为0.113A

图 3-31　利用电源插座和钳形表测量电烙铁的工作电流

2. 测量交流电压

在利用钳形表测量交流电压时，需要用到测量表笔，测量操作如图 3-32 所示。

3. 判别火线（相线）

有的钳形表具有火线检测挡，利用该挡可以判别出火线。利用钳形表的火线检测挡判别火线的测量操作如图 3-33 所示。

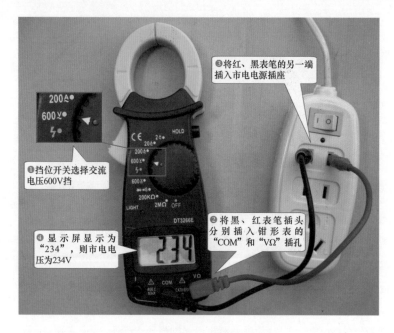

❶挡位开关选择交流电压600V挡

❹显示屏显示为"234"，则市电电压为234V

❸将红、黑表笔的另一端插入市电电源插座

❷将黑、红表笔插头分别插入钳形表的"COM"和"VΩ"插孔

图3-32 利用钳形表测量交流电压

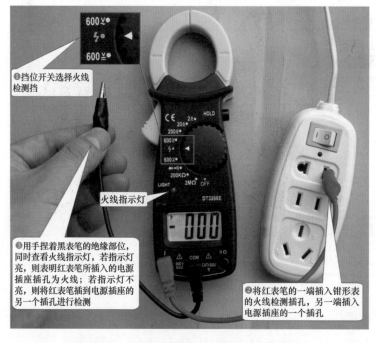

❶挡位开关选择火线检测挡

火线指示灯

❸用手捏着黑表笔的绝缘部位，同时查看火线指示灯，若指示灯亮，则表明红表笔所插入的电源插座插孔为火线；若指示灯不亮，则将红表笔插到电源插座的另一个插孔进行检测

❷将红表笔的一端插入钳形表的火线检测插孔，另一端插入电源插座的一个插孔

图3-33 利用钳形表的火线检测挡判别火线

　　如果数字钳形表没有火线检测挡，则可用交流电压挡来判别火线：选择交流电压20V以上的挡位，一只手捏着黑表笔的绝缘部位，另一只手将红表笔先后插入电源插座的两个插孔，同时观察显示屏显示的感应电压大小，以显示感应电压值大的一次为准，红表笔插入的为火线插孔。

3.5　兆欧表

兆欧表（又称绝缘电阻表）主要用来测量电气设备和电气线路的绝缘电阻，判断电气设备是否漏电等。有些万用表也可以测量兆欧级的电阻，但万用表本身提供的电压低，无法测量高电压下电气设备的绝缘电阻。

根据显示方式的不同，兆欧表通常可分为三类：摇表、指针式兆欧表和数字式兆欧表。

3.5.1　摇表

摇表的实物外形如图 3-34 所示。

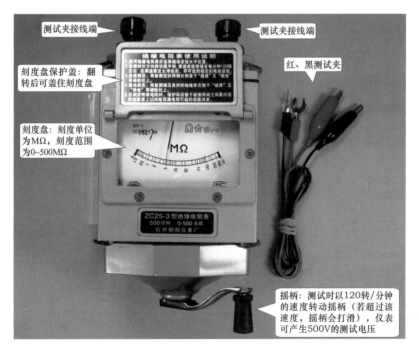

图 3-34　摇表的实物外形

1. 工作原理

摇表主要由磁电式比率计（磁电式比率计由线圈 1、线圈 2、表针和磁铁组成）、手摇发电机和测量电路组成，如图 3-35 所示。

2. 使用方法

在使用摇表前，要做好准备工作，如图 3-36 所示。

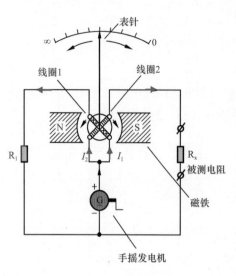

图 3-35　摇表的组成

在使用摇表测量时，先将被测电阻按图 3-35 所示的方法接好，然后摇动手摇发电机，发电机将产生几百至几千伏的高压，并从"+"端输出电流，电流分为 I_1、I_2 两路：I_1 经线圈 1、R_1 回到发电机的"-"端；I_2 经线圈 2、被测电阻 R_x 回到发电机的"-"端。

当电流流过线圈 1 时，会产生磁场，线圈产生的磁场与磁铁的磁场相互作用，令线圈 1 逆时针旋转，并带动表针往左摆动指向"∞"处；当电流流过线圈 2 时，表针会往右摆动指向"0"处。当线圈 1、2 都有电流流过时（两个线圈的参数相同），若 $I_1 = I_2$，即 $R_1 = R_x$ 时，表针指在中间；若 $I_1 > I_2$，即 $R_1 < R_x$ 时，表针偏左，指示 R_x 的阻值大；若 $I_1 < I_2$，即 $R_1 > R_x$ 时，表针偏右，指示 R_x 的阻值小。

在摇动手摇发电机时，由于很难保证发电机匀速转动，所以发电机输出的电压和流出的电流是不稳定的，但因为流过两个线圈的电流同时变化，如发电机输出的电流小时，流过两个线圈的电流都会变小，故不会影响测量结果。由于发电机会发出几百至几千伏的高压，并经线圈加到被测物两端，因此能真实反映被测物在高压下的绝缘电阻大小。

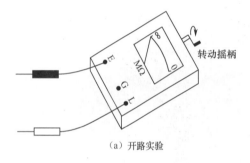

（a）开路实验

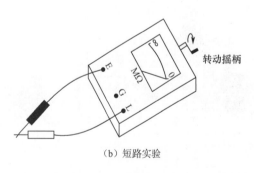

（b）短路实验

图 3-36　摇表使用前的准备工作

- 连接测量线。摇表有三个接线端：L 端（LINE：线路测试端）、E 端（EARTH：接地端）和 G 端（GUARD：防护屏蔽端）。一般情况下，只将 L 端和 E 端连接测试线。

- 进行开路实验。让 L 端、E 端之间开路，并转动摇柄，使转速达到额定转速，这时表针应指在"∞"处，如图 3-36（a）所示。若不能指到该位置，则说明摇表有故障。

- 进行短路实验。将 L 端、E 端的测量线短接，并转动摇柄，使转速达到额定转速，这时表针应指在"0"处，如图 3-42（b）所示。

若开路实验和短路实验都正常，就可以开始用摇表进行测量了，操作步骤如下。

❶ 根据被测物的额定电压大小选择相应额定电压的摇表。摇表在测量时，手摇发电机会产生电压，但并不是所有的摇表产生的电压都相同，如 ZC25-3 型摇表产生 500V 电压，而 ZC25-4 型摇表能产生 1000V 电压。在选择摇表时，应注意其额定电压要比被测物的额

定电压高，如额定电压为 380V 及以下的被测物，可选用额定电压为 500V 的摇表来测量。不同额定电压的被测物及选用的摇表见表 3-2。

表 3-2　不同额定电压的被测物及选用的摇表

被测物	被测物的额定电压（V）	所选摇表的额定电压（V）
线圈	＜ 500	500
	≥ 500	1000
电力变压器和电动机绕组	≥ 500	1000 ~ 2500
发电机绕组	≤ 380	1000
电气设备	＜ 500	500 ~ 1000
	≥ 500	2500

❷ 测量并读数。切断被测物的电源，将 L 端与被测物的导体部分连接、E 端与被测物的外壳或其他与之绝缘的导体连接，转动摇柄，让转速保持在额定转速（允许有 20% 的转速误差），待表针稳定后进行读数。

下面举几个例子来说明摇表的使用方法。

- 测量电源插座的两个插孔之间的绝缘电阻，操作如图 3-37 所示。如果测得电源插座的两个插孔之间的绝缘电阻很小，如零点几兆欧，则有可能是因为两个插孔之间的绝缘性能不好、两根电网线间的绝缘变差，以及用电设备的开关或插座绝缘不好。

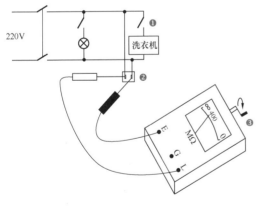

❶ 切断 220V 市电，并断开所有用电设备的开关。

❷ 将摇表的 L 端和 E 端测量线分别插入插座的两个插孔。

❸ 转动摇柄，查看表针所指数值。表针指在 400 处，说明电源插座的两个插孔之间的绝缘电阻为 400MΩ。

图 3-37　测量电源插座的两个插孔之间的绝缘电阻

- 测量用电设备外壳与线路间的绝缘电阻，操作如图 3-38 所示。正常情况下这个阻值应很大，如果测得该阻值较小，则说明内部电气线路与外壳之间存在较大的漏电电流，人接触外壳时会造成触电，因此要重点检查电气线路与外壳漏电的原因。

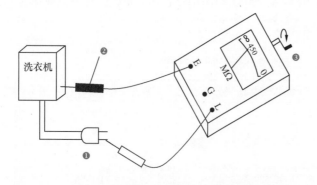

❶ 拔出洗衣机的电源插头，将摇表的 L 端测量线接电源插头。

❷ E 端测量线接洗衣机外壳。

❸ 摇动摇柄，表针所指数值即为洗衣机的电气线路与外壳之间的绝缘电阻。

图 3-38　测量用电设备外壳与线路间的绝缘电阻

- 测量电缆的绝缘电阻，操作如图 3-39 所示。图 3-39 中的电缆包括三部分：电缆金属芯线、内绝缘层和电缆外皮。在测量这种多层电缆时一般要用到摇表的 G 端。将内绝缘层与 G 端相连，目的是让内绝缘层上的漏电电流直接流入 G 端，而不会流入 E 端，避免了漏电电流影响测量值。

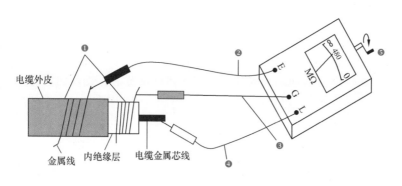

电缆外皮

金属线　内绝缘层　电缆金属芯线

❶ 利用一根金属线在电缆外皮和内绝缘层上绕几圈。

❷ 将 E 端测量线与电缆外皮缠绕的金属线连接。

❸ 将 G 端测量线与内绝缘层缠绕的金属线连接。

❹ L 端与电缆金属芯线连接。

❺ 转动摇柄即可测量电缆的绝缘电阻。

图 3-39　测量电缆的绝缘电阻

在使用摇表测量时，要注意以下事项。

- 应正确选用摇表。若选用额定电压过高的摇表进行测量，则易击穿被测物；若选用额定电压过低的摇表进行测量，则不能反映被测物的真实绝缘电阻。
- 在测量电气设备时，一定要切断设备的电源并等待一定的时间再测量，目的是让电气设备放完残存的电。
- 测量时，摇表的测量线不能绕在一起，以避免测量线之间的绝缘电阻影响被测物。
- 测量时，应顺时针由慢到快转动摇柄，直至转速达到额定转速，可在1min后读数（读数时仍要转动摇柄）。
- 在转动摇柄时，手不可接触测量线的裸露部位和被测物，以免触电。
- 应将被测物表面擦拭干净，不得有污物，以免造成测量数据不准确。

3.5.2　数字式兆欧表

数字式兆欧表是以数字的形式直观显示被测绝缘电阻的大小。由于它与指针式兆欧表的操作方法大体相同，因此这里仅介绍数字式兆欧表的使用方法。

几种常见的数字式兆欧表如图 3-40 所示。

图 3-40　几种常见的数字式兆欧表

数字式兆欧表的种类很多，但使用方法基本相同，下面以 VC60B 型数字式兆欧表为例进行说明。VC60B 型数字式兆欧表的面板如图 3-41 所示。

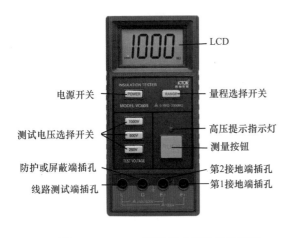

电源开关
测试电压选择开关
防护或屏蔽端插孔
线路测试端插孔

LCD
量程选择开关
高压提示指示灯
测量按钮
第2接地端插孔
第1接地端插孔

VC60B 型数字式兆欧表是一种量程广、性能稳定、能自动关机的测量仪器。这种仪表的内部采用电压变换器，可以将 9V 的直流电压变换成 250V/500V/1000V 的直流电压，因此可以测量多种不同额定电压下的电气设备的绝缘电阻。

图 3-41　VC60B 型数字式兆欧表的面板

测量前，需要先做好以下准备工作。

- 安装 9V 电池。
- 连接测量线：在 L 端和 G 端各连接一条测量线（一般情况下 G 端可不连接测量线）。还有一条测量线可根据仪表的测量电压来选择连接在 E2 端或 E1 端：当测量电压为 250V 或 500V 时，测量线应连接在 E2 端；当测量电压为 1000V 时，测量线应连接在 E1 端。

VC60B 型数字式兆欧表的一般测量步骤如下。

❶ 按下电源开关。

❷ 选择测试电压：可通过单击 1000V、500V 或 250V 中的某一开关来选择测试电压。例如，被测物用在 380V 电压中，则可按下 500V 开关，显示器左下角将会显示"500V"字样，这时仪表会输出 500V 的测试电压。

❸ 选择量程范围：在不同的测试电压下，通过量程选择开关选择的测量范围也不同，具体见表 3-3。例如，测试电压为 500V，在单击量程选择开关时，仪表可测量 50～1000MΩ 的绝缘电阻；在未单击量程选择开关时，可测量 0.1～50MΩ 的绝缘电阻。

表 3-3　不同测试电压下的测量范围

测试电压	量程	
	未单击量程选择开关	单击量程选择开关
250×(1±10%)V	0.1～20MΩ	20～500MΩ
500×(1±10%)V	0.1～50MΩ	50～1000MΩ
1000×(1±10%)V	0.1～100MΩ	100～2000MΩ

❹ 将仪表的 L 端、E2 端或 E1 端测量线的探针与被测物连接。

❺ 单击测量按钮进行测量，在测量过程中，不要松开测量按钮，此时显示器的数值会有变化，待稳定后开始读数。

❻ 读数时要注意，显示器左下角为当前的测试电压，中间为测量的阻值，右下角为阻值的单位。读数完毕后，松开测量按钮。

注意：如果显示器显示"1"，则表示测量值超出量程，可在更换为高量程挡后重新测量。

低压电器与变压器

4.1 低压电器

低压电器通常是指工作在交流电压 1200V 或直流电压 1500V 以下的电器。常见的低压电器有开关、熔断器、断路器、漏电保护器、接触器和继电器等。在进行电气线路安装时，电源和负载（如电动机）之间用低压电器通过导线连接起来，可以实现负载的接通、切断、保护等控制功能。

 ### 4.1.1 开关

开关是电气线路中使用最广泛的一种低压电器，其作用是接通和切断电气线路。

1. 照明开关

照明开关用来接通和切断照明线路，允许流过的电流不能太大。常见的照明开关如图 4-1 所示。

图 4-1　常见的照明开关

2. 按钮开关

按钮开关用来在短时间内接通或切断小电流电路，主要用在电气控制电路中。按钮开关允许流过的电流较小，一般不能超过 5A。

按钮开关用符号"SB"表示，可分为三种类型：常闭按钮开关、常开按钮开关和复合按钮开关。这三种开关的结构与符号如图 4-2 所示。

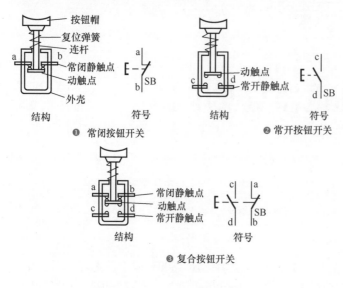

❶ 未按下按钮时，依靠复位弹簧的作用力使内部的动触点将常闭静触点 a、b 接通；按下按钮时，动触点与常闭静触点脱离，a、b 断开；松开按钮后，动触点自动复位。

❷ 未按下按钮时，动触点与常开静触点 c、d 断开；按下按钮时，动触点与常开静触点接通；松开按钮后，动触点自动复位。

❸ 未按下按钮时，动触点与常闭静触点 a、b 接通，而与常开静触点断开；按下按钮时，动触点与常闭静触点断开，而与常开静触点接通；松开按钮后，动触点自动复位。

图 4-2 三种开关的结构与符号

常见的按钮开关如图 4-3 所示。

图 4-3 常见的按钮开关

3. 闸刀开关

闸刀开关又称开启式负荷开关、瓷底胶盖闸刀开关，简称刀开关。它的外形、结构与符号如图 4-4 所示。闸刀开关除了能接通、断开电源，还能起过流保护作用（其内部一般会安装熔丝）。

闸刀开关需要垂直安装：进线装在上方，出线装在下方，不能接反，以免触电。由于闸刀开关没有灭电弧装置（在闸刀接通或断开时产生的电火花称为电弧），因此不能用于大容量负载的通断控制。闸刀开关一般用在照明电路中，也可以用在非频繁启动/停止的小容量电动机中。

4. 铁壳开关

铁壳开关又称封闭式负荷开关，它的外形、结构与符号如图 4-5 所示。

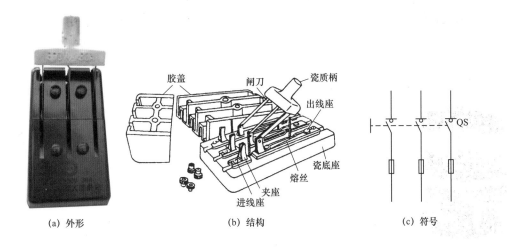

　（a）外形　　　　　　　　　（b）结构　　　　　　　　　（c）符号

图 4-4　闸刀开关的外形、结构与符号

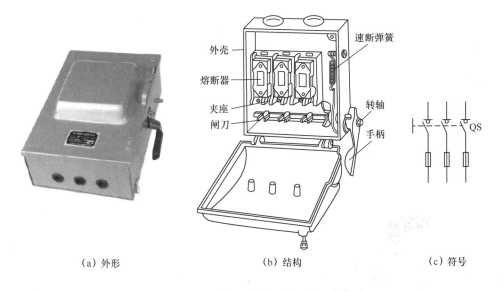

　（a）外形　　　　　　　　　（b）结构　　　　　　　　　（c）符号

图 4-5　铁壳开关的外形、结构与符号

铁壳开关是在闸刀开关的基础上改进而来的，它的主要优点如下。

- 在铁壳开关内部有一个速断弹簧，通过手柄打开或关闭铁壳开关的外盖时，可依靠速断弹簧的作用力，使开关内部的闸刀迅速断开或合上，从而有效减少电弧。
- 铁壳开关内部具有互锁机构：当外壳打开时，手柄无法合闸；当手柄合闸后，外壳无法打开，这就使得操作更加安全。

铁壳开关常用在农村和工矿的电力照明、电力排灌等配电设备中，与闸刀开关一样，铁壳开关也不能用于频繁的通断控制。

5. 组合开关

组合开关又称转换开关，是一种由多层触点组成的开关。组合开关的外形、结构与符号如图4-6所示。

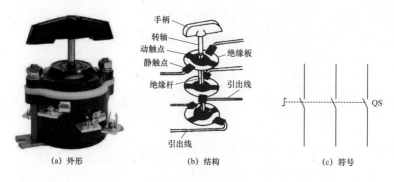

(a) 外形　　　　(b) 结构　　　　(c) 符号

图4-6　组合开关的外形、结构与符号

图4-6中的组合开关由三组动触点、三组静触点组成。当旋转手柄时，可以同时调节三组动触点与三组静触点之间的通断。为了有效灭弧，组合开关在转轴上装有弹簧，在操作手柄时，依靠弹簧的作用可以迅速接通或断开触点。

组合开关不宜进行频繁的转换操作，常用于控制4kW以下的小容量电动机。

6. 倒顺开关

倒顺开关又称可逆转开关，属于较特殊的组合开关，专门用来控制小容量三相异步电动机的正转和反转。倒顺开关的外形与符号如图4-7所示。

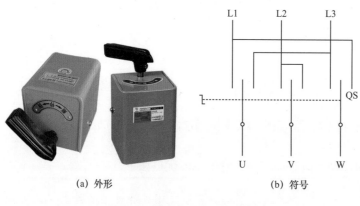

(a) 外形　　　　(b) 符号

图4-7　倒顺开关的外形与符号

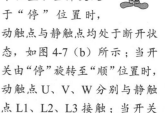

倒顺开关有"倒""停""顺"3个位置：当开关处于"停"位置时，动触点与静触点均处于断开状态，如图4-7（b）所示；当开关由"停"旋转至"顺"位置时，动触点U、V、W分别与静触点L1、L2、L3接触；当开关由"停"旋转至"倒"位置时，动触点U、V、W分别与静触点L3、L2、L1接触。

7. 万能转换开关

万能转换开关由在多个触点中间铺设绝缘层构成，主要用来转换控制线路，也可用于小容量电动机的启动、转向和变速等。万能转换开关的外形、符号和触点分合表如图4-8所示。

(a) 外形

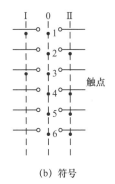

(b) 符号

触点号	Ⅰ	0	Ⅱ
1	×	×	
2		×	×
3	×	×	
4		×	×
5		×	×
6		×	×

注："×"表示接通。

(c) 触点分合表

图 4-8　万能转换开关的外形、符号和触点分合表

图 4-8 中的万能转换开关有 6 路触点,它们的通断受手柄的控制。手柄有Ⅰ、0、Ⅱ 3 个挡位,手柄处于不同挡位时,6 路触点的通断情况不同。

在万能转换开关的符号中,"—○ ○—"表示一路触点;竖虚线表示手柄位置;"·"表示手柄处于虚线所示的挡位时该路触点接通。例如,手柄处于"0"挡位时,6 路触点在该挡位虚线上都标有"·",表示在"0"挡位时 6 路触点都是接通的;手柄处于"Ⅰ"挡时,第 1、3 路触点接通;手柄处于"Ⅱ"挡时,第 2、4、5、6 路触点接通。

8. 行程开关

行程开关是一种利用机械运动部件的碰压使触点接通或断开的开关。行程开关的外形与符号如图 4-9 所示。

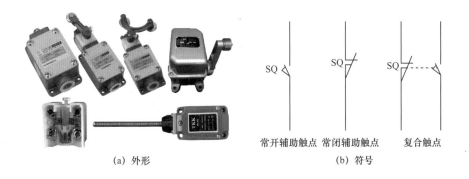

(a) 外形

常开辅助触点　常闭辅助触点　复合触点

(b) 符号

图 4-9　行程开关的外形与符号

行程开关的种类很多,根据结构可分为直动式(或称按钮式)、旋转式、微动式和组合式等。直动式行程开关的结构示意图如图 4-10 所示。

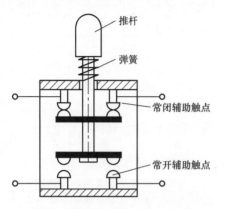

推杆

弹簧

常闭辅助触点

常开辅助触点

图 4-10 直动式行程开关的结构示意图

从图 4-10 中可以看出，行程开关的结构与按钮开关的结构基本相同，但将按钮改成了推杆。在使用时将行程开关安装在机械部件的运动路径中，当机械部件运动到行程开关位置时，会撞击推杆而让常闭辅助触点断开、常开辅助触点接通。

9. 接近开关

接近开关又称无触点位置开关。当运动的物体靠近接近开关时，接近开关因感知物体的存在而输出信号。接近开关既可用在运动机械设备中进行行程控制和限位保护，又可用于高速计数、测速、检测物体大小等。接近开关的外形和符号如图 4-11 所示。

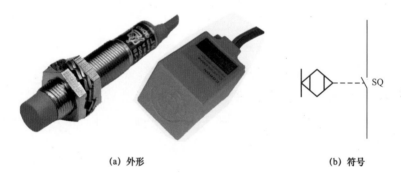

(a) 外形   (b) 符号

图 4-11 接近开关的外形和符号

接近开关的种类很多，常见的有高频振荡型、电容型、光电型、霍尔型、电磁感应型和超声波型等。其中，高频振荡型接近开关最为常见。高频振荡型接近开关的组成如图 4-12 所示。

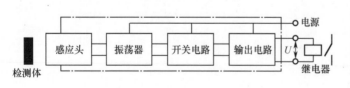

图 4-12 高频振荡型接近开关的组成

其工作过程：当检测体接近感应头时，作为振荡器一部分的感应头损耗增大，迫使振荡器停止工作；随后开关电路因振荡器停振而产生一个控制信号并发送给输出电路，让输出电路输出控制电压；若该电压输出给继电器，则继电器会产生吸合动作来接通或断开电路。

10. 开关的检测

开关的种类很多，但检测方法大同小异，一般采用万用表的电阻挡检测触点的通断情况。下面以图 4-13 所示的复合型按钮开关为例说明开关的检测方法。该开关有一个常开辅助触点和一个常闭辅助触点，共有 4 个接线端子。

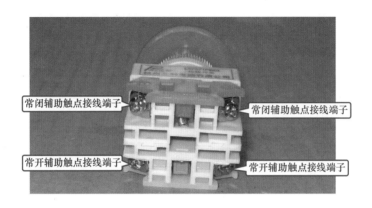

图 4-13　复合型按钮开关

对复合型按钮开关的检测（以常闭辅助触点为例）可分为以下两种情况，如图 4-14所示。

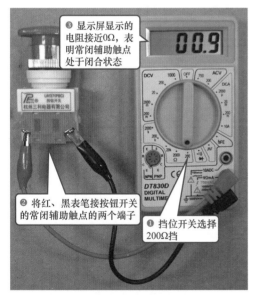
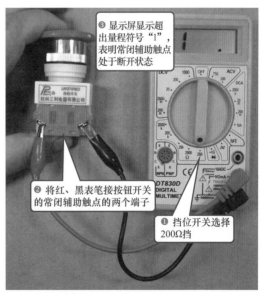

（a）未按下按钮时检测常闭辅助触点　　　　　（b）按下按钮时检测常闭辅助触点

图 4-14　复合型按钮开关的检测

在测量常闭或常开辅助触点时，如果出现阻值不稳定的情况，则通常是由于相应的触点接触不良引起的。此时可将开关拆开进行检查，找出具体的故障原因，并进行排除。若无法排除，则需要更换新的开关。

 4.1.2 熔断器

熔断器是对电路、用电设备进行保护的电器。熔断器一般串接在电路中，当电路正常工作时，熔断器相当于一根导线；当电路出现短路或过载时，流过熔断器的电流很大，熔断器就会开路，从而保护电路和用电设备。

熔断器的种类很多，常见的有 RC 插入式熔断器、RL 螺旋式熔断器、RM 无填料封闭式熔断器、RS 有填料快速熔断器、RT 有填料封闭管式熔断器和 RZ 自复式熔断器等。

1. RC 插入式熔断器

RC 插入式熔断器主要用于电压在 380V 及以下、电流在 5 ~ 200A 的电路中，如照明电路和小容量的电动机电路。常见的 RC 插入式熔断器如图 4-15 所示。

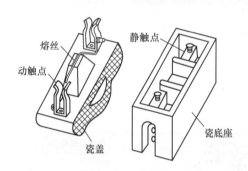

这种熔断器用在额定电流为 30A 以下的电路中时，熔丝一般采用铅锡丝；用在电流为 30 ~ 100A 的电路中时，熔丝一般采用铜丝；用在电流为 100A 以上的电路中时，一般采用铜片作为熔丝。

图 4-15　常见的 RC 插入式熔断器

2. RL 螺旋式熔断器

常见的 RL 螺旋式熔断器如图 4-16 所示。

在使用这种熔断器时，要在内部安装一个螺旋状的熔管：先将熔断器的瓷帽旋下，再将熔管放入内部，最后旋好瓷帽。熔管上、下方为金属盖（熔管内部装有石英砂和熔丝）。有的熔管上方的金属盖中央有一个红色的熔断指示器，当熔丝熔断时，指示器颜色会发生变化，以指示内部熔丝已断。

图 4-16　常见的 RL 螺旋式熔断器

RL 螺旋式熔断器具有体积小、分断能力较强、工作安全可靠、安装方便等优点，通常用在电流为 200A 以下的配电箱、控制箱和机床电动机的控制电路中。

3. RM 无填料封闭式熔断器

常见的 RM 无填料封闭式熔断器如图 4-17 所示。

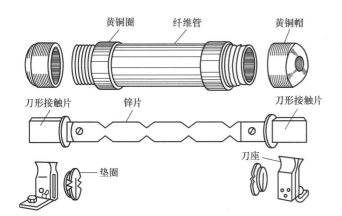

这种熔断器的熔体是一种锌片，被安装在纤维管中。锌片两端的刀形接触片穿过黄铜帽，再通过垫圈安插在刀座中。当大电流通过这种熔断器时，锌片上窄的部分最先熔断，使得中间大段的锌片脱落，形成很大的间隔，从而有利于灭弧。

图 4-17　常见的 RM 无填料封闭式熔断器

RM 无填料封闭式熔断器具有保护性强、分断能力强、熔体更换方便、安全可靠等优点，主要用在交流电压 380V 以下、直流电压 440V 以下、电流 600A 以下的电力电路中。

4. RS 有填料快速熔断器

RS 有填料快速熔断器主要用于硅整流器件、晶闸管器件等半导体器件及其配套设备中，内部采用金属银作为熔体，具有熔断迅速等优点。两种常见的 RS 有填料快速熔断器如图 4-18 所示。

5. RT 有填料封闭管式熔断器

RT 有填料封闭管式熔断器又称石英熔断器，常用于变压器和电动机等电气设备中。常见的 RT 有填料封闭管式熔断器如图 4-19 所示。

图 4-18　两种常见的 RS 有填料快速熔断器　　图 4-19　常见的 RT 有填料封闭管式熔断器

RT 有填料封闭管式熔断器具有保护性强、分断能力强、灭弧性能强、使用安全等优点。

6. RZ 自复式熔断器

RZ 自复式熔断器的结构示意图如图 4-20 所示，内部采用金属钠作为熔体。

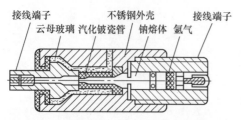

接线端子　　不锈钢外壳　　接线端子
云母玻璃　汽化铍瓷管　钠熔体　氩气

图 4-20　RZ 自复式熔断器结构示意图

在常温下，钠的电阻很小，整个熔丝的电阻也很小，可以通过正常的电流；若电路出现短路，则会导致流过钠熔体的电流很大，钠被加热汽化，电阻变大，熔断器相当于开路；当短路消除后，流过的电流减小，钠又恢复成固态，电阻变小，熔断器自动恢复正常。

RZ 自复式熔断器通常与低压断路器配套使用：RZ 自复式熔断器用于短路保护；低压断路器用于控制和过载保护，从而提高供电的可靠性。

虽然熔断器的种类很多，但检测方法基本相同。熔断器的常见故障是开路和接触不良。下面说明熔断器的检测方法，如图 4-21 所示。

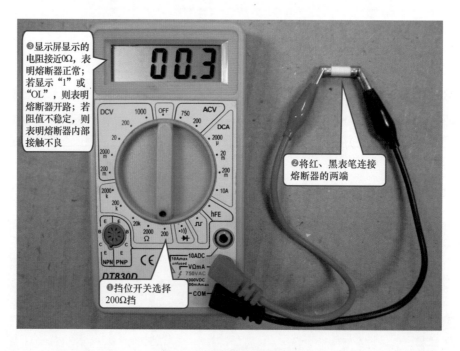

❸显示屏显示的电阻接近0Ω，表明熔断器正常；若显示"1"或"OL"，则表明熔断器开路；若阻值不稳定，则表明熔断器内部接触不良

❷将红、黑表笔连接熔断器的两端

❶挡位开关选择200Ω挡

图 4-21　熔断器的检测方法

4.1.3　断路器

断路器又称自动空气开关（可简写为 QF），既能对电路进行不频繁的通断控制，又能在电路出现过载、短路和欠电压（电压过低）时自动掉闸（即自动切断电路），因此它既是一个开关电器，又是一个保护电器。

1. 外形与符号

断路器的种类较多。断路器的外形与符号如图 4-22 所示。

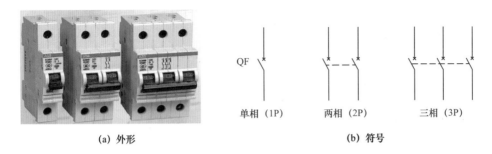

(a) 外形　　　　　　　　　　　(b) 符号

图 4-22　断路器的外形与符号

2. 结构与工作原理

断路器的典型结构如图 4-23 所示。

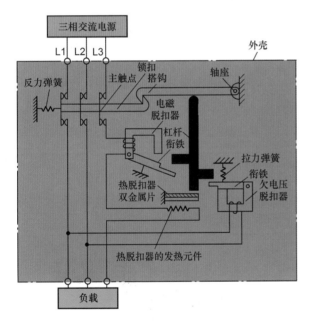

　　该断路器是一个三相断路器，内部主要由主触点、反力弹簧、搭钩、杠杆、电磁脱扣器、热脱扣器和欠电压脱扣器等组成。

图 4-23　断路器的典型结构

该断路器可以实现过电流保护、过热保护和欠电压保护功能。

- 过电流保护：三相交流电源经断路器的三个主触点和三条线路为负载提供三相交流电，其中一条线路串接了电磁脱扣器和发热元件。当负载有严重短路时，流过线路的电流很大，流过电磁脱扣器的电流也很大，线圈产生很强的磁场并通过铁芯吸引衔铁，衔铁带动杠杆上移，使两个搭钩脱离，依靠反力弹簧的作用，令三个主触点的动触点、静触点断开，从而切断电源。

- 过热保护：若负载长时间超负荷运行，则流过发热元件的电流长时间偏大，发热元件温度升高，并加热附近的双金属片（热脱扣器），其中上面的金属片热膨胀小。双金属片受热后向上弯曲，推动杠杆上移，使两个搭钩脱离，令三个主触点的动触点、静触点断开，从而切断电源。

- 欠电压保护：断路器的欠电压脱扣器与两条电源线连接，当三相交流电源的电压很低时，两条电源线之间的电压也很低，流过欠电压脱扣器的电流小，线圈产生的磁场弱，不足以吸住衔铁。在拉力弹簧的作用下，衔铁带动杠杆上移，使两个搭钩脱离，令三个主触点的动触点、静触点断开，从而断开电源与负载的连接。

3. 面板标注参数的识读

在断路器面板上一般会标注重要的参数。断路器的参数识读如图 4-24 所示。断路器的主要参数如下。

- 额定工作电压 U_e：在断路器长期使用时能承受的最高电压，一般指线电压。
- 额定绝缘电压 U_i：在规定的条件下断路器绝缘材料能承受的最高电压，该电压一般较额定工作电压高。
- 额定频率：断路器适用的交流电源频率。
- 额定电流 I_n：在规定的条件下断路器长期使用而不会脱扣跳闸的最大电流。若流过断路器的电流超过额定电流，则断路器会脱扣跳闸。电流越大，跳闸时间越短，例如，当流过断路器的电流为 $1.13I_n$ 时，一小时内断路器不会跳闸；当电流达到 $1.45I_n$ 时，一小时内断路器会跳闸；当电流达到 $10I_n$ 时，断路器会瞬间（小于 0.1s）跳闸。
- 瞬时脱扣整定电流：会引起断路器瞬间（<0.1s）脱扣跳闸的动作电流。
- 额定温度：在断路器长时间使用时允许的最高环境温度。
- 短路分断能力：可分为极限短路分断能力（I_{cu}）和运行短路分断能力（I_{cs}），分别是指在极限条件下和运行时断路器触点能断开（触点不会产生熔焊、粘连等）所允许通过的最大电流。

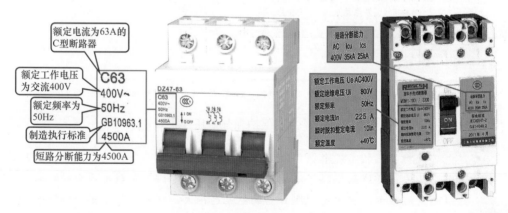

图 4-24　断路器的参数识读

4. 断路器的检测

通常使用万用表的电阻挡检测断路器，检测过程如图 4-25 和图 4-26 所示。

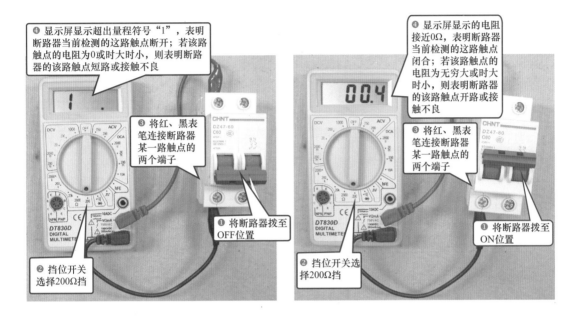

❹ 显示屏显示超出量程符号"1"，表明断路器当前检测的这路触点断开；若该路触点的电阻为0或时大时小，则表明断路器的该路触点短路或接触不良

❸ 将红、黑表笔连接断路器某一路触点的两个端子

❶ 将断路器拨至 OFF 位置

❷ 挡位开关选择200Ω挡

❹ 显示屏显示的电阻接近0Ω，表明断路器当前检测的这路触点闭合；若该路触点的电阻为无穷大或时大时小，则表明断路器的该路触点开路或接触不良

❸ 将红、黑表笔连接断路器某一路触点的两个端子

❶ 将断路器拨至 ON 位置

❷ 挡位开关选择200Ω挡

图 4-25　断路器的检测：断路器开关处于 OFF 时　　图 4-26　断路器的检测：断路器开关处于 ON 时

4.1.4　漏电保护器

漏电保护器是一种具有断路器功能和漏电保护功能的电器，在线路出现过流、过热、欠压和漏电时，均会脱扣跳闸，从而起到保护功能。

1. 外形与符号

漏电保护器（又称漏电保护开关）的外形如图 4-27 所示；漏电保护器的符号如图 4-28 所示。

❶ 单相漏电保护器，漏电时只切断一条 L 线路（N 线路始终是接通的）。

❷ 两相漏电保护器，漏电时切断两条线路。

❸ 三相相漏电保护器，漏电时切断三条线路。

图4-27　漏电保护器的外形

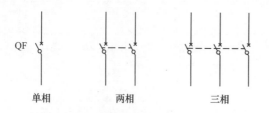

如果仅接左边的端子（需要拆下保护盖），则只能用到断路器功能，无漏电保护功能。

图 4-28　漏电保护器的符号

2. 结构与工作原理

漏电保护器的结构示意图及说明如图 4-29 所示。

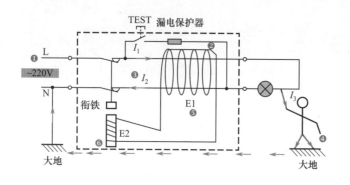

图 4-29　漏电保护器的结构示意图及说明

❶ 220V 的交流电压经漏电保护器内部的触点在输出端连接负载。

❷ 在漏电保护器内部的两根导线上缠有线圈 E1，该线圈与铁芯上的线圈 E2 连接。

❸ 当人体没有接触导线时，流过两根导线的电流 I_1、I_2 大小相等，方向相反，产生大小相等、方向相反的磁场。这两个磁场相互抵消，穿过 E1 线圈的磁场为 0。E1 线圈不会产生电动势，因此衔铁不动。

❹ 一旦人体接触导线，一部分电流 I_3（漏电电流）会经人体直接到地，再通过大地回到电源的另一端。

❺ E1 线圈有磁场通过，线圈会产生电流。

❻ 电流流入铁芯上的 E2 线圈，E2 线圈产生的磁场吸引衔铁而发生脱扣跳闸，即将触点断开，切断供电，保护触电的人。

3. 面板介绍

漏电保护器的面板介绍如图 4-30 所示。

4. 漏电模拟测试

在使用漏电保护器前，先要对其进行漏电测试。漏电保护器的漏电测试操作如图 4-31 所示。

注意：为了在不漏电的情况下检验漏电保护器的漏电保护功能是否正常，漏电保护器一般设有测试（TEST）按钮。当按下该按钮时，L 线上的一部分电流通过按钮、电阻流到 N 线上，使得流过 E1 线圈内部的两根导线的电流不相等（$I_2 > I_1$），E1 线圈产生电动势，有电流流入 E2 线圈，E2 线圈产生的磁场吸引衔铁而发生脱扣跳闸，即将内部触点断开。如果测试按钮无法闭合或电阻开路，则测试时漏电保护器不会产生动作，但使用时会漏电。

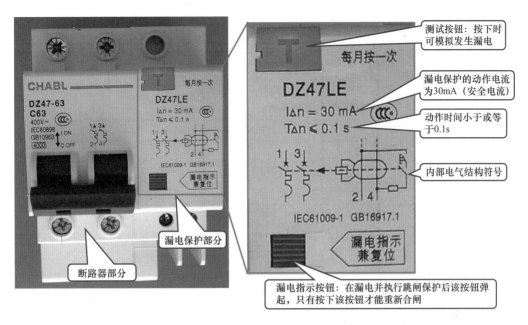

图 4-30　漏电保护器的面板介绍

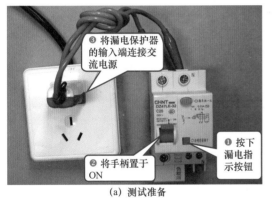

（a）测试准备

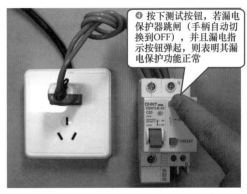

（b）开始测试

图 4-31　漏电保护器的漏电测试

5. 输入 / 输出端的通断检测

漏电保护器的输入 / 输出端的通断检测如图 4-32 所示，即将手柄分别置于 ON 和 OFF 时，测量输入端与对应输出端之间的电阻。

注意：若将手柄置于 OFF，测量输入与对应输出端之间的电阻，则电阻应为无穷大（数字式万用表显示超出量程符号"1"或"OL"）。若检测结果与上述不符，则漏电保护器损坏。

6. 漏电测试线路的检测

在按压漏电保护器的测试按钮进行漏电测试时，若漏电保护器无跳闸保护动作，则可能是漏电测试线路故障，也可能是其他故障（如内部机械类故障）。如果仅由内部漏电测试线路出现故障导致在漏电测试时不跳闸，则漏电保护器还可继续使用，在实际线路出现漏电时仍会起到跳闸保护功能。

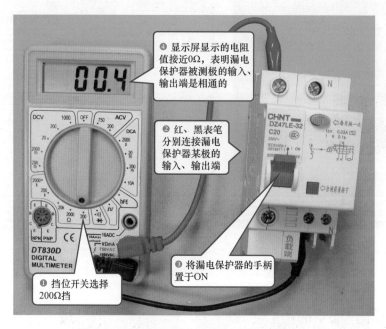

④ 显示屏显示的电阻值接近0Ω，表明漏电保护器被测极的输入、输出端是相通的

② 红、黑表笔分别连接漏电保护器某极的输入、输出端

③ 将漏电保护器的手柄置于ON

① 挡位开关选择200Ω挡

图 4-32　漏电保护器输入 / 输出端的通断检测

漏电保护器的漏电测试线路比较简单，主要由一个测试按钮开关和一个电阻构成。漏电保护器的漏电测试线路检测如图 4-33 所示。如果按下测试按钮时测得的电阻为无穷大，则可能是按钮开关开路或电阻开路。

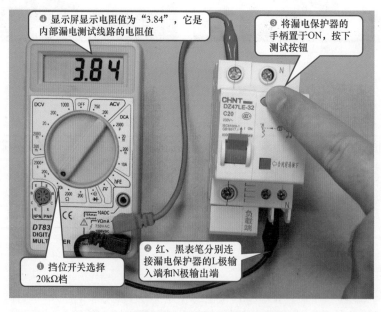

④ 显示屏显示电阻值为"3.84"，它是内部漏电测试线路的电阻值

③ 将漏电保护器的手柄置于ON，按下测试按钮

② 红、黑表笔分别连接漏电保护器的L极输入端和N极输出端

① 挡位开关选择20kΩ挡

图 4-33　漏电保护器的漏电测试线路检测

4.1.5　接触器

接触器（KM）是一种利用电磁、气动或液压操作原理控制内部触点频繁通断的电器，主要用于频繁接通和切断交、直流电路。

接触器的种类很多，按通过的电流来分，可分为交流接触器和直流接触器；按操作方式来分，可分为电磁式接触器、气动式接触器和液压式接触器。本节主要介绍最为常用的交流接触器。

1. 结构与符号

交流接触器的结构与符号如图 4-34 所示，主要由三个主触点、一个常闭辅助触点、一个常开辅助触点和控制线圈组成。当控制线圈通电时，线圈产生磁场，磁场通过铁芯吸引衔铁，而衔铁则通过连杆带动所有的动触点执行动作，即与各自的静触点接触或断开。交流接触器的主触点允许流过的电流较辅助触点大，因此主触点通常接在大电流的主电路中，辅助触点接在小电流的控制电路中。

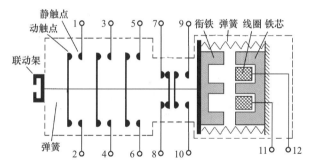
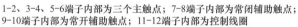
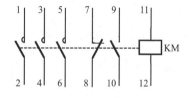

1-2、3-4、5-6端子内部为三个主触点；7-8端子内部为常闭辅助触点；
9-10端子内部为常开辅助触点；11-12端子内部为控制线圈

(a) 结构　　　　　　　　　　　　　　　　　　(b) 符号

图 4-34　交流接触器的结构与符号

2. 外形与接线端

常用的交流接触器的外形与接线端如图 4-35 所示。

3. 辅助触点组

很多交流接触器只有一个常开辅助触点，如果希望再增加一个常开辅助触点和一个常闭辅助触点，则可以在该接触器上安装一个辅助触点组，如图 4-36 所示。

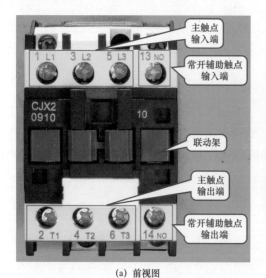

(a) 前视图   (b) 俯视图

其内部有三个主触点和一个常开辅助触点，控制线圈的接线端位于接触器的顶部。从标注可知，该接触器的线圈电压为 220～230V（频率为 50Hz 时）或 220～240V（频率为 60Hz 时）。

图 4-35　常用的交流接触器的外形与接线端

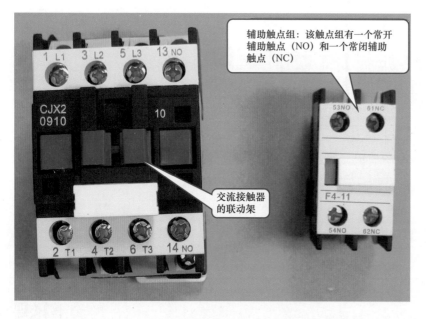

安装时只要将辅助触点组底部的卡扣套到交流接触器的联动架上即可。当交流接触器的控制线圈通电时，除了自身的各个触点会执行动作，还会通过联动架带动辅助触点组内部的触点执行动作。

图 4-36　在交流接触器上安装辅助触点组

4. 铭牌参数

交流接触器的参数很多，在外壳上会标注一些重要的参数，如图 4-37 所示。

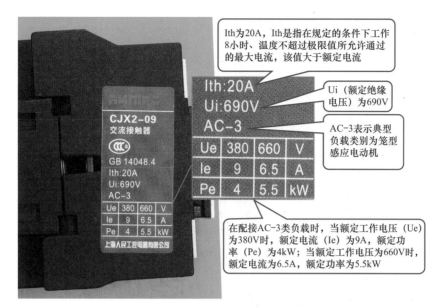

图 4-37　在交流接触器外壳上标注的参数

5. 型号含义

交流接触器的型号含义如图 4-38 所示。

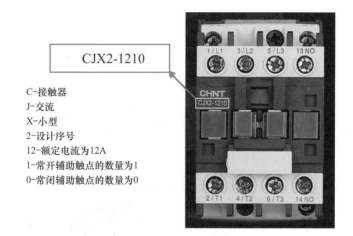

图 4-38　交流接触器的型号含义

6. 检测

在常态下检测交流接触器常开触点的电阻，如图 4-39 所示。

因为常开触点在常态下处于开路，故正常电阻值应为无穷大，利用数字式万用表检测时会显示超出量程符号"1"或"OL"。

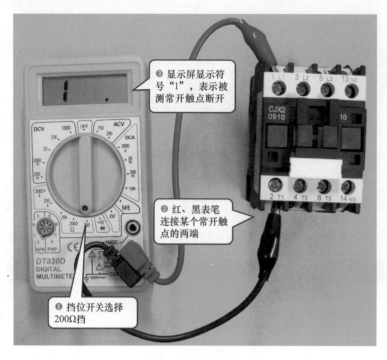

❸ 显示屏显示符号"1"，表示被测常开触点断开

❷ 红、黑表笔连接某个常开触点的两端

❶ 挡位开关选择200Ω挡

图 4-39　在常态下检测交流接触器常开触点的电阻

在常态下检测常闭触点的电阻时，正常测得的电阻值应接近 0Ω。对于带有联动架的交流接触器，按下联动架，内部的常开触点会闭合，常闭触点会断开，可以用万用表检测其是否正常。

检测控制线圈的电阻如图 4-40 所示。

一般来说，交流接触器的功率越大，要求线圈对触点的吸合力越大（即要求线圈流过的电流大），线圈电阻越小。若线圈的电阻为无穷大，则线圈开路；若线圈的电阻为 0，则线圈短路。

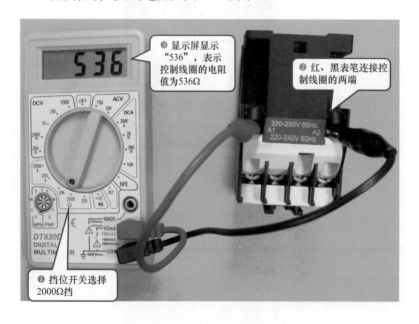

❸ 显示屏显示"536"，表示控制线圈的电阻值为536Ω

❷ 红、黑表笔连接控制线圈的两端

❶ 挡位开关选择2000Ω挡

图 4-40　检测控制线圈的电阻

通过给交流接触器的控制线圈通电来检测常开触点的电阻，如图 4-41 所示。

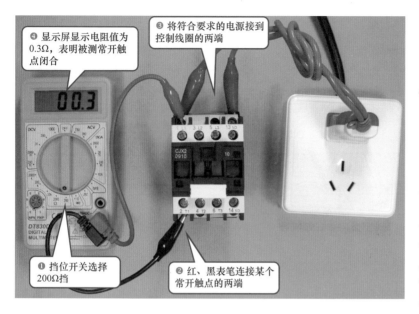

当控制线圈通电时，若交流接触器正常，则会发出"咔哒"声，同时常开触点闭合、常闭触点断开，测得的常开触点电阻值应接近 0Ω、常闭触点的电阻值应为无穷大（利用数字式万用表检测时会显示超出量程符号"1"或"OL"）；如果在通电前后被测触点的电阻无变化，则可能原因是控制线圈损坏或传动机构卡住等。

图 4-41　通过给交流接触器的控制线圈通电来检测常开触点的电阻

7. 选用

选用接触器时，要注意以下事项。

- 根据负载的不同类型选择不同的接触器。直流负载选用直流接触器，不同的交流负载选用相应类别的交流接触器。
- 接触器的额定工作电压应大于或等于所接电路的电压，绕组电压应与所接电路电压相同。
- 接触器的额定电流应大于或等于负载的额定电流。对于额定电压为 380V 的中小容量电动机，其额定电流可按 $I_{额}=2P_{额}$ 来估算，如额定电压为 380V、额定功率为 3kW 的电动机，其额定电流 $I_{额}=2×3=6A$。
- 在选择接触器时，主触点数和辅助触点数应符合电路的需要。

 4.1.6　热继电器

热继电器（FR）是利用电流通过发热元件时产生热量而使内部触点执行动作的。热继电器主要用于电气设备的发热保护，如电动机过载保护等。

1. 结构与符号

热继电器的结构与符号如图 4-42 所示。

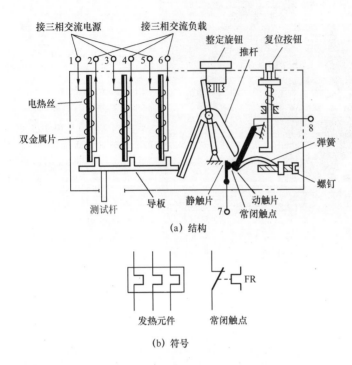

图 4-42　热继电器的结构与符号

该热继电器有 1-2、3-4、5-6、7-8 四组接线端，1-2、3-4、5-6（三组）串接在主电路的三相交流电源和负载之间，7-8（一组）串接在控制电路中。1-2、3-4、5-6 三组接线端内接电热丝，电热丝绕在双金属片上，当负载过载时，流过电热丝的电流大，电热丝加热双金属片，使之往右弯曲，推动导板往右移动，导板推动推杆转动而使动触片运动，动触点与静触点断开，从而向控制电路发出信号，控制电路通过电器（一般为接触器）切断主电路的交流电源，防止负载因长时间过载而损坏。

在切断交流电源后，电热丝的温度下降，双金属片恢复到原状，导板左移，动触点和静触点又重新接触，该过程称为自动复位，出厂时热继电器一般被调至自动复位状态。若需手动复位，则可将螺钉往外旋出数圈，这样即使切断交流电源让双金属片恢复到原状，动触点和静触点也不会自动接触，需要用手动方式按下复位按钮才可使动触点和静触点接触。

注意：只有流过发热元件的电流超过一定值（额定电流）时，内部机构才会执行动作（即使常闭触点断开或常开触点闭合），电流越大，执行动作所需时间越短。发热元件的额定电流可以通过整定旋钮来调整：将整定旋钮往内旋时，推杆位置下移，导板需要移动较长的距离才能让推杆运动、使触点执行动作，即将额定电流调大一些。

2. 外形与接线端

常用热继电器的外形与接线端如图 4-43 所示。

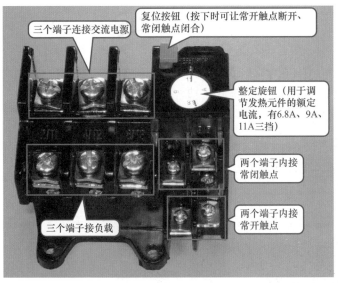

三个端子连接交流电源

复位按钮（按下时可让常开触点断开、常闭触点闭合）

整定旋钮（用于调节发热元件的额定电流，有6.8A、9A、11A三挡）

两个端子内接常闭触点

两个端子内接常开触点

三个端子接负载

其内部有三组发热元件、一个常开触点、一个常闭触点。发热元件的一端连接交流电源，另一端连接负载。当流过发热元件的电流长时间超过额定电流时，将因发热元件弯曲而最终使常开触点闭合、常闭触点断开。

(a) 前视图

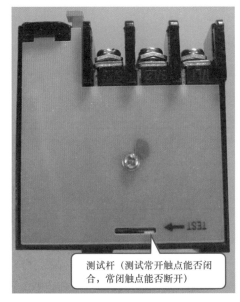

测试杆（测试常开触点能否闭合，常闭触点能否断开）

螺钉（螺钉旋出时，即使发热元件恢复常温，常开、常闭触点也不会复位，需要按压复位按钮才能使之复位）

(b) 后视图

(c) 侧视图

图 4-43 常用热继电器的外形与接线端

3. 铭牌参数

热继电器的铭牌参数如图 4-44 所示。热继电器、电磁继电器和固态继电器的脱扣级别如表 4-1 所示（根据在 7.2 倍额定电流下的脱扣时间确定）。例如，对于 10A 级别的热继电器，如果施加 7.2 倍额定电流，则其将在 2 ～ 10s 内产生脱扣动作。

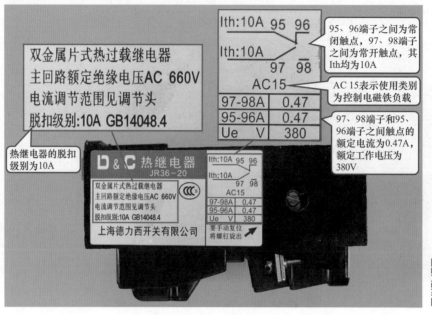

图 4-44　热继电器的铭牌参数

表 4-1　热继电器、电磁继电器和固态继电器的脱扣级别

级别	在 7.2 倍额定电流下的脱扣时间（s）	级别	在 7.2 倍额定电流下的脱扣时间（s）
10A	2～10	20	6～20
10	4～10	30	9～30

4. 选用

在选用热继电器时，可遵循以下原则。

- 在大多数情况下，可选用两相热继电器（对于三相电压，热继电器可只接其中两相）。对于均衡性较差、无人看管的三相电动机，或者与大容量电动机共用一组熔断器的三相电动机，应该选用三相热继电器。
- 热继电器的额定电流应大于负载（一般为电动机）的额定电流。
- 热继电器的发热元件的额定电流应略大于负载的额定电流。
- 热继电器的额定电流一般与电动机的额定电流相等。对于过载容易损坏的电动机，额定电流可调小一些，为电动机额定电流的 60%～80%；对于启动时间较长或带冲击性负载的电动机，所接热继电器的额定电流可稍大于电动机的额定电流，为其 1.1～1.15 倍。

5. 检测

热继电器的检测分为发热元件检测和触点检测两类（都使用数字式万用表的电阻挡检测）。发热元件由电热丝或电热片组成，其电阻很小（接近 0Ω）。热继电器的发热元件检

86

测如图 4-45 所示。

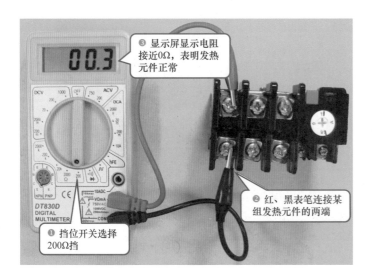

如果电阻值为无穷大（数字式万用表显示超出量程符号"1"或"OL"），则为发热元件开路。

❸ 显示屏显示电阻接近0Ω，表明发热元件正常

❷ 红、黑表笔连接某组发热元件的两端

❶ 挡位开关选择 200Ω挡

图 4-45　热继电器的发热元件检测

　　触点检测包括未执行动作时的检测和执行动作时的检测。热继电器常闭触点的检测如图 4-46 所示。常开触点的检测与此类似，这里不再赘述。

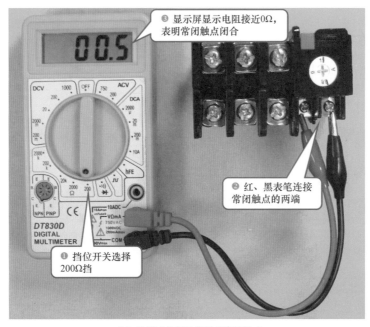

❸ 显示屏显示电阻接近0Ω，表明常闭触点闭合

❷ 红、黑表笔连接常闭触点的两端

❶ 挡位开关选择 200Ω挡

(a) 检测未执行动作时的常闭触点

图 4-46　热继电器常闭触点的检测

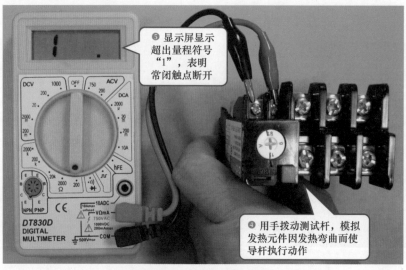

(b) 检测执行动作时的常闭触点

图 4-46　热继电器常闭辅助触点的检测（续）

4.1.7　中间继电器

中间继电器（KA）有很多触点，并且触点允许流过的电流较大，可以断开和接通较大电流的电路。

1. 外形与符号

中间继电器的外形与符号如图 4-47 所示。

(a) 外形　　　　　　　　　　　　　　　　(b) 符号

图 4-47　中间继电器的外形与符号

2. 触点引脚图及重要参数

采用直插式引脚的中间继电器，为了便于接线安装，需要配合相应的底座使用。中间继电器的触点引脚图及重要参数说明如图 4-48 所示。

在触点的额定工作电压为交流220V时，额定电流为7.5A；在额定工作电压为直流24V时，额定电流为10A

由触点引脚图可知，1-11脚内接线圈，2-3脚、5-6脚、9-10脚均内接常开触点，3-4脚、6-7脚、8-9脚均内接常闭触点

(a) 触点引脚图与触点参数

线圈标注其额定工作电压为220V

(b) 在控制线圈上标有其额定工作电压

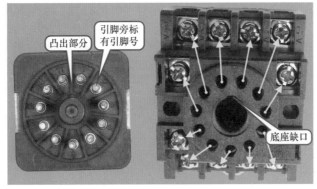

凸出部分

引脚旁标有引脚号

底座缺口

(c) 引脚与底座

图 4-48　中间继电器的触点引脚图及重要参数说明

3. 选用

在选用中间继电器时，主要考虑触点的额定工作电压和电流应等于或大于所接电路的电压和电流；触点类型及数量应满足电路的要求；绕组电压应与所接电路电压相同。

4. 检测

中间继电器的电气部分由线圈和触点组成，均使用数字式万用表的电阻挡检测。在控制线圈未通电的情况下，常开触点断开，电阻为无穷大；常闭触点闭合，电阻接近0Ω。在中间继电器控制线圈未通电时检测常开触点，如图 4-49 所示。

中间继电器控制线圈的检测如图 4-50 所示。一般情况下，触点的额定电流越大，控制线圈的电阻越小。

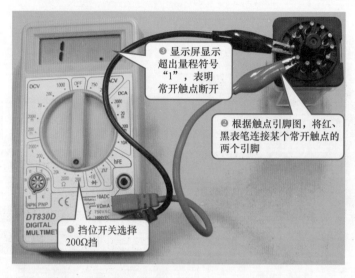

❸ 显示屏显示
超出量程符号
"1"，表明
常开触点断开

❷ 根据触点引脚图，将红、
黑表笔连接某个常开触点的
两个引脚

❶ 挡位开关选择
200Ω挡

图 4-49　中间继电器控制线圈未通电时检测常开触点

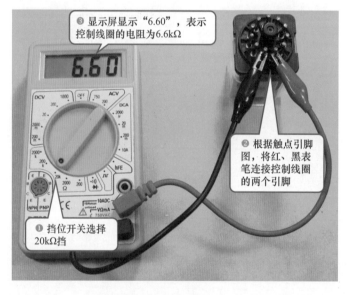

❸ 显示屏显示 "6.60"，表示
控制线圈的电阻为6.6kΩ

❷ 根据触点引脚
图，将红、黑表
笔连接控制线圈
的两个引脚

❶ 挡位开关选择
20kΩ挡

图 4-50　中间继电器控制线圈的检测

 4.1.8　时间继电器

时间继电器是一种延时控制继电器，即在收到动作信号后并不立即让触点执行动作，而是延迟一段时间才让触点执行动作。时间继电器主要用在各种自动控制系统中。

1. 外形与符号

常见的时间继电器外形如图 4-51 所示。

图 4-51 常见的时间继电器外形

时间继电器（分为通电延时型和断电延时型两种）的符号如图 4-52 所示。

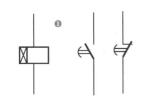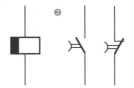

通电延时型线圈　通电延时型触点　断电延时型线圈　断电延时型触点

（a）通电延时型　　　　　（b）断电延时型

图 4-52 时间继电器的符号

❶ 当线圈通电时，通电延时型触点经延时时间后执行动作（常闭触点断开、常开触点闭合）；当线圈断电时，该触点马上恢复常态。

❷ 当线圈通电时，断电延时型触点马上执行动作（常闭触点断开、常开触点闭合）；当线圈断电时，该触点需要经延时时间后才会恢复到常态。

2. 种类及特点

时间继电器的种类很多，主要有空气阻尼式、电磁式、电动式和电子式。

- 空气阻尼式时间继电器又称气囊式时间继电器，根据空气压缩产生的阻力进行延时。其结构简单，价格便宜，延时时间长（0.4～180s），但延时精确度低。
- 电磁式时间继电器的延时时间短（0.3～1.6s），但它的结构比较简单，通常用在断电延时场合和直流电路中。
- 电动式时间继电器的原理与钟表类似，由内部电动机带动减速齿轮转动而获得延时。这种继电器的延时精度高，延时时间长（0.4～72h），但结构比较复杂，价格很高。
- 电子式时间继电器又称电子式时间继电器，利用延时电路进行延时。这种继电器的精度高、体积小。常用的电子式时间继电器如图 4-53 所示。

3. 选用

在选用时间继电器时，一般可遵循下面的规则。

- 根据受控电路的需要选择通电延时型或断电延时型时间继电器。
- 根据受控电路的电压来选择时间继电器吸引绕组的电压。

- 若对延时要求高，则可选择电动式时间继电器；若对延时要求不高，则可选择空气阻尼式时间继电器。

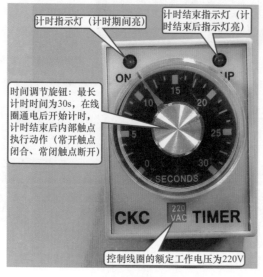

计时指示灯（计时期间亮）

计时结束指示灯（计时结束后指示灯亮）

时间调节旋钮：最长计时时间为30s，在线圈通电后开始计时，计时结束后内部触点执行动作（常开触点闭合、常闭触点断开）

控制线圈的额定工作电压为220V

(a) 前视图

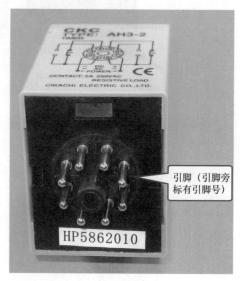

引脚（引脚旁标有引脚号）

(b) 后视图

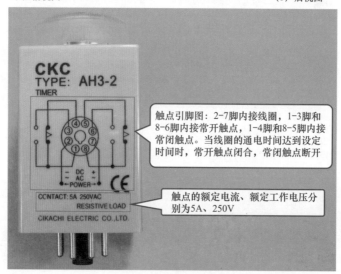

触点引脚图：2-7脚内接线圈，1-3脚和8-6脚内接常开触点，1-4脚和8-5脚内接常闭触点。当线圈的通电时间达到设定时间时，常开触点闭合，常闭触点断开

触点的额定电流、额定工作电压分别为5A、250V

(c) 俯视图

图 4-53　常用的电子式时间继电器

4. 检测

时间继电器的检测主要包括触点常态检测、控制线圈的检测。触点常态检测是在控制线圈未通电的情况下检测触点的电阻。若常开触点断开，则电阻为无穷大；若常开触点闭合，则电阻接近0Ω。时间继电器常开触点的常态检测如图 4-54 所示。

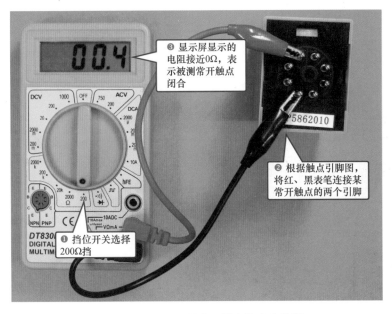

图 4-54 时间继电器常开触点的常态检测

时间继电器控制线圈的检测如图 4-55 所示。

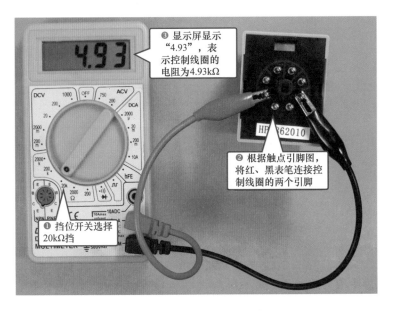

给时间继电器的控制线圈施加额定工作电压，并根据时间继电器的类型检测触点状态有无变化。

图 4-55 时间继电器控制线圈的检测

 ### 4.1.9 速度继电器

速度继电器（KS）是一种当转速达到规定值时而产生动作的继电器。速度继电器在使用时通常与电动机的转轴连接在一起。

1. 外形与符号

速度继电器的外形与符号如图 4-56 所示。

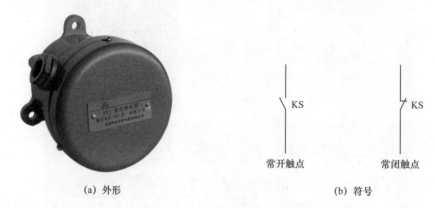

（a）外形　　　　　　　　　　　　　　　（b）符号

图 4-56　速度继电器的外形与符号

2. 结构与工作原理

速度继电器的结构如图 4-57 所示，主要由磁铁转子、定子、摆锤和触点组成。磁铁转子由永久磁铁制成，在定子内圆表面嵌有线圈（定子绕组）。

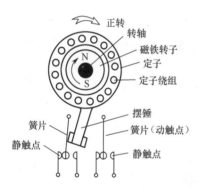

图 4-57　速度继电器的结构

在使用时，将速度继电器的转轴与电动机的转轴连接在一起，电动机在运转时带动速度继电器的磁铁转子旋转，在速度继电器的定子绕组上会产生电动势，从而产生感应电流。此电流产生的磁场与磁铁的磁场相互作用，使定子转动一个角度，定子的转向与转度分别由磁铁转子的转向与转速决定。当转子的转速达到一定值时，定子会偏转到一定角度，与定子联动的摆锤也偏转到一定的角度，即碰压动触点，使常闭触点断开、常开触点闭合。当电动机的速度很慢或速度为零时，摆锤的偏转角很小或为零，动触点自动复位，常闭触点闭合、常开触点断开。

4.1.10　压力继电器

压力继电器（KP）能根据压力的大小决定触点的接通和断开。压力继电器常用在机械设备的液压或气压控制系统中，从而对设备进行保护或控制。

1. 外形与符号

压力继电器的外形与符号如图 4-58 所示。

2. 结构与工作原理

压力继电器的结构如图 4-59 所示，主要由缓冲器、橡皮膜、顶杆、压力弹簧、调节螺母和微动开关等组成。

(a) 外形　　　　　　　　　　　　　(b) 符号

图 4-58　压力继电器的外形与符号

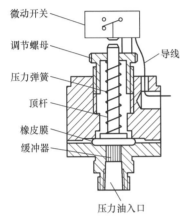

微动开关
调节螺母
压力弹簧
顶杆
橡皮膜
缓冲器
导线
压力油入口

图 4-59　压力继电器的结构

在使用时，将压力继电器装在油路（或气路、水路）的分支管路中，当管路中的油压超过规定值时，压力油通过缓冲器、橡皮膜推动顶杆，顶杆克服压力弹簧的压力碰压微动开关，使微动开关的常闭触点断开、常开触点闭合；当油路压力减小到一定值时，依靠压力弹簧的作用，使得顶杆复位，微动开关的常闭触点接通、常开触点断开。

4.2　变压器

变压器是一种能提升或降低交流电压、电流的电气设备。无论在电力系统中，还是在微电子技术领域，变压器都得到了广泛应用。

变压器主要由绕组和铁芯组成，其结构与符号如图 4-60 所示。

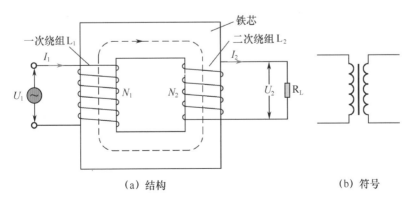

铁芯
一次绕组 L_1　　二次绕组 L_2

(a) 结构　　　　　　　　　　　　　(b) 符号

图 4-60　变压器的结构与符号

从图 4-60 可以看出，两相绕组 L_1、L_2 绕在同一铁芯上就构成了变压器：一相绕组与交流电源连接，该绕组称为一次绕组（或称原边绕组），匝数（即圈数）为 N_1；另一相绕组与负载 R_L 连接，称为二次绕组（或称副边绕组），匝数为 N_2。当交流电压 U_1 加到一次绕组 L_1 两端时，有交流电流 I_1 流过 L_1，L_1 产生变化的磁场，变化的磁场通过铁芯穿过二次绕组 L_2，L_2 两端会产生感应电压 U_2，并输出电流 I_2 流经负载 R_L。

变压器的基本功能是电压变换和电流变换。

1. 电压变换

变压器既可以升高交流电压，也可以降低交流电压。在忽略变压器对电能损耗的情况下，一次绕组、二次绕组的电压与一次绕组、二次绕组的匝数关系为

$$\frac{U_1}{U_2} = \frac{N_1}{N_2} = K$$

式中的 K 称为匝数比或变压比，由上式可知：

- 当 $N_1 < N_2$（即 $K < 1$）时，输出电压 U_2 较输入电压 U_1 高，故 K 小于 1 的变压器称为升压变压器。
- 当 $N_1 > N_2$（即 $K > 1$）时，输出电压 U_2 较输入电压 U_1 低，故 K 大于 1 的变压器称为降压变压器。
- 当 $N_1 = N_2$（即 $K = 1$）时，输出电压 U_2 和输入电压 U_1 相等，这种变压器不能改变交流电压的大小，但能将一次绕组、二次绕组的电路隔开，故 K 等于 1 的变压器称为隔离变压器。

2. 电流变换

变压器不但能改变交流电压的大小，还能改变交流电流的大小。在忽略变压器对电能损耗的情况下，变压器的一次绕组的功率 P_1（$P_1 = U_1 \cdot I_1$）与二次绕组的功率 P_2（$P_2 = U_2 \cdot I_2$）是相等的，即

$$U_1 \cdot I_1 = U_2 \cdot I_2$$

$$\frac{U_1}{U_2} = \frac{I_2}{I_1}$$

综上所述，对于变压器来说，不管是一次或二次绕组，匝数越多，它两端的电压就越高，流过的电流就越小。例如，某变压器的二次绕组的匝数少于一次绕组的匝数，则其二次绕组两端的电压就低于一次绕组两端的电压，而二次绕组的电流大于一次绕组的电流。

4.2.1 三相变压器

1. 传送电能

发电部门的发电机能将其他形式的能（如水能和化学能）转换成电能，电能再通过导

线传送给用户。由于用户与发电部门的距离很远，电能传送需要很长的导线，故电能在导线传送的过程中有损耗。根据焦耳定律 $Q = I^2Rt$ 可知，损耗的大小主要与流过导线的电流和导线的电阻有关，电流、电阻越大，导线的损耗就越大。

为了降低电能在导线上传送产生的损耗，可减小导线电阻和降低流过导线的电流。具体做法有：通过将电阻率小的铝或铜材料制作成导线来减小电阻；通过提高传送电压来减小电流，这是因为 $P = UI$，在传送功率一定的情况下，导线电压越高，流过导线的电流越小。

电能从发电站传送到用户的过程如图 4-61 所示。

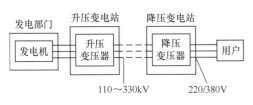

发电机输出的电压先送到升压变电站进行升压，升压后得到 110 ～ 330kV 的高压，高压经导线进行远距离传送，到达目的地后，再由降压变电站的降压变压器将高压降低到 220V 或 380V 的低压，并提供给用户。实际上，在提升电压时，往往不是依靠一个变压器将低压提升到很高的电压，而是经过多个升压变压器进行逐级升压的，降压时，也需要经过多个降压变压器进行逐级降压。

图 4-61　电能从发电站传送到用户的过程

2. 产生三相交流电压

目前，电力系统广泛采用三相交流电压，三相交流电压是由三相交流发电机产生的。三相交流发电机的应用原理如图 4-62 所示。

3. 利用单相变压器改变三相交流电压

将三相交流发电机产生的三相交流电压传送出去时，为了降低线路损耗，需要对每相电压进行提升，简单的做法是利用三个单相变压器改变三相交流电压，如图 4-63 所示。单相变压器是指一次绕组和二次绕组分别只有一组的变压器。

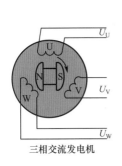

三相交流发电机主要由 U、V、W 三相绕组和磁铁组成，当磁铁旋转时，在 U、V、W 绕组中分别产生电动势，各绕组两端的电压分别为 U_U、U_V、U_W，这三相绕组输出的三组交流电压就称为三相交流电压。

图 4-62　三相交流发电机的应用原理

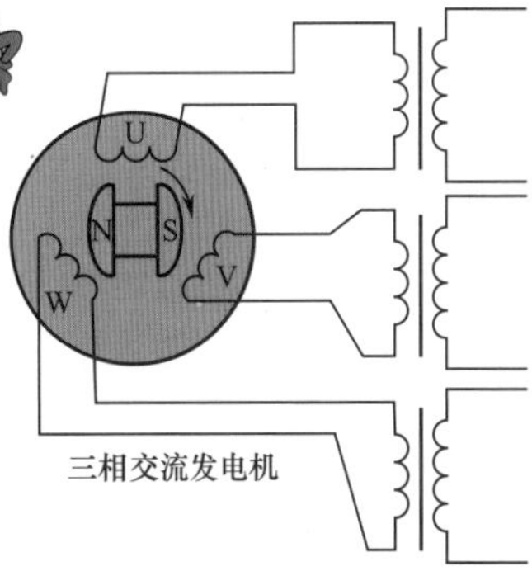

图 4-63　利用三个单相变压器改变三相交流电压

4. 利用三相变压器改变三相交流电压

将三对绕组绕在同一铁芯上可以构成三相变压器。三相变压器的结构如图 4-64 所示。可利用三相变压器改变三相交流电压，如图 4-65 所示。

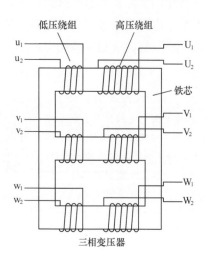

图 4-64　三相变压器的结构

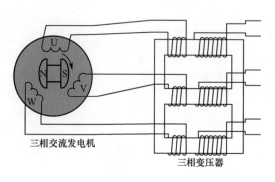

图 4-65　利用三相变压器改变三相交流电压

4.2.2　电力变压器

电力变压器的功能是对传送的电能进行电压或电流的变换。大多数电力变压器属于三相变压器。电力变压器有升压变压器和降压变压器之分：升压变压器用于将发电机输出的低压升高，并通过电网输送到各地；降压变压器用于将电网高压降低成低压，并输送给用户使用。平时见到的电力变压器大多是降压变压器。

1. 外形与结构

电力变压器的实物外形如图 4-66 所示。

由于电力变压器所接的电压高，传输的电能大，为了使铁芯和绕组的散热和绝缘良好，一般将它们放置在装有变压器油的绝缘油箱内（变压器油具有良好的绝缘性），高、低压绕组的引出线均通过绝缘性好的瓷套管引出。另外，电力变压器还配有各种散热保护装置。

图 4-66　电力变压器的实物外形

电力变压器的结构如图 4-67 所示。

2. 连接方式

在使用电力变压器时，其高压绕组要与高压电网连接，低压绕组则与低压电网连接，只有这样才能将高压转换成低压。电力变压器与高、低压电网的连接方式很多，两种较常见的连接方式如图 4-68 所示。

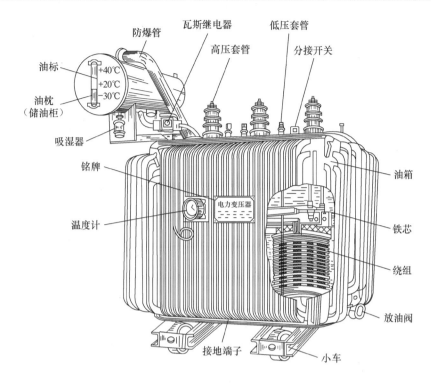

图 4-67　电力变压器的结构

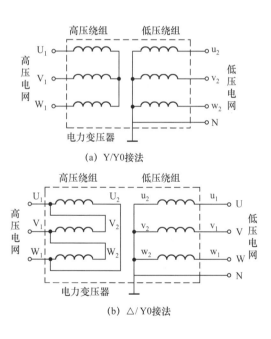

(a) Y/Y0接法

(b) △/Y0接法

图 4-68　电力变压器与高、低压电网的两种连接方式

在图 4-68 中，电力变压器的高压绕组的首端和末端分别用 U_1、V_1、W_1 和 U_2、V_2、W_2 表示，低压绕组的首端和末端分别用 u_1、v_1、w_1 和 u_2、v_2、w_2 表示。图 4-68（a）中的变压器采用 Y/Y0 接法，即高压绕组采用中性点不接地的星形接法（Y），低压绕组采用中性点接地的星形接法（Y0），这种接法又被称为 Yyn0 接法。图 4-68（b）中的变压器采用△/Y0 接法，即高压绕组采用三角形接法，低压绕组采用中性点接地的星形接法，这种接法又被称为 Dyn11 接法。

　　在工作时，电力变压器的每相绕组上都有电压（每相绕组上的电压称为相电压），高压绕组中的每个相电压都相等，低压绕组中的每个相电压也都相等。如果将低压绕组连接照明用户，则低压绕组的相电压通常为 220V。由于三个低压绕组的三端连接在一个公共点上并接出导线（称为中性线），因此每根相线（即每相绕组的引出线）与中性线之间的电压（即相电压）为 220V。两根相线之间有两相绕组，因此两根相线之间的电压（称为线电压）应大于相电压，线电压为 $220\sqrt{3}\,V=380V$。

这里要说明一点，线电压虽然是由两相绕组上的相电压叠加得到的，但由于两相绕组上的电压相位不同，故线电压与相电压的关系不是乘以 2，而是乘以 $\sqrt{3}$。

 4.2.3　自耦变压器

普通的变压器有一次绕组和二次绕组，如果将两相绕组融合成一相绕组就能构成一种特殊的变压器——自耦变压器。自耦变压器是一种只有一相绕组的变压器。

1. 外形

自耦变压器的种类很多，常见的自耦变压器如图 4-69 所示。

图 4-69　常见的自耦变压器

2. 结构和符号

自耦变压器的结构和符号如图 4-70 所示。

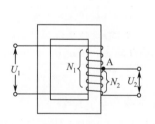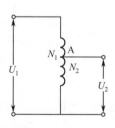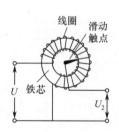

图 4-70　自耦变压器的结构和符号

自耦变压器只有一相绕组（匝数为 N_1），在绕组的中间部分（图中为 A 点）引出一个接线端，这样就将绕组的一部分当作二次绕组（匝数为 N_2）。自耦变压器的工作原理与普通的变压器相同，也可以改变电压的大小，其规律同样可以用下式表示，即

$$\frac{U_1}{U_2} = \frac{N_1}{N_2} = K$$

从上式可以看出，改变 N_2 就可以调节输出电压 U_2 的大小。为了方便地改变输出电压，自耦变压器将绕组的中心抽头换成一个滑动触点。当旋转触点时，绕组匝数 N_2 就会变化，输出电压也跟着变化，从而实现手动调节输出电压的目的。这种自耦变压器又被称为自耦调压器。

4.2.4　交流弧焊变压器

交流弧焊变压器又被称为交流弧焊机，是一种特殊的变压器。

1. 外形

交流弧焊变压器的外形如图 4-71 所示。

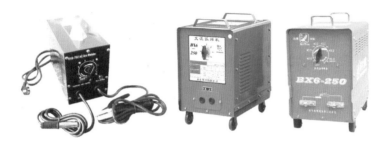

图 4-71　交流弧焊变压器的外形

2. 结构及工作原理

交流弧焊变压器的基本结构如图 4-72 所示，由变压器在二次侧的回路中串入电抗器（电感量较大的电感器，起限流作用）构成。

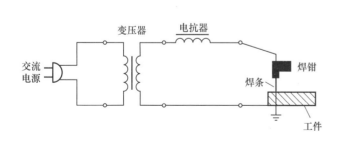

图 4-72　交流弧焊变压器的基本结构

空载时，二次侧的开路电压约为 60 ～ 80V；焊接时，在焊条接触工件的瞬间，二次侧短路，由于电抗器的阻碍，输出电流虽然很大，但还不至于烧坏变压器，电流在流过焊条和工件时，高温熔化焊条和工件金属，对工件实现焊接。在焊接过程中，焊条与工件高温接触，存在一定的接触电阻（类似于在灯泡发光后高温灯丝的电阻会增大），此时焊钳与工件间的电压为 20 ～ 40V，满足维持电弧的需要。若要停止焊接，则只需把焊条与工件间的距离拉长，电弧即可熄灭。

有的交流弧焊变压器只是一个变压器，工作时需要外接电抗器；有的交流弧焊变压器将电抗器和变压器绕在同一铁芯上，通过切换绕组的不同抽头来改变匝数比，从而改变输出电流，并满足不同的焊接要求。

3. 使用注意事项

在使用交流弧焊变压器时，要注意以下事项。

- 对于第一次使用，或者长期停用后再次使用，以及置于潮湿场地的变压器，在使用前应利用兆欧表检查绕组对机壳（对地）的绝缘电阻（不低于 $1M\Omega$）。
- 检查配电系统的开关、熔断器是否合格（熔丝应在额定电流的 2 倍以内）、导线绝缘是否完好。
- 应严格按照使用说明书的要求进行接线，特别是 380V/220V 两用的变压器，绝不允许接错，以免烧毁绕组。
- 变压器的外壳应接地，接地线的截面积应不小于输入线的截面积。
- 必须压紧接线板上的螺母、接线柱和导线，以免因接触不良而导致局部过热、烧毁部件。
- 焊接时，严禁通过转动调节器的挡位来改变电流，以防烧坏变压器。
- 尽量不要超负荷使用变压器。如果非要超负荷使用变压器，就要随时注意变压器的温度，温度过高时应马上停机，否则将缩短变压器的使用寿命，甚至会烧毁绕组。焊钳与工件的接触时间不要过长，以免烧坏绕组。
- 在变压器使用完毕后，应切断变压器电源，以确保安全。变压器不用时，应放在通风良好、干燥的地方。

第5章

电　动　机

电动机是一种将电能转换成机械能的设备。从家庭的电风扇、洗衣机、电冰箱，到企业生产用到的各种电动加工设备（如机床等），都可以看到电动机的"身影"。

电动机的种类很多，常见的有三相异步电动机、单相异步电动机、直流电动机、同步电动机、步进电动机、无刷直流电动机和直线电动机等。

5.1　三相异步电动机

5.1.1　外形与结构

三相异步电动机的实物外形与结构如图 5-1 所示，主要由外壳、定子、转子等部分组成。

(a) 实物外形

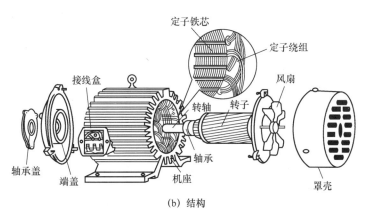

(b) 结构

图 5-1　三相异步电动机的实物外形与结构

1. 外壳

三相异步电动机的外壳主要由机座、轴承盖、端盖、接线盒、风扇和罩壳等组成。

2. 定子

定子由定子铁芯和定子绕组组成。

- 定子铁芯：由很多圆环状的硅钢片叠合而成，这些硅钢片中间开有很多小槽，用于嵌入定子绕组（也称定子线圈），硅钢片上涂有绝缘层，使得硅钢片之间绝缘。
- 定子绕组：由涂有绝缘漆的铜线绕制而成，并将绕制好的铜线按一定的规律嵌入定子铁芯的小槽内。绕组嵌入小槽后，按一定的方法将槽内的绕组连接起来，使得整个铁芯内的绕组构成 U、V、W 三相绕组，将三相绕组的首、末端引线接到接线盒的 U_1、U_2、V_1、V_2、W_1、W_2 接线柱上。三相异步电动机的接线盒如图 5-2 所示，接线盒中各接线柱与电动机内部绕组的连接关系如图 5-3 所示。

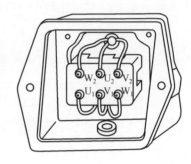

图 5-2 三相异步电动机的接线盒

3. 转子

转子是电动机的运转部分，由转子铁芯、转子线组和转轴组成。

❶ 转子铁芯：由很多外圆开有小槽的硅钢片叠合而成（小槽用来放置转子绕组），如图 5-4 所示。

❷ 转子绕组：可分为笼式转子绕组和线绕式转子绕组。

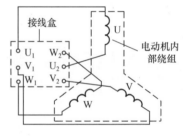

图 5-3 接线盒中各接线柱与电动机内部绕组的连接关系

- 在转子铁芯的小槽中放入金属导条，并用端环将导条连接起来。任意一根导条与它对应的端环就构成一个闭合的绕组。由于这种绕组形似笼子，因此称为笼式转子绕组。笼式转子绕组又分为铜条转子绕组和铸铝转子绕组两种，如图 5-5 所示。

图 5-4 由硅钢片叠合而成的转子铁芯

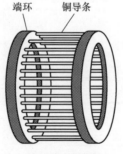

(a) 铜条转子绕组

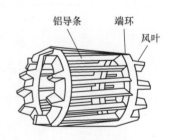

(b) 铸铝转子绕组

图 5-5 两种笼式转子绕组

- 线绕式转子绕组的结构如图 5-6 所示。它是在转子铁芯中按一定的规律嵌入利用绝缘导线绕制好的绕组，并将绕组按三角形或星形接法接好。按星形连接的线绕式转子绕组如图 5-7 所示。

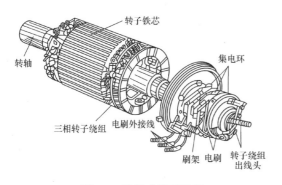

图 5-6　线绕式转子绕组

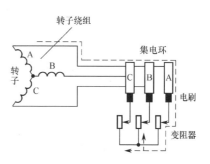

图 5-7　按星形连接的线绕式转子绕组

❸ 转轴。转轴嵌套在转子铁芯的中心。当三相交流电源通过定子绕组后会产生旋转磁场，转子绕组受旋转磁场的作用而旋转，并通过转子铁芯带动转轴转动，将动力从转轴中传递出来。

 ## 5.1.2　接线方式

三相异步电动机的定子绕组由 U、V、W 三相绕组组成，这三相绕组有 6 个接线端，它们与接线盒的 6 个接线柱连接。在接线盒上，可以通过将不同的接线柱短接来将定子绕组接成星形或三角形。

1. 星形接线法

三相异步电动机的定子绕组按星形接线法接线，如图 5-8 所示。

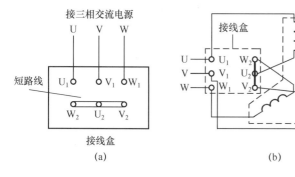

在接线时，用短路线把接线盒中的 W_2、U_2、V_2 接线柱短接起来，这样就将电动机内部的绕组接成了星形。

图 5-8　定子绕组按星形接线法接线

2. 三角形接线法

三相异步电动机的定子绕组按三角形接线法接线，如图 5-9 所示。

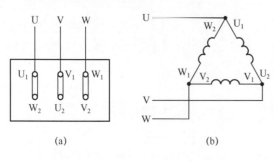

在接线时，可用短路线将接线盒中的 U_1 和 W_2、V_1 和 U_2、W_1 和 V_2 接线柱连接起来，并从 U_1、V_1、W_1 接线柱引出导线，与三相交流电源的 3 根相线连接。如果三相交流电源的相线之间的电压是 380V，则对于定子绕组按星形接线法连接的电动机，其每相绕组承受的电压为 220V；对于定子绕组按三角形连接法连接的电动机，其每相绕组承受的电压为 380V。因此，采用三角形接线法的电动机在工作时，其定子绕组将承受更高的电压。

图 5-9　定子绕组按三角形接线法接线

5.1.3　绕组检测

三相异步电动机的绕组检测如图 5-10 所示。

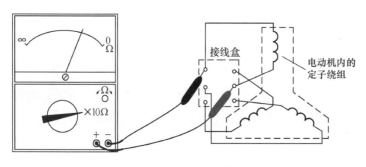

图 5-10　三相异步电动机的绕组检测

在三相异步电动机内部有三相绕组，每相绕组有两个接线端子，可使用万用表的电阻挡判别各相绕组的接线端子。将万用表置于 ×10Ω 挡，测量任意两个端子的电阻，如果阻值很小，则表明当前所测的两个端子为某相绕组的端子，再用同样的方法找出其他两相绕组的端子。由于各相绕组的结构相同，故可将其中某一组端子标记为 U 相，其他两组端子分别标记为 V、W 相。

5.1.4　磁极对数和转速

对于三相异步电动机，其转速 n、磁极对数 p 和电源频率 f 之间的关系近似为 $n = 60f/p$（也可用 $p = 60f/n$ 或 $f = pn/60$ 表示）。电动机铭牌一般不标注磁极对数 p，但会标注转速 n 和电源频率 f，根据 $p = 60f/n$ 可求出磁极对数。例如，电动机的转速为 1440r/min，电源频率为 50Hz，则该电动机的磁极对数 $p = 60f/n = 60×50/1440 ≈ 2$。

若电动机的铭牌脱落或磨损，无法通过铭牌了解电动机的转速，也可使用万用表进行判断，如图 5-11 所示。

5.1.5　绝缘电阻

对于新安装或停用 3 个月以上的三相异步电动机，使用前都要用兆欧表测量绕组的绝缘电阻，具体包括测量绕组对地的绝缘电阻和绕组间的绝缘电阻。

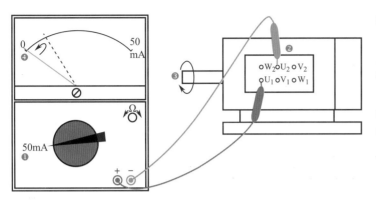

图 5-11　使用万用表计算电动机的转速

❶ 万用表选择直流电流 50mA 以下的挡位。

❷ 红、黑表笔连接一相绕组的两个接线端。

❸ 匀速旋转一周。

❹ 观察表针摆动的次数：表针摆动一次表示电动机有一对磁极，即表针摆动的次数与磁极对数是相同的，并根据 $n = 60f/p$ 求出电动机的转速。

1. 测量绕组对地的绝缘电阻

可使用兆欧表（500V）测量绕组对地的绝缘电阻，如图 5-12 所示。

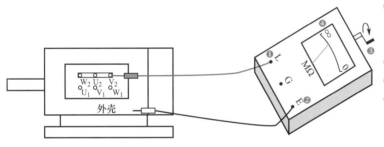

图 5-12　测量绕组对地的绝缘电阻

❶ 将兆欧表的 L 端测量线连接任一接线端子。

❷ E 端测量线连接电动机的外壳。

❸ 摇动兆欧表的手柄进行测量。

❹ 对于新电动机，绝缘电阻大于 1MΩ 为合格，对于运行过的电动机，绝缘电阻大于 0.5MΩ 为合格。

注意：在测量时，先拆掉接线端子的电源线，端子间的连接片保持连接。若绕组对地的绝缘电阻不合格，应在烘干后重新测量，在达到合格标准后方能使用。

2. 测量绕组间的绝缘电阻

可使用兆欧表（500V）测量绕组间的绝缘电阻，如图 5-13 所示。在测量时，先拆掉接线端子的电源线和端子间的连接片。若绕组间的绝缘电阻不合格，应在烘干后重新测量，达到合格要求后方能使用。

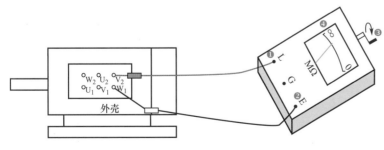

❶ 将兆欧表的 L 端测量线连接某相绕组的一个接线端子。

❷ E 端测量线连接另一相绕组的一个接线端子。

❸ 摇动兆欧表的手柄进行测量。

❹ 绕组间的绝缘电阻大于 1MΩ 为合格，最低限度不能低于 0.5MΩ。

图 5-13　测量绕组间的绝缘电阻

5.1.6 简单正转控制线路

正转控制线路是电动机最基本的控制线路，控制线路除了要为电动机提供电源，还要对电动机进行启动/停止控制，以及在电动机过载时进行保护。对于一些要求不高的小容量电动机，可采用如图 5-14 所示的简单正转控制线路。

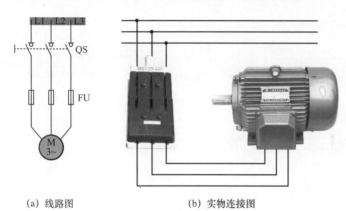

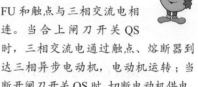

电动机的三根相线通过闸刀开关内部的熔断器 FU 和触点与三相交流电相连。当合上闸刀开关 QS 时，三相交流电通过触点、熔断器到达三相异步电动机，电动机运转；当断开闸刀开关 QS 时，切断电动机供电，电动机停转。为了安全起见，闸刀开关可安装在配电箱内或绝缘板上。

(a) 线路图　　　　　　(b) 实物连接图

图 5-14　简单正转控制线路

这种控制线路简单、元器件少，适合作为容量小且启动不频繁的电动机正转控制线路，闸刀开关还可用铁壳开关（封闭式负荷开关）、组合开关或低压断路器来代替。

5.1.7 自锁正转控制线路

电动机在长时间连续运行时常采用如图 5-15 所示的自锁正转控制线路。

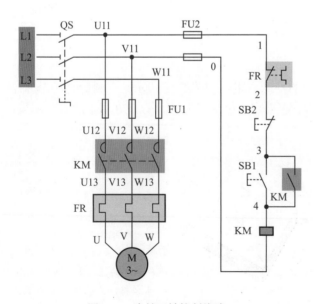

图 5-15　自锁正转控制线路

❶ 合上电源开关 QS。

❷ 启动过程：按下启动按钮 SB1 → L1、L2 两相电压通过 QS、FU2、SB2、SB1 加到接触器 KM 线圈两端 → KM 线圈得电吸合，KM 主触点和常开辅助触点闭合 → L1、L2、L3 三相电压通过 QS、FU1 和闭合的 KM 主触点提供给电动机 → 电动机 M 通电运转。

❸ 运行自锁过程：松开启动按钮 SB1 → KM 线圈依靠启动时已闭合的 KM 常开辅助触点供电 → KM 主触点仍保持闭合 → 电动机继续运转。

❹ 停转控制：按下停止按钮 SB2 → KM 线圈失电 → KM 主触点和常开辅助触点均断开 → 电动机 M 断电停转。

❺ 断开电源开关 QS。

自锁正转控制线路除了具有长时间运行锁定的功能，还能实现欠电压保护、失电压保护、过载保护功能。

- 欠电压保护是指当电源电压偏低（一般低于额定电压的 85%）时切断电动机的供电，让电动机停止运转。欠电压保护的过程：电源电压偏低→L1、L2 两相间的电压偏低→接触器 KM 线圈两端电压偏低，产生的吸合力小，不足以继续吸合 KM 主触点和常开辅助触点→主触点、常开辅助触点断开→电动机因供电被切断而停转。

- 失电压保护是指当电源电压消失时切断电动机的供电途径，并保证在重新供电时无法自行启动。失电压保护的过程：电源电压消失→L1、L2 两相间的电压消失→KM 线圈失电→KM 主触点、常开辅助触点断开→电动机供电被切断。在重新供电后，由于主触点、常开辅助触点已断开，并且启动按钮 SB1 也处于断开状态，因此线路不会自动为电动机供电。

- 过载保护是在线路中连接一个热继电器 FR，并将其发热元件串接在主电路中，常开辅助触点串接在控制电路中。过载保护的过程：流过热继电器发热元件的电流偏大，发热元件（通常为双金属片）因发热而弯曲→通过传动机构将常开辅助触点断开，控制电路被切断→接触器 KM 的线圈失电，主电路中的接触器 KM 的主触点断开→电动机因供电被切断而停转。

注意：热继电器只能进行过载保护，不能进行短路保护，这是因为短路时电流虽然很大，但是热继电器的发热元件需要一定的时间才能弯曲，此时电动机和供电线路可能已被过大的短路电流烧坏。另外，当启动过载保护功能后，即便排除了过载因素，也需要等待一定的时间让发热元件冷却复位，才能重新启动电动机。

5.1.8 接触器联锁正 / 反转控制线路

在接触器联锁正 / 反转控制线路的主电路中连接了两个接触器，正反转操作元器件放置在控制电路中。接触器联锁正 / 反转控制线路如图 5-16 所示。

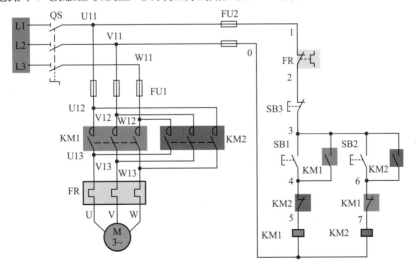

图 5-16 接触器联锁正 / 反转控制线路

1. 正转过程

- 正转联锁控制：按下正转按钮 SB1 → KM1 线圈得电 → KM1 主触点闭合、KM1 常开辅助触点闭合、KM1 常闭辅助触点断开 → 将 L1、L2、L3 三相电源分别供给电动机的 U、V、W 端，电动机正转；SB1 松开后 KM1 线圈继续得电（接触器自锁）；切断 KM2 线圈的供电，使 KM2 主触点无法闭合，实现 KM1、KM2 之间的正转联锁控制。

- 停止控制：按下停转按钮 SB3 → KM1 线圈失电 → KM1 主触点断开、KM1 常开辅助触点断开、KM1 常闭辅助触点闭合 → 电动机因断电而停转。

2. 反转过程

- 反转联锁控制：按下反转按钮 SB2 → KM2 线圈得电 → KM2 主触点闭合、KM2 常开辅助触点闭合、KM2 常闭辅助触点断开 → 将 L1、L2、L3 三相电源分别供给电动机的 W、V、U 端，电动机反转；SB2 松开后 KM2 线圈继续得电；切断 KM1 线圈的供电，使得 KM1 主触点无法闭合，实现 KM1、KM2 之间的反转联锁控制。

- 停止控制：按下停转按钮 SB3 → KM2 线圈失电 → KM2 主触点断开、KM2 常开辅助触点断开、KM2 常闭辅助触点闭合 → 电动机因断电而停转。

注意：对于接触器联锁正 / 反转控制线路，若将电动机由正转变为反转，需要先按下停止按钮让电动机停转，使接触器各触点复位，再按反转按钮让电动机反转。

5.1.9 限位控制线路

一些机械设备（如车床）的运动部件由电动机驱动，它们在工作时并不都是一直向前运动，而是运动到一定的位置后便自动停止，由操作人员操作按钮使之返回。为了实现这种控制效果，需要给电动机安装限位控制线路。

限位控制线路又称位置控制线路或行程控制线路，利用位置开关来检测运动部件的位置，即当运动部件运动到指定位置时，位置开关给控制线路发出指令，让电动机停转或反转。常见的位置开关有行程开关和接近开关，其中行程开关使用得更为广泛。

行程开关的外形与符号如图 5-17 所示。

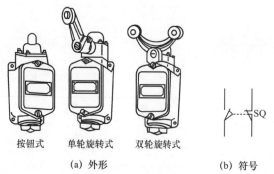

它可分为按钮式、单轮旋转式和双轮旋转式等。在行程开关的内部一般有一个常开辅助触点和一个常闭辅助触点。

按钮式　单轮旋转式　双轮旋转式

(a) 外形　　　　　　(b) 符号

图 5-17　行程开关的外形与符号

行程开关通常安装在运动部件需要停止或改变方向的位置，如图 5-18 所示。

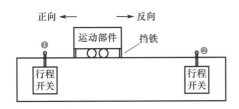

图 5-18　行程开关的安装位置示意图

❶ 当运动部件行进到行程开关处时，挡铁会碰压行程开关，行程开关内的常闭辅助触点断开、常开辅助触点闭合，从而使运动部件停止运动。

❷ 当运动部件反向运动到另一个行程开关处时，会碰压该处的行程开关，行程开关通过控制线路让电动机停转、运动部件停止运动。

行程开关可分为自动复位和非自动复位两种。按钮式和单轮旋转式行程开关可以自动复位（当挡铁移开时，依靠内部的弹簧可使触点自动复位）；双轮旋转式行程开关不能自动复位，当挡铁从一个方向碰压其中一个滚轮时，内部触点执行动作，在挡铁移开后内部触点不能复位，当挡铁反向运动（返回）时碰压另一个滚轮，触点才能复位。

限位控制线路如图 5-19 所示。限位控制线路是在接触器联锁正 / 反转控制线路的控制电路中串接两个行程开关 SQ1、SQ2 构成的。在限位控制线路的工作过程中，主要包括正转控制过程和反转控制过程。

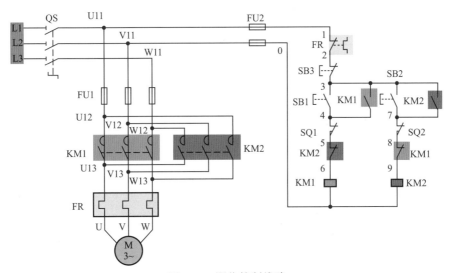

图 5-19　限位控制线路

1. 正转控制过程

- 正转联锁控制：按下正转按钮 SB1 → KM1 线圈得电 → KM1 主触点闭合、KM1 常开辅助触点闭合、KM1 常闭辅助触点断开 → 电动机通电正转，驱动运动部件正向运动；KM1 线圈在 SB1 断开时能继续得电（自锁）；KM2 线圈无法得电，实现 KM1、KM2 之间的正转联锁控制。

- 正向限位控制：电动机正转，驱动运动部件运动到行程开关 SQ1 处 → SQ1 常闭辅助触点断开（常开辅助触点未用）→ KM1 线圈失电 → KM1 主触点断开、KM1 常开辅助触点断开、KM1 常闭辅助触点闭合 → 电动机因断电而停转 → 运动部件停止正向运动。

2.反转控制过程

- 反转联锁控制：按下反转按钮 SB2 → KM2 线圈得电 → KM2 主触点闭合、KM2 常开辅助触点闭合、KM2 常闭辅助触点断开 → 电动机通电反转，驱动运动部件反向运动；锁定 KM2 线圈得电；KM1 线圈无法得电，实现 KM1、KM2 之间的反转联锁控制。

- 反向限位控制：电动机反转，驱动运动部件运动到行程开关 SQ2 处 → SQ2 常开辅助触点断开 → KM2 线圈失电 → KM2 主触点断开、KM2 常开辅助触点断开、KM2 常闭辅助触点闭合 → 电动机因断电而停转 → 运动部件停止反向运动。

5.1.10 自动往返控制线路

有些生产机械设备在加工零件时，要求在一定范围内能自动往返运动，即当运动部件运行到一定位置时不用人工操作按钮就能自动返回。此时可给电动机安装自动往返控制线路。

自动往返控制线路如图 5-20 所示。该线路采用 SQ1 ～ SQ4 共 4 个行程开关，4 个行程开关的安装位置如图 5-21 所示。

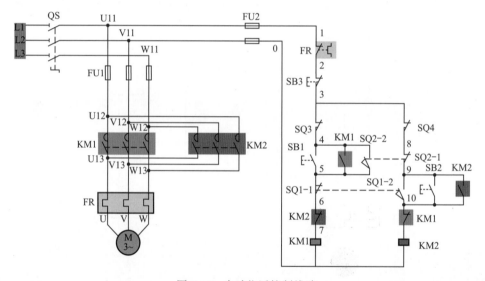

图 5-20　自动往返控制线路

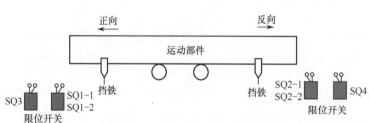

图 5-21　4 个行程开关的安装位置

❶ SQ2、SQ1 用来控制电动机的正、反转：当运动部件运行到 SQ2 处时，电动机由反转转为正转；运行到 SQ1 处时，由正转转为反转。

❷ SQ3、SQ4 用于终端保护，即当 SQ1、SQ2 失效时，它们可以让电动机停转，防止运动部件因行程超出范围而发生安全事故。

在自动往返控制线路的工作过程中，主要包括往返运行控制和停止控制。

1. 往返运行控制

- 运转联锁控制：运动部件处于反向位置，按下正转按钮 SB1 → KM1 线圈得电 → KM1 主触点闭合、KM1 常开辅助触点闭合、KM1 常闭辅助触点断开 → 电动机通电正转，驱动运动部件正向运动；KM1 线圈在 SB1 断开时继续得电（自锁）；KM2 线圈无法得电，实现 KM1、KM2 之间的运转联锁控制。

- 方向转换联锁控制：电动机正转，带动运动部件运动并碰触行程开关 SQ1 → SQ1 常开辅助触点 SQ1-1 断开、常开辅助触点 SQ1-2 闭合 → KM1 线圈失电 → KM1 主触点断开、KM1 常开辅助触点断开、KM1 常闭辅助触点闭合 → 电动机断电，撤销自锁，闭合的 KM1 常闭辅助触点与闭合的 SQ1-2 为 KM2 线圈供电 → KM2 主触点闭合，电动机通电反转，驱动运动部件反向运动；KM2 常开辅助触点闭合，KM2 线圈在 SB2 断开时继续得电（自锁）；KM2 常闭辅助触点断开，使 KM1 线圈无法得电，实现 KM2、KM1 之间的方向转换联锁控制。

- 终端保护控制：行程开关 SQ1 失效 → 运动部件碰触 SQ1，常开辅助触点 SQ1-1 闭合、常开辅助触点 SQ1-2 断开 → 电动机继续正转，带动运动部件碰触行程开关 SQ3 → SQ3 常开辅助触点断开 → KM1 线圈供电切断 → KM1 主触点断开 → 电动机停转 → 运动部件停止运动。

注意：若启动时运动部件处于正向位置，则应按下反转按钮 SB2，其工作原理与运动部件处于反向位置时按下正转按钮 SB1 相同。

2. 停止控制

停止控制的过程：按下停止按钮 SB3 → KM1、KM2 线圈供电均被切断 → KM1、KM2 主触点均断开 → 电动机因断电而停转 → 运动部件停止运行。

5.1.11　顺序控制线路

在一些机械设备中安装两个或两个以上的电动机时，为了保证设备能够正常工作，常常要求这些电动机按顺序启动。例如，只有在电动机 A 启动后电动机 B 才能启动。顺序控制线路就是让多台电动机按先后顺序工作的控制线路。典型的顺序控制线路如图 5-22 所示。

在顺序控制线路的工作过程中，主要包括如下过程。

❶ 电动机 M1 的启动控制：按下电动机 M1 的启动按钮 SB1 → KM1 线圈得电 → KM1 主触点闭合、KM1 常开辅助触点闭合 → 电动机 M1 通电运转，KM1 线圈在 SB1 断开时继续得电（自锁）。

❷ 电动机 M2 的启动控制：按下电动机 M2 的启动按钮 SB2 → KM2 线圈得电 → KM2 主触点闭合、KM2 常开辅助触点闭合 → 电动机 M2 通电运转，KM2 线圈在 SB2 断开时继续得电。

❸ 停转控制：按下停转按钮 SB3 → KM1、KM2 线圈均失电 → KM1、KM2 主触点均断开 → 电动机 M1、M2 均断电停转。

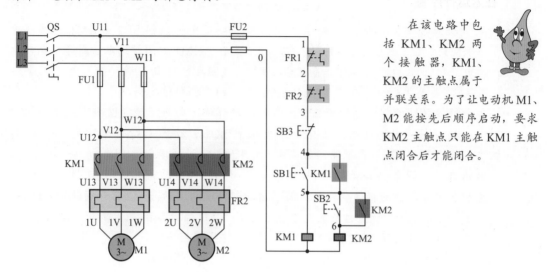

在该电路中包括 KM1、KM2 两个接触器，KM1、KM2 的主触点属于并联关系。为了让电动机 M1、M2 能按先后顺序启动，要求 KM2 主触点只能在 KM1 主触点闭合后才能闭合。

图 5-22　典型的顺序控制线路

注意：在图 5-22 中，若先按下电动机 M2 的启动按钮，此时 SB1 和 KM1 常开辅助触点断开、KM2 线圈无法得电、KM2 主触点无法闭合，则电动机 M2 无法在电动机 M1 前启动。

 5.1.12　多地控制线路

利用多地控制线路可以在多个地点控制同一台电动机的启动与停止。多地控制线路如图 5-23 所示。

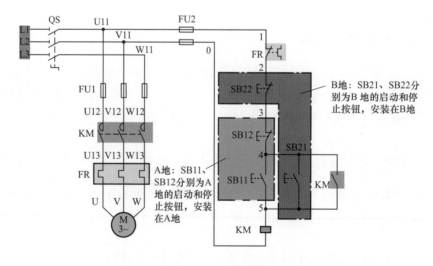

图 5-23　多地控制线路

下面以 A 地的启动控制和停止控制为例说明多地控制线路的工作过程。

- A 地启动控制。按下 A 地启动按钮 SB11 → KM 线圈得电 → KM 主触点闭合、KM 常开辅助触点闭合 → 电动机通电运转，使得 KM 线圈在 SB11 断开时继续得电（自锁）。

- A 地停止控制。按下 A 地停止按钮 SB12 → KM 线圈失电 → KM 主触点断开、KM 常开辅助触点断开 → 电动机断电停转，使得 KM 线圈在 SB12 复位闭合时无法得电。

注意：B 地与 A 地的启动控制、停止控制的原理相同，这里不再赘述。如果要实现 3 个或 3 个以上地点的控制，只要将各地的启动按钮并联，将停止按钮串联即可。

 5.1.13 降压启动控制线路

在刚启动电动机时，流过定子绕组的电流很大，为额定电流的 4 ～ 7 倍。对于容量大的电动机，若采用普通的全压启动方式，则会出现在启动时因电流过大而使供电电源电压下降的现象，从而影响采用同一供电电源的其他设备的正常工作。

解决上述问题的方法是对电动机进行降压启动，待电动机正常运转后再提供全压。一般规定，供电电源容量在 180kV·A 以上、电动机容量在 7kW 以下的三相异步电动机可采用全压启动方式，其余均需采用降压启动方式。

降压启动控制线路的种类很多，下面仅介绍较常见的星形－三角形降压启动控制线路。三相异步电动机的接线盒与两种接线方式如图 5-24 所示。若任意两相之间的电压是 380V，当电动机绕组接成星形时，每相绕组上的实际电压值为 $380V/\sqrt{3} = 220V$；当电动机绕组接成三角形时，每相绕组上的电压值为 380V。由于绕组接成星形时电压降低，因此，流过绕组的电流也减小（约为三角形连接的 1/3）。

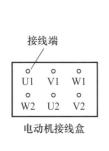

电动机接线盒

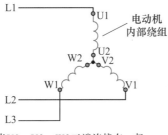

当 U2、V2、W2 三端连接在一起时，内部绕组就构成了星形连接

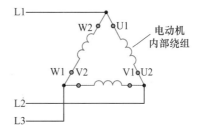

当 U1 和 W2、U2 和 V1、V2 和 W1 连接在一起时，内部绕组就构成了三角形连接

图 5-24　三相异步电动机的接线盒与两种接线方式

星形－三角形降压启动控制线路就是在启动时将电动机的绕组接成星形，启动后再将绕组接成三角形，从而让电动机全压启动。当电动机绕组接成星形时，绕组上的电压低、流过的电流小，因而产生的力矩也小，所以星形－三角形降压启动线路只适用于轻载或空载启动。

星形－三角形降压启动控制线路如图 5-25 所示，该线路采用时间继电器进行控制切换。

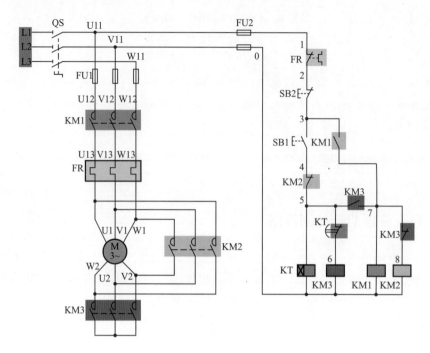

图 5-25　星形－三角形降压启动控制线路

在星形 - 三角形降压启动线路的工作过程中，主要包括以下过程。

- 降压启动控制：按下启动按钮 SB1 → 接触器 KM3 的线圈和时间继电器 KT 的线圈均得电→ KM3 主触点闭合、KM3 常开辅助触点闭合、KM3 常闭辅助触点断开→将电动机绕组接成星形，KM2 线圈的供电切断，KM1 线圈得电→ KM1 常开辅助触点和主触点均闭合→ KM1 线圈在 SB1 断开后继续得电，电动机 U1、V1、W1 端得电，电动机以星形连接方式降压启动。
- 正常运行控制：在时间继电器 KT 的线圈得电一段时间后，其延时常开辅助触点断开→ KM3 线圈失电→ KM3 主触点断开、KM3 常开辅助触点断开、KM3 常闭辅助触点闭合→取消电动机绕组的星形连接，KM2 线圈得电→ KM2 常闭辅助触点断开、KM2 主触点闭合→ KT 线圈失电，电动机以三角形连接方式正常运行。
- 停止控制：按下停止按钮 SB2 → KM1、KM2、KM3 线圈均失电→ KM1、KM2、KM3 主触点均断开→电动机因供电被切断而停转。

5.2　单相异步电动机

单相异步电动机是一种采用单相交流电源供电的小容量电动机。它具有供电方便、成本低廉、运行可靠、结构简单和噪声小等优点，广泛应用在家用电器、工业和农业等领域的中小功率设备中。单相异步电动机可分为分相式单相异步电动机和罩极式单相异步电动机。本节主要以分相式单相异步电动机为例进行介绍。

5.2.1　结构与工作原理

分相式单相异步电动机是将单相交流电转变为两相交流电来启动单相异步电动机。

1. 结构

尽管分相式单相异步电动机的种类很多，但结构基本相同。分相式单相异步电动机的典型结构如图 5-26 所示。

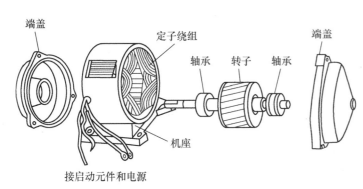

从 图 5-26 中可以看出，其结构与三相异步电动机基本相同，由机座、定子绕组、转子、轴承、端盖和接线等组成。

图 5-26　分相式单相异步电动机的典型结构

2. 工作原理

单相异步电动机的工作原理如图 5-27 所示。

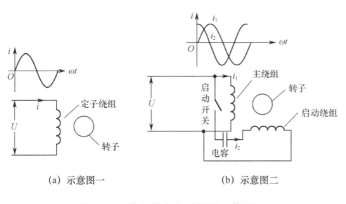

（a）示意图一　　　　（b）示意图二

图 5-27　单相异步电动机的工作原理

三相异步电动机的定子绕组有 U、V、W 三相，当三相绕组连接三相交流电时会产生旋转磁场，从而推动转子旋转。单相异步电动机在工作时连接单相交流电源，定子只有一相绕组，如图 5-27（a）所示。单相绕组产生的磁场不会旋转，因此转子不会产生转动。

为了解决这个问题，分相式单相异步电动机的定子绕组通常采用两相绕组：一相绕组称为工作绕组（或主绕组），另一相绕组称为启动绕组（或副绕组），如图 5-27（b）所示。两相绕组在定子铁芯上的位置相差 90°，并且给启动绕组串接电容，将交流电源的相位改变 90°（超前移相 90°）。当单相交流电源加到定子绕组时，有电流 i_1 直接流入主绕组，电流 i_2 经电容超前移相 90° 后流入启动绕组，两个相位不同的电流分别流入空间位置相差 90° 的两相绕组，两相绕组就会产生旋转磁场，处于旋转磁场内的转子将随之旋转起来。转子运转后，即便断开启动开关、切断启动绕组，转子仍会继续运转，这是因为单个主绕组产生的磁场不会旋转，但由于转子已转动起来，若将已转动的转子看成不动，那么主绕组的磁场就相当于发生了旋转，因此转子会继续运转。

启动绕组的作用是启动转子旋转，若转子要继续旋转，则仅依靠主绕组就可实现，因此，有些分相式单相异步电动机在启动后就将启动绕组断开，只让主绕组工作。对于主绕组正常、启动绕组损坏的单相异步电动机，在通电后不会运转，若通过人力使转子运转，则电动机仅在主绕组的作用下就可一直运转下去。

在分相式单相异步电动机启动后，可通过启动元器件来断开启动绕组。启动元器件主要有离心开关、启动继电器和PTC元件等。

（1）离心开关

离心开关是一种利用物体运动时产生的离心力来控制触点通断的开关。常见的离心开关结构如图5-28所示，分为静止部分和旋转部分。

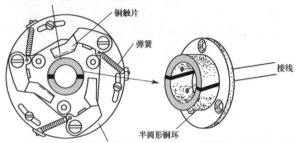

静止部分：一般与电动机端盖安装在一起，由两个相互绝缘的半圆形铜环组成

铜触片

弹簧

接线

半圆形铜环

旋转部分：与电动机转子安装在一起，由弹簧和3个铜触片组成

在电动机转子未旋转时，依靠弹簧的拉力，旋转部分的3个铜触片与静止部分的两个半圆形铜环接触，两个半圆形铜环通过铜触片短接，相当于开关闭合；当电动机转子运转后，离心开关的旋转部分也随之旋转，当转速达到一定值时，离心力使3个铜触片与半圆形铜环脱离，两个半圆形铜环之间又相互绝缘，相当于开关断开。

图5-28 常见的离心开关结构

（2）启动继电器

启动继电器的种类较多，其中，电流启动继电器最为常见。采用电流启动继电器的单相异步电动机接线图如图5-29所示。

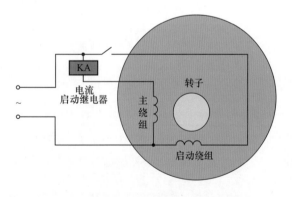

KA

电流启动继电器

~

主绕组

转子

启动绕组

电流启动继电器的线圈与主绕组串接在一起，常开辅助触点与启动绕组串接。启动时，流过主绕组和电流启动继电器线圈的电流很大，电流启动继电器的常开辅助触点闭合，有电流流过启动绕组，电动机开始启动、运转。随着电动机转速的提高，流过主绕组的电流减小，当减小到某一值时，流过电流启动继电器线圈的电流不足以吸合常开辅助触点，该触点断开，切断启动绕组。

图5-29 采用电流启动继电器的单相异步电动机接线图

（3）PTC元件

PTC元件是具有正温度系数的热敏元件。最为常见的PTC元件为PTC热敏电阻器。在低温时PTC元件阻值很小，当温度升高到一定值时该阻值急剧增大。PTC元件的这种特点与开关相似，其阻值小时相当于开关闭合，阻值很大时相当于开关断开。

采用 PTC 热敏电阻器作为启动开关的单相异步电动机接线图如图 5-30 所示。

5.2.2 启动绕组与主绕组

分相式单相异步电动机的内部有启动绕组和主绕组（运行绕组），两相绕组在内部将一端接在一起并引出一个端子，即分相式单相异步电动机的对外接线有公共端、主绕组端和启动绕组端共三个接线端子，如图 5-31 所示。

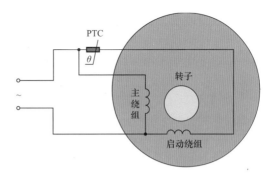

图 5-30　采用 PTC 热敏电阻器作为启动开关的单相异步电动机接线图

由于启动绕组的匝数多、线径小，其阻值较主绕组更大一些，因此可使用万用表的电阻挡来判别两相绕组

公共端　1

主绕组端：直接接电源　2

启动绕组端：先串接开关或电容，再接电源　3

图 5-31　分相式单相异步电动机的三个接线端子

启动绕组和主绕组的判别如图 5-32 所示。

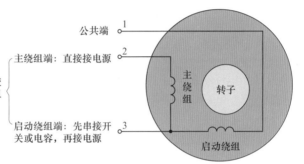

图 5-32　启动绕组和主绕组的判别

2、3 之间为主绕组，其阻值最小；1、3 之间为启动绕组，其阻值稍大一些；1、2 之间为主绕组和启动绕组的串联，其阻值最大。在测量时，先将万用表拨至 ×1Ω 挡，测量某两个接线端子之间的电阻，然后保持一根表笔不动，另一根表笔转接第 3 个接线端子，如果两次测得的阻值接近，则以阻值稍大的一次测量为准，不动的表笔所接为公共端，另一根表笔所接为启动绕组端，剩下的则为主绕组端。

5.2.3 转向控制线路

单相异步电动机是在旋转磁场的作用下运转的，其运行方向与旋转磁场的方向相同，因此，只要改变旋转磁场的方向就可以改变电动机的转向。对于分相式单相异步电动机，只要将主绕组或启动绕组的接线反接就可以改变转向，但不能将主绕组和启动绕组同时反接。正转接线方式和两种反转接线方式如图 5-33 所示。

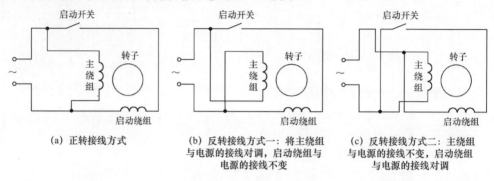

(a) 正转接线方式　　　　(b) 反转接线方式一：将主绕组　　　(c) 反转接线方式二：主绕组
　　　　　　　　　　　　　　与电源的接线对调，启动绕组与　　　与电源的接线不变，启动绕组
　　　　　　　　　　　　　　电源的接线不变　　　　　　　　　与电源的接线对调

图 5-33　正转接线方式和两种反转接线方式

5.2.4　调速控制线路

单相异步电动机的调速控制线路主要有变极调速线路和变压调速线路两类：变极调速线路是通过改变电动机定子绕组的磁极对数来调节转速；变压调速线路是通过改变定子绕组的两端电压来调节转速。在这两类线路中，变压调速线路最为常见，具体又可分为串联电抗器调速线路、串联电容器调速线路、自耦变压器调速线路、抽头调速线路等。

1. 串联电抗器调速线路

电抗器又称电感器，对交流电具有一定的阻碍作用。电抗器对交流电的阻碍称为电抗（也称感抗），电抗器的电感量越大，电抗越大，对交流电的阻碍越大，在电抗器上产生的压降越大。

两种常见的串联电抗器调速线路如图 5-34 所示。

❶ 当挡位开关置于"高"时，交流电压全部加到电动机的定子绕组上，定子绕组两端的电压最大，产生的磁场最强，电动机转速最快。

❷ 当挡位开关置于"中"时，交流电压需要经过电抗器的部分线圈后再送到电动机定子绕组，电抗器线圈会产生压降，产生的磁场变弱，电动机转速变慢。

❸ 当挡位开关置于"高"时，交流电压全部加到电动机主绕组上，电动机转速最快。

❹ 当挡位开关置于"低"时，交流电压需经过整个电抗器后再送到电动机主绕组，主绕组两端的电压很低，电动机转速很慢。

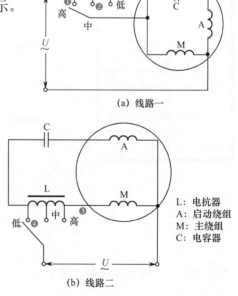

(a) 线路一

(b) 线路二

L：电抗器
A：启动绕组
M：主绕组
C：电容器

图 5-34　两种常见的串联电抗器调速线路

注意：串联电抗器调速线路除了可以调节单相异步电动机的转速，还可以调节启动转矩大小：在图 5-34（a）中，当挡位开关置于"低"时，提供给主绕组和启动绕组的电压都会降低，因此转速变慢，启动转矩也减小；在图 5-34（b）中，当挡位开关置于"低"时，主绕组两端的电压较低，而启动绕组两端的电压很高，因此转速慢，启动转矩却很大。

2. 串联电容器调速线路

电容器与电阻器一样，对交流电具有一定的阻碍作用。电容器对交流电的阻碍称为容抗，电容器的容量越小，容抗越大，对交流电的阻碍越大，交流电通过时在电容器上产生的压降就越大。串联电容器调速线路如图 5-35 所示。

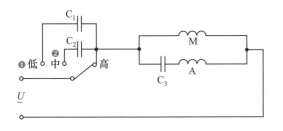

❶ 当挡位开关置于"低"时，由于 C_1 的容量很小，因此在 C_1 上会产生较大的压降，加到电动机定子绕组两端的电压就会很低，电动机转速很慢。

❷ 当挡位开关置于"中"时，由于电容器 C_2 的容量大于 C_1 的容量，所以加到电动机定子绕组两端的电压较低挡时高，电动机转速变快。

图 5-35　串联电容器调速线路

3. 自耦变压器调速线路

可以通过调节自耦变压器改变电压的大小。3 种常见的自耦变压器调速线路如图 5-36 所示。

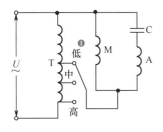

（a）线路一：会改变启动转矩

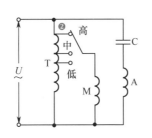

（b）线路二：不会改变启动转矩

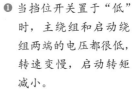

❶ 当挡位开关置于"低"时，主绕组和启动绕组两端的电压都很低，转速变慢，启动转矩减小。

❷ 在调节挡位时只能改变主绕组两端的电压。

❸ 当挡位开关置于"低"时，主绕组两端的电压降低，而启动绕组两端的电压升高，因此转速变慢，启动转矩增大。

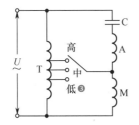

（c）线路三：会改变启动转矩

图 5-36　3 种常见的自耦变压器调速线路

4.抽头调速线路

采用抽头调速线路的单相异步电动机与普通电动机不同，它的定子绕组除了有主绕组和启动绕组，还增加了一个调速绕组。根据调速绕组与主绕组、启动绕组的连接方式不同，抽头调速线路有 L_1 型接法、L_2 型接法和 T 型接法 3 种形式。3 种形式的抽头调速线路如图 5-37 所示。

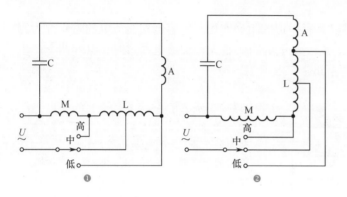

❶ L_1 型接法：将调速绕组与主绕组串联，并嵌在同一槽内，与启动绕组有90° 相位差。

❷ L_2 型接法：将调速绕组与启动绕组串联，并嵌在同一槽内，与主绕组有90° 相位差。

❸ T 型接法：在电动机高速运转时，调速绕组不工作；在电动机低速运转时，主绕组和启动绕组的电流会流过调速绕组，电动机出现发热现象。

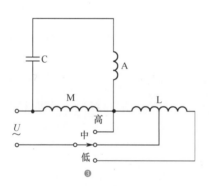

图 5-37　3 种形式的抽头调速线路

调速绕组的线径较主绕组细，匝数可与主绕组匝数相等或为主绕组的 1 倍。调速绕组可根据调速挡位数从中间引出多个抽头。当挡位开关置于"低"时，全部调速绕组与主绕组串联，主绕组两端的电压减小。调速绕组产生的磁场还会削弱主绕组磁场，令电动机转速变慢。

5.3 直流电动机

直流电动机是一种采用直流电源供电的电动机。直流电动机具有启动力矩大、调速性能好和磁干扰少等优点，它不但可用在小功率设备中，还可用在大功率设备中，如大型可逆轧钢机、卷扬机、电力机车、电车等。

5.3.1 外形与结构

常见直流电动机的实物外形如图 5-38 所示。

图 5-38 常见直流电动机的实物外形

直流电动机的典型结构如图 5-39 所示。

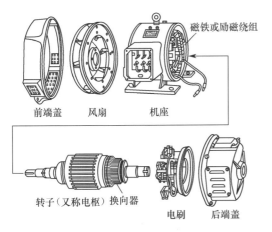

图 5-39 直流电动机的典型结构

在机座中,有的电动机安装磁铁,如永磁直流电动机;有的电动机则安装励磁绕组(用来产生磁场的绕组),如并励直流电动机、串励直流电动机等。在直流电动机的转子中嵌有转子绕组,转子绕组通过换向器与电刷接触,直流电源通过电刷、换向器为转子绕组供电。

5.3.2 工作原理

直流电动机的结构与工作原理如图 5-40 所示。当直流电源通过导线、电刷、换向器为转子绕组供电时,通电的转子绕组在磁铁产生的磁场作用下会旋转起来。

在图 5-40 (a) 中, 流过转子绕组的电流方向是电源正极→电刷 A →换向器 C →转子绕组→换向器 D →电刷 B →电源负极, 根据左手定则可知, 转子绕组上导线的受力方向为左, 下导线的受力方向为右, 因此, 转子绕组逆时针旋转。

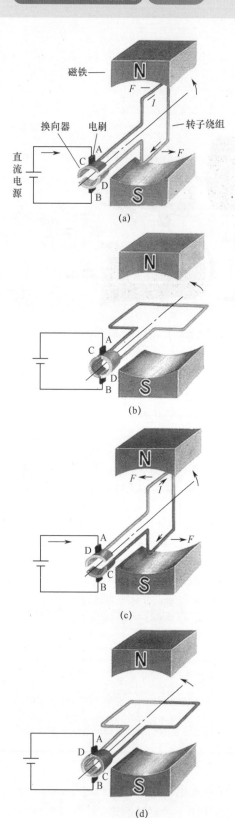

在图 5-40 (b) 中, 电刷 A 与换向器 C 脱离, 电刷 B 与换向器 D 脱离, 转子绕组无电流通过, 没有磁场作用力, 但由于惯性作用, 转子绕组会继续逆时针旋转。

在图 5-40 (c) 中, 电刷 A 与换向器 D 接触, 电刷 B 与换向器 C 接触, 流过转子绕组的电流方向是电源正极→电刷 A →换向器 D →转子绕组→换向器 C →电刷 B →电源负极, 转子绕组上导线 (即原下导线) 的受力方向为左, 下导线 (即原上导线) 的受力方向为右, 因此, 转子绕组按逆时针方向继续旋转。

在图 5-40 (d) 中, 电刷 A 与换向器 D 脱离, 电刷 B 与换向器 C 脱离, 转子绕组无电流通过, 没有磁场作用力, 但由于惯性作用, 转子绕组会继续逆时针旋转。

图 5-40 直流电动机的结构与工作原理

注意：直流电动机中的换向器和电刷的作用是当转子绕组转到一定位置时，及时改变转子绕组中的电流方向，从而让转子绕组不断地运转。

5.4 同步电动机

同步电动机是一种转子转速与定子旋转磁场的转速相同的交流电动机。对于一台同步电动机，在电源频率不变的情况下，其转速始终保持恒定，不会随电源电压和负载的变化而变化。

5.4.1 外形

图 5-41 所示是一些常见的同步电动机实物外形。

5.4.2 结构与工作原理

同步电动机主要由定子和转子构成。其定子结构与一般的异步电动机相同，并且嵌有定子绕组。同步电动机的

图 5-41 一些常见的同步电动机实物外形

转子与异步电动机不同，异步电动机的转子一般为笼型，转子本身不带磁性，而同步电动机的转子主要有两种形式：一种是直流励磁转子，在这种转子上嵌有转子绕组，工作时需要用直流电源为它提供励磁电流；另一种是永久磁铁励磁转子，在转子上安装永久磁铁。同步电动机的结构与工作原理图如图 5-42 所示。

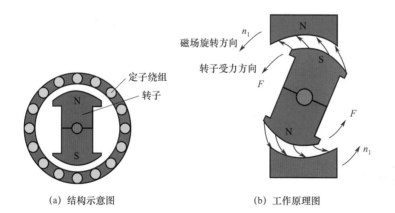

在电源频率不变的情况下，同步电动机在运行时的转速是恒定的，其转速 n 与电动机的磁极对数 p、交流电源的频率 f 有关，即 $n = 60f/p$。

(a) 结构示意图　　(b) 工作原理图

图 5-42 同步电动机的结构与工作原理图

5.5 步进电动机

步进电动机是一种利用电脉冲控制运转的电动机，每输入一个电脉冲，电动机就会旋转一定的角度，因此，步进电动机又被称为脉冲电动机。它的转速与脉冲的频率成正比，脉冲频率越高，单位时间内输入电动机的脉冲个数越多，旋转角度越大，即转速越快。

5.5.1 外形

步进电动机的外形如图 5-43 所示。

图 5-43　步进电动机的外形

5.5.2 结构与工作原理

1. 与步进电动机有关的实验

在说明步进电动机的结构与工作原理前，先来分析如图 5-44 所示的实验现象。

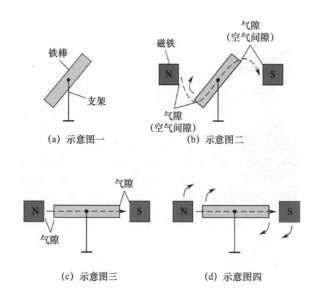

(a) 示意图一　　　　(b) 示意图二

(c) 示意图三　　　　(d) 示意图四

图 5-44　与步进电动机有关的实验现象

在图 5-44（a）中，一根铁棒斜放在支架上，若将一对磁铁靠近铁棒，N 极磁铁产生的磁力线会通过气隙、铁棒和气隙到达 S 极磁铁，如图 5-44（b）所示。由于磁力线总是试图通过磁阻最小的途径，因此它对铁棒产生作用力，使铁棒旋转到水平位置，如图 5-44（c）所示，此时磁力线所经磁路的磁阻最小。这时若顺时针旋转磁场，为了保持磁路的磁阻最小，磁力线对铁棒产生作用力，使之也顺时针旋转，如图 5-44（d）所示。

2. 工作原理

步进电动机的种类很多，根据运转方式可分为旋转式、直线式和平面式，其中旋转式应用最为广泛。旋转式步进电动机又分为永磁式和反应式：永磁式步进电动机的转子采用永久磁铁制成；反应式步进电动机的转子采用软磁性材料制成。由于反应式步进电动机具有反应快、惯性小和速度快等优点，因此应用很广泛。反应式步进电动机的结构如图 5-45 所示，主要由定子凸极、定子绕组和带有 4 个齿的转子组成。

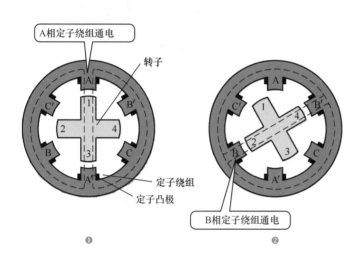

❶ 磁场磁力线力图通过磁阻最小的路径，在磁场的作用下，转子旋转使齿 1、3 分别正对 A、A′极。

❷ 在绕组磁场的作用下，转子旋转使齿 2、4 分别正对 B、B′极。

❸ 在绕组磁场的作用下，转子旋转使齿 3、1 分别正对 C、C′极。

图 5-45　反应式步进电动机的结构

注意：当 A、B、C 相按 A → B → C 顺序依次通电时，转子逆时针旋转，并且齿 1 由正对 A 极运动到正对 C′；若按 A → C → B 顺序通电，则转子会顺时针旋转。在给 A、B、C 各绕组依次通电时，步进电动机会旋转一个步距角；若按 A → C → B → A → B → C →…顺序依次给定子绕组通电，则转子会连续不断地旋转。

步进电动机的定子绕组每切换一相电源，转子就会旋转一定的角度，该角度称为步距角。在图 5-45 中的步进电动机定子圆周上平均分布着 6 个凸极，任意两个凸极之间的角度为 60°，转子的每个齿由一个凸极移到相邻的凸极需要前进两步，因此该转子的步距角为 30°。步进电动机的步距角可用下面的公式计算：

$$q = 360°/ZN$$

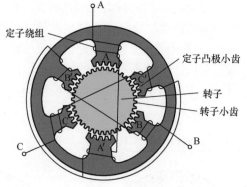

图 5-46　步进电动机的实际结构

式中，Z 为转子的齿数；N 为一个通电循环周期的拍数。

步进电动机的步距角较大，若用它们作为传动设备的动力源，往往不能满足精度要求。为了减小步距角，通常在定子凸极和转子上开很多小齿。步进电动机的实际结构如图 5-46 所示。

5.5.3　驱动电路

步进电动机在工作时需要由相应的驱动电路提供驱动脉冲。典型的三相步进电动机驱动电路框图如图 5-47 所示。

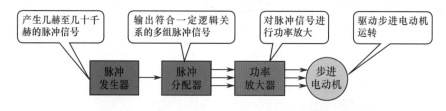

图 5-47　典型的三相步进电动机驱动电路框图

随着单片机的广泛应用，很多步进电动机采用单片机电路进行控制驱动。五相步进电动机的单片机驱动电路框图如图 5-48 所示。

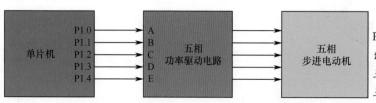

图 5-48　五相步进电动机的单片机驱动电路框图

从单片机的 P1.0 ～ P1.4 引脚输出 5 组脉冲信号→经五相功率驱动电路放大后送入五相步进电动机→驱动五相步进电动机运转。

5.6　无刷直流电动机

直流电动机具有运行效率高和调速性能好的优点，但普通的直流电动机需要利用换向器和电刷来切换电压极性，在切换过程中容易出现电火花和接触不良的问题，从而形成干扰并导致直流电动机的寿命缩短。无刷直流电动机有效解决了电火花和接触不良的问题。

5.6.1 外形

常见的无刷直流电动机的实物外形如图 5-49 所示。

图 5-49 常见的无刷直流电动机的实物外形

5.6.2 结构与工作原理

无刷直流电动机采用永久磁铁作为转子，通电绕组作为定子，不需要电刷和换向器，但需要驱动线路。

1. 工作原理

无刷直流电动机的结构和驱动线路简图如图 5-50 所示。

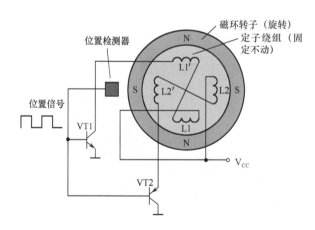

在无刷直流电动机的位置检测器距离磁环转子很近、磁环转子的不同磁极靠近检测器时，将输出不同的位置信号（电信号）。这里假设 S 极接近位置检测器时，输出高电平信号，N 极接近位置检测器时，输出低电平信号。

图 5-50 无刷直流电动机的结构和驱动线路简图

无刷电动机定子绕组与磁环转子磁场的相互作用如图 5-51 所示。

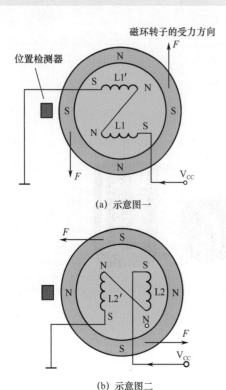

(a) 示意图一

(b) 示意图二

图 5-51　无刷电动机定子绕组与磁环转
子磁场的相互作用

在启动电动机时，若磁环转子的 S 极恰好接近位置检测器，则输出高电平信号。该信号送到三极管 VT1、VT2 的基极，VT1 导通，VT2 截止，定子绕组 L1、L1′ 有电流流过。电流的流通途径：电源 $V_{CC} \to$ L1 $\to$ L1′ $\to$ VT1 $\to$ 地。L1、L1′绕组因有电流通过而产生磁场，该磁场与磁环转子磁场的相互作用如图 5-51（a）所示。

在图 5-51（a）中，电流流过 L1、L1′ 时，L1 产生左 N 右 S 的磁场，L1′ 产生左 S 右 N 的磁场，这样就会出现 L1 的左 N 与磁环转子的左 S 吸引（同时 L1 的左 N 会与磁环转子的下 N 排斥）、L1 的右 S 与磁环转子的下 N 吸引、L1′ 的右 N 与磁环转子的右 S 吸引、L1′ 的左 S 与磁环转子的上 N 吸引的现象。由于绕组 L1、L1′ 固定在定子铁芯上不能运转，因此磁环转子受磁场作用将递时针旋转起来。在电动机运转后，磁环转子的 N 极马上接近位置检测器，位置检测器输出低电平信号。该信号被送到三极管 VT1、VT2 的基极，VT1 截止，VT2 导通，有电流流过 L2、L2′。电流的流通途径：电源 $V_{CC} \to$ L2 $\to$ L2′ $\to$ VT2 $\to$ 地。L2、L2′绕组因有电流通过而产生磁场，该磁场与磁环转子磁场的相互作用如图 5-51（b）所示，两磁场的相互作用力将推动磁环转子继续旋转。

2. 结构

无刷直流电动机的结构如图 5-52 所示。

5.6.3　驱动电路

无刷直流电动机需要有相应的驱动电路才能工作。下面介绍几种常见的三相无刷直流电动机的驱动电路。

1. 星形连接三相半桥驱动电路

星形连接三相半桥驱动电路如图 5-53 所示。A、B、C 三相定子绕组有一端共同连接，构成星形连接方式。

星形连接三相半桥驱动电路的结构简单，但由于在同一时刻只能有一相绕组工作，因此电动机的效率较低，并且转子运转的脉动较大，即运转时容易时快时慢。

2. 星形连接三相桥式驱动电路

星形连接三相桥式驱动电路如图 5-54 所示。

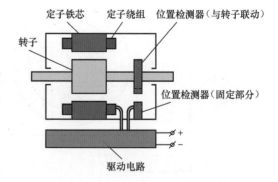

图 5-52　无刷直流电动机的结构

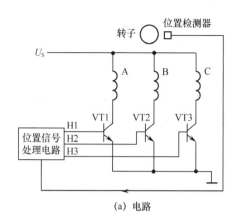

（a）电路

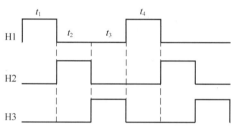

（b）控制信号波形

图 5-53　星形连接三相半桥驱动电路

因位置检测器靠近磁环转子而产生位置信号，经位置信号处理电路处理后输出如图 5-53（b）所示的 H1、H2、H3 共 3 个控制信号。

在 t_1 期间，H1 信号为高电平，H2、H3 信号为低电平，三极管 VT1 导通，有电流流过 A 相绕组，因绕组产生磁场而推动转子旋转。

在 t_2 期间，H2 信号为高电平，H1、H3 信号为低电平，三极管 VT2 导通，有电流流过 B 相绕组，因绕组产生磁场而推动转子旋转。

在 t_3 期间，H3 信号为高电平，H1、H2 信号为低电平，三极管 VT3 导通，有电流流过 C 相绕组，因绕组产生磁场而推动转子旋转。

t_4 期间以后，重复上述过程。

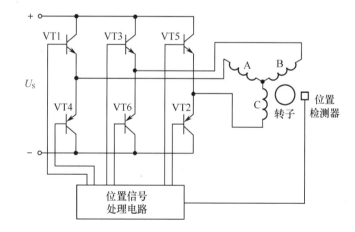

图 5-54　星形连接三相桥式驱动电路

星形连接三相桥式驱动电路可以工作在两种方式下：二二导通方式和三三导通方式。工作在何种方式由位置信号处理电路输出的控制信号决定。

（1）二二导通方式

二二导通方式是指在某一时刻有两个三极管同时导通。电路中 6 个三极管的导通顺序：VT1、VT2 → VT2、VT3 → VT3、VT4 → VT4、VT5 → VT5、VT6 → VT6、VT1。这 6 个三极管的导通由位置信号处理电路发送的脉冲控制。下面以 VT1、VT2 导通为例说明此驱动电路的工作过程。

由位置检测器发送的位置信号经位置信号处理电路后形成的控制脉冲输出，其中，高电平信号发送到 VT1 的基极，低电平信号发送到 VT2 基极，其他三极管的基极无信号。VT1、VT2 导通，有电流流过 A、C 相绕组。电流的流通途径：电源正极→ VT1 → A 相绕组→ C 相绕组→ VT2 →电源负极，由两相绕组产生的磁场推动转子旋转 60°。

（2）三三导通方式

三三导通方式是指在某一时刻有 3 个三极管同时导通。电路中 6 个三极管的导通顺序：VT1、VT2、VT3 → VT2、VT3、VT4 → VT3、VT4、VT5 → VT4、VT5、VT6 → VT5、VT6、VT1 → VT6、VT1、VT2。这 6 个三极管的导通由位置信号处理电路发送的脉冲控制。下面以 VT1、VT2、VT3 导通为例说明该驱动电路的工作过程。

由位置检测器发送的位置信号经位置信号处理电路后形成的控制脉冲输出，其中，高电平信号发送到 VT1、VT3 的基极，低电平发送到 VT2 的基极，其他三极管的基极无信号。VT1、VT2、VT3 导通，有电流流过 A、B、C 相绕组，其中，VT1 导通，流过的电流通过 A 相绕组；VT3 导通，流过的电流通过 B 相绕组；两电流汇合后流过 C 相绕组，再通过 VT2 流到电源的负极。在任意时刻三相绕组都有电流流过，其中，一相绕组的电流很大（是其他绕组电流的 2 倍），由三相绕组产生的磁场推动转子旋转 60°。

三三导通方式的转矩较二二导通方式的转矩小。如果三极管切换时发生延迟，则此导通方式可能出现直通短路的情况。例如，VT4 开始导通时 VT1 还未完全截止，则电源会通过 VT1、VT4 直接短路，因此，星形连接三相桥式驱动电路通常采用二二导通方式。

三相无刷直流电动机除了可采用星形连接驱动电路，还可采用如图 5-55 所示的三角形连接三相桥式驱动电路。

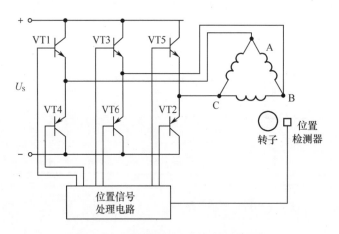

该电路与星形连接三相桥式驱动电路一样，也有二二导通方式和三三导通方式两种，这里不再赘述。

图 5-55　三角形连接三相桥式驱动电路

5.7　直线电动机

直线电动机是一种将电能转换成直线运动的电动机。直线电动机是将旋转电动机的结构进行变化制成的。直线电动机的种类很多，从理论上讲，每种旋转电动机都有与之对应的直线电动机。常用的直线电动机有直线异步电动机（应用最为广泛）、直线同步电动机、直线直流电动机和其他直线电动机（如直线无刷电动机、直线步进电动机等）。

5.7.1　外形

常见直线电动机的实物外形如图 5-56 所示。

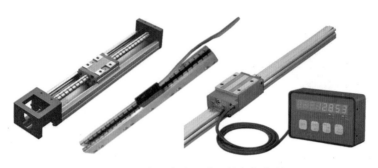

图 5-56　常见直线电动机的实物外形

5.7.2　结构与工作原理

直线电动机可以看成将旋转电动机径向剖开并拉直得到，如图 5-57 所示。其中，由定子转变而来的部分称为初级；由转子转变而来的部分称为次级。

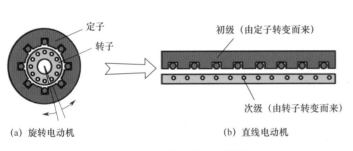

（a）旋转电动机　　　　　　　（b）直线电动机

图 5-57　直线电动机的结构

当给初级的绕组供电时，绕组因产生磁场而使初、次级产生相对径向运动。若将初级固定，则次级会产生直线运动，这种电动机称为动次级直线电动机，反之称为动初级直线电动机。通过改变初级绕组的电源启动顺序，可以转换电动机的运行方向；通过改变电源的频率，可以改变电动机的运行速度。

5.7.3　种类

直线电动机的初、次级结构主要有单边型、双边型和圆筒型等类型。

1. 单边型

单边型直线电动机的结构如图 5-58 所示，又可分为短初级和短次级两种形式。

2. 双边型

双边型直线电动机的结构如图 5-59 所示。

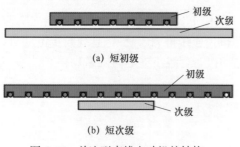

(a) 短初级

(b) 短次级

图 5-58 单边型直线电动机的结构

由于短初级的制造、运行成本较短次级的成本低很多，所以一般情况下直线电动机均采用短初级形式。单边型直线电动机的优点是结构简单，但初、次级均存在单边吸引力，这对初、次级的相对运动是不利的。

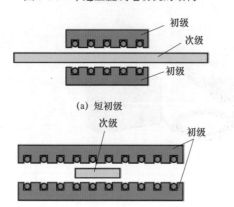

(a) 短初级

(b) 短次级

图 5-59 双边型直线电动机的结构

这种直线电动机在次级的两边都安装了初级，两个初级对次级的吸引力相互抵消，有效克服了单边型直线电动机的单边吸引力。

3. 圆筒型

圆筒型（或称管型）直线电动机的结构如图 5-60 所示。

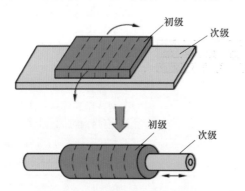

这种直线电动机可以看成将平板式直线电动机的初、次级卷起来构成，当初级绕组得电时，次级就会产生径向运动。

图 5-60 圆筒型直线电动机的结构

直线电动机主要应用在要求进行直线运动的机电设备中。由于牵引力或推动力可直接产生，不需要中间联动部分，没有摩擦、噪声、转子发热、离心力影响等问题，因此其应用将越来越广泛。其中，直线异步电动机主要用在较大功率的直线运动机构中，如自动门开闭装置，起吊、传递和升降的机械设备；直线同步电动机的应用场合与直线异步电动机的应用场合基本相同，但由于其性能优越，因此有取代直线异步电动机的趋势；直线步进电动机主要用在数控制图机、数控绘图仪、磁盘存储器、记录仪、数控裁剪机、精密定位机构等设备中。

第 6 章

电子元器件

电阻器是电子电路中最常用的元器件之一，简称电阻。电阻器的种类很多，常用的有固定电阻器、电位器、敏感电阻器。

 6.1.1 固定电阻器

1. 外形与图形符号

固定电阻器是一种阻值固定不变的电阻器。固定电阻器的实物外形和图形符号如图6-1所示。

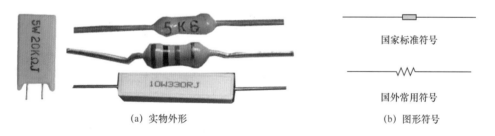

(a) 实物外形　　　　　　　　　(b) 图形符号

图 6-1　固定电阻器的实物外形和图形符号

2. 功能

固定电阻器的主要功能有降压、限流、分流和分压。固定电阻器的功能说明如图6-2所示。

3. 标称阻值

为了表示阻值的大小，电阻器在出厂时会在表面标注阻值。标注在电阻器上的阻值称为标称阻值。电阻器的实际阻值与标称阻值往往存在一定的差距，这个差距称为误差。电阻器标称阻值和误差的标注方法主要有直标法和色环法。

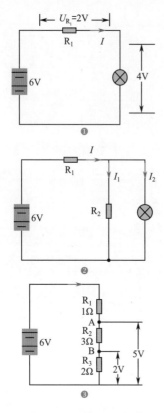

❶ 降压、限流：在图 6-2（a）中，电阻器 R_1 与灯泡串联，如果用导线直接代替 R_1，则加到灯泡两端的电压为 6V，流过灯泡的电流很大，灯泡将会很亮。在串联电阻 R_1 后，由于 R_1 上有 2V 电压，因此灯泡两端的电压被降到 4V。R_1 对电流有阻碍作用，流过灯泡的电流也就减小。

❷ 分流：在图 6-2（b）中，电阻器 R_2 与灯泡并联在一起，流过 R_1 的电流 I 除了一部分流过灯泡，还要经过 R_2 流回到电源，这样流过灯泡的电流减小，灯泡变暗。

❸ 分压：在图 6-2（c）中，电阻器 R_1、R_2 和 R_3 串联在一起，从电源正极出发，每经过一个电阻器，电压就会降低一次，电压降低多少取决于电阻器的阻值大小，阻值越大，电压降低越多。

图 6-2　固定电阻器的功能说明

（1）直标法

直标法是用文字符号（数字和字母）在电阻器上直接标注阻值和误差的方法。直标法的阻值单位有欧（Ω）、千欧（kΩ）和兆欧（MΩ）。

误差大小一般有两种表示方式：一是用罗马数字Ⅰ、Ⅱ、Ⅲ分别表示 ±5%、±10%、±20% 的误差，如果不标注误差，则误差为 ±20%；二是用字母表示误差，如表 6-1 所示。直标法的常见形式如图 6-3 所示。

表 6-1　用字母表示误差

字　母	对应误差（%）	字　母	对应误差（%）
W	±0.05	G	±2
B	±0.1	J	±5
C	±0.25	K	±10
D	±0.5	M	±20
F	±1	N	±30

（2）色环法

色环法是通过在电阻器上标注不同颜色的圆环来表示阻值和误差的方法。色环电阻器如图 6-4 所示。若要正确识读色环电阻器的阻值和误差，必须先了解各种色环代表的意义。

各色环代表的意义见表 6-2。

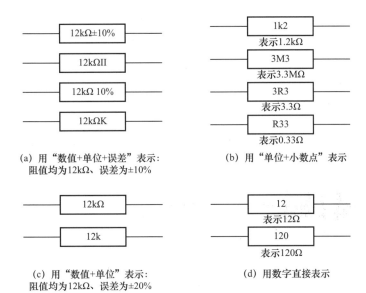

(a) 用"数值+单位+误差"表示:
阻值均为12kΩ、误差为±10%

(b) 用"单位+小数点"表示

(c) 用"数值+单位"表示:
阻值均为12kΩ、误差为±20%

(d) 用数字直接表示

图 6-3　直标法的常见形式

(a) 四环电阻器

(b) 五环电阻器（阻值精度较四环电阻器更高）

图 6-4　色环电阻器

表 6-2　各色环代表的意义

颜色	第1色环（有效数）	第2色环（有效数）	第3色环（倍乘数）	第4色环（允许误差数）
棕	1	1	10^1	±1%
红	2	2	10^2	±2%
橙	3	3	10^3	—
黄	4	4	10^4	—
绿	5	5	10^5	±0.5%
蓝	6	6	10^6	±0.25%
紫	7	7	10^7	±0.1%
灰	8	8	10^8	—
白	9	9	10^9	—
黑	0	0	10^0	—
金	—	—	10^{-1}	±5%
银	—	—	10^{-2}	±10%
无色	—	—	—	±20%

- 四环电阻器的识读：对四环电阻器的阻值与误差的识读如图6-5所示。
- 五环电阻器的识读：五环电阻器的阻值与误差的识读方法与四环电阻器基本相同，不同之处在于五环电阻器的第1、2、3色环为有效数环，第4色环为倍乘数环，第5色环为误差数环。另外，五环电阻器的误差数环的颜色除了有金、银色，还可能是棕、红、绿、蓝和紫色。对五环电阻器的阻值和误差的识读如图6-6所示。

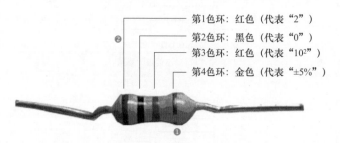

标称阻值为$20 \times 10^2 \Omega$ （1±5%） =2kΩ （95%~105%）

图6-5 对四环电阻器的阻值和误差的识读

❶ 四环电阻器的第4色环为误差环，一般为金色或银色，因此如果靠近电阻器一个引脚的色环颜色为金色或银色，则该色环必为第4色环，从该环向另一引脚方向排列的三条色环依次为第3色环、第2色环、第1色环。

❷ 对照表6-2识读出色环电阻器的阻值和误差。

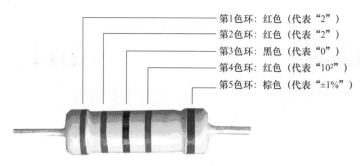

标称阻值为$220 \times 10^2 \Omega$ （1±1%） =22kΩ （99%~101%）

图6-6 对五环电阻器的阻值和误差的识读

4. 额定功率

额定功率是指在一定的条件下电阻器长期使用允许承受的最大功率。电阻器的额定功率越大，允许流过的电流越大。

固定电阻器的额定功率有 1/8W、1/4W、1/2W、1W、2W、3W、5W 和 10W 等。电路图中电阻器的额定功率标注方法如图6-7所示。小电流电路一般采用功率为 1/8 ~ 1/2W 的电阻器，而大电流电路常采用1W以上的电阻器。

可根据标注和体积识别电阻器的额定功率，如图6-8所示。

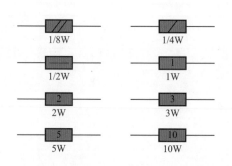

图6-7 电路图中电阻器的额定功率标注方法

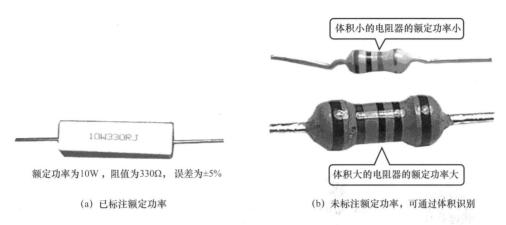

体积小的电阻器的额定功率小

体积大的电阻器的额定功率大

额定功率为10W，阻值为330Ω，误差为±5%

(a) 已标注额定功率　　　　　　　(b) 未标注额定功率，可通过体积识别

图 6-8　根据标注和体积识别电阻器的额定功率

5. 常见故障及检测

固定电阻器的常见故障有开路、短路和变值等。可使用万用表的电阻挡检测固定电阻器。固定电阻器的检测如图 6-9 所示（以测量一个标称阻值为 1.5kΩ 的色环电阻器为例）。

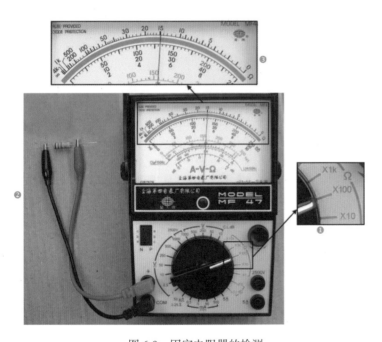

❶ 将挡位开关拨至 ×100Ω 挡，并进行欧姆校零。

❷ 将红、黑表笔分别连接被测电阻器的两个引脚。

❸ 表针指在电阻刻度线的"15"处，则被测电阻器的阻值为 15×100Ω=1500Ω。

图 6-9　固定电阻器的检测

注意: 若用万用表测量出来的阻值与电阻器的标称阻值相同，则说明该电阻器正常（即便有些偏差，只要在允许范围内，电阻器也算正常）；若测量出来的阻值为无穷大，则说明电阻器开路；若测量出来的阻值为 0，则说明电阻器短路；若测量出来的阻值大于或小于电阻器的标称阻值，并超出误差允许范围，则说明电阻器变值。

6.1.2 电位器

1. 外形与图形符号

电位器是一种阻值可变化的电阻器，又称可变电阻器。电位器的实物外形及电路符号如图 6-10 所示。

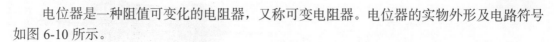

(a) 实物外形　　　　　　　　　　　　　　　　(b) 电路符号

图 6-10　电位器的实物外形及电路符号

2. 结构与原理

电位器的结构示意图如图 6-11 所示。

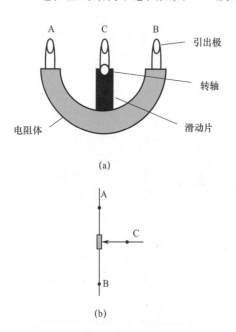

(a)

(b)

图 6-11　电位器的结构示意图

从图 6-11 可看出，电位器有 A、C、B 三个引出极。在 A、B 极之间连接着一段电阻体，该电阻体的阻值用 R_{AB} 表示（对于一个电位器，R_{AB} 的值是固定不变的），该值为电位器的标称阻值；C 极连接一个滑动片，该滑动片与电阻体接触。若 A 极与 C 极之间电阻体的阻值用 R_{AC} 表示，B 极与 C 极之间电阻体的阻值用 R_{BC} 表示，则 $R_{AC}+R_{BC}=R_{AB}$。

当转轴逆时针旋转时，滑动片往 B 极滑动，R_{BC} 减小，R_{AC} 增大；当转轴顺时针旋转时，滑动片往 A 极滑动，R_{BC} 增大，R_{AC} 减小；当滑动片移到 A 极时，R_{AC} 为 0，R_{BC} 等于 R_{AB}。

3. 检测

可使用万用表的电阻挡检测电位器。电位器的检测如图 6-12 所示。

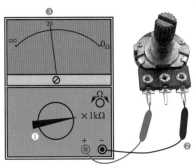

❶ 将挡位开关置于 ×1kΩ 挡。

❷ 红、黑表笔分别连接电位器的两个固定端。

❸ 在刻度盘上读出阻值大小：若电位器正常，则阻值与标称阻值相同或相近（在误差允许范围内）；若测得的阻值为无穷大，则说明两个固定端之间开路；若测得的阻值为 0，则说明两个固定端之间短路；若测得的阻值大于或小于标称阻值，则说明两个固定端之间的阻体变值。

(a) 测两个固定端之间的阻值

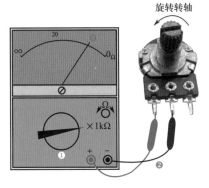

旋转转轴

❶ 将挡位开关置于 ×1kΩ 挡。

❷ 红、黑表笔分别连接电位器的任意一个固定端和滑动端，旋转电位器转轴。

❸ 观察刻度盘表针：若电位器正常，则表针会发生摆动，指示的阻值应在 0 ~ 20kΩ 范围内连续变化；若测得的阻值始终为无穷大，则说明固定端与滑动端之间开路；若测得的阻值为 0，则说明固定端与滑动端之间短路；若测得的阻值变化不连续、有跳变，则说明滑动端与阻体之间接触不良。

(b) 测固定端与滑动端之间的阻值

图 6-12　电位器的检测

6.1.3　敏感电阻器

敏感电阻器是阻值随某些条件的改变而变化的电阻器。敏感电阻器的种类很多，常见的敏感电阻器有热敏电阻器、光敏电阻器、压敏电阻器等。

1. 热敏电阻器

热敏电阻器是一种对温度敏感的电阻器，当温度变化时，其阻值也会随之变化。热敏电阻器的实物外形和图形符号如图 6-13 所示。

新图形符号

旧图形符号

(a) 实物外形　　　　　　　(b) 图形符号

图 6-13　热敏电阻器的实物外形和图形符号

　　热敏电阻器的种类很多，可分为负温度系数热敏电阻器（NTC）和正温度系数热敏电阻器（PTC）两大类。

- 负温度系数热敏电阻器：NTC 由氧化锰、氧化钴、氧化镍、氧化铜和氧化铝等金属氧化物制作而成，其阻值随温度的升高而减小，即温度每升高 1℃，其阻值会减小 1% ～ 6%，阻值减小的程度视不同型号而定。NTC 广泛应用于温度补偿和温度自动控制电路中，例如，冰箱、空调等温控系统。

- 正温度系数热敏电阻器：PTC 是在钛酸钡中掺入适量的稀土元素制作而成的，可分为缓慢型和开关型，其阻值随温度的升高而增大。缓慢型 PTC 的温度每升高 1℃，其阻值会增大 0.5% ～ 8%；开关型 PTC 有一个转折温度（又称居里点温度，一般为 120℃），当温度低于居里点温度时，其阻值较小，并且在温度变化时阻值固定不变（相当于开关闭合），一旦温度超过居里点温度，其阻值将会急剧增大（相当于开关断开）。

　　对热敏电阻器的检测如图 6-14 所示。

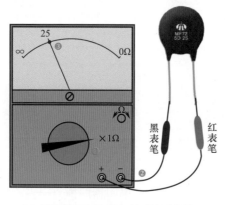
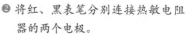

❶ 根据标称阻值选择合适的电阻挡，因此处热敏电阻器的标称阻值为 25Ω，故选择 ×1Ω 挡。

❷ 将红、黑表笔分别连接热敏电阻器的两个电极。

❸ 在刻度盘上查看测得阻值的大小，若阻值与标称阻值一致或接近，则说明热敏电阻器正常；若阻值为 0，则说明热敏电阻器短路；若阻值为无穷大，则说明热敏电阻器开路。

(a) 测量常温下（25℃左右）的标称阻值

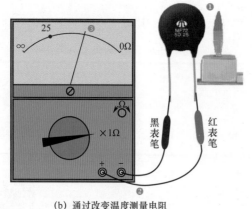

❶ 用火焰靠近（不要接触）热敏电阻器，对热敏电阻器进行加热。

❷ 将红、黑表笔分别连接热敏电阻器的两个电极。

❸ 在刻度盘上查看测得阻值的大小：若阻值与标称阻值相比有变化，则说明热敏电阻器正常；若阻值大于标称阻值，则说明热敏电阻器为 PTC；若阻值小于标称阻值，则说明热敏电阻器为 NTC；若阻值不变化，则说明热敏电阻器损坏。

(b) 通过改变温度测量电阻

图 6-14　对热敏电阻器的检测

2. 光敏电阻器

光敏电阻器是一种对光线敏感的电阻器：光线越强，阻值越小。光敏电阻器的外形与图形符号如图 6-15 所示。

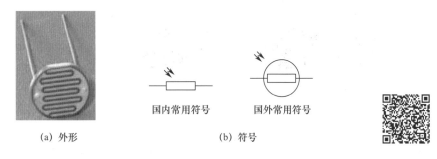

(a) 外形　　　　　　　　　　　　(b) 符号

图 6-15　光敏电阻器的外形与图形符号

根据光的敏感性不同，光敏电阻器可分为可见光光敏电阻器（硫化镉材料，应用最为广泛）、红外光光敏电阻器（砷化镓材料）和紫外光光敏电阻器（硫化锌材料）。

3. 压敏电阻器

压敏电阻器是一种对电压敏感的特殊电阻器：当两端电压低于标称电压时，其阻值接近无穷大；当两端电压超过标称电压值时，阻值急剧变小；当两端电压回落至标称电压值以下时，其阻值又接近无穷大。压敏电阻器的实物外形与图形符号如图 6-16 所示。

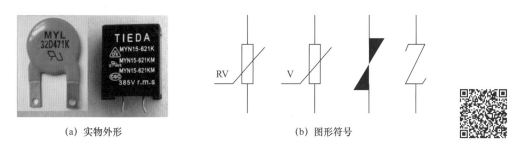

(a) 实物外形　　　　　　　　　　(b) 图形符号

图 6-16　压敏电阻器的实物外形与图形符号

6.2　电感器

6.2.1　外形与图形符号

将导线在绝缘支架上绕制一定的匝数（圈数）就构成了电感器。电感器的实物外形和图形符号如图 6-17 所示。根据绕制的支架不同，电感器可分为空心电感器（无支架）、磁芯电感器（磁性材料支架）和铁芯电感器（硅钢片支架）。

（a）实物外形   （b）图形符号

图 6-17　电感器的实物外形和图形符号

6.2.2　主要参数

1. 电感量

电感器由线圈组成，当电流通过电感器时就会产生磁场，电流越大，产生的磁场越强，穿过电感器的磁场（又称磁通量 F）就越大。实验证明，穿过电感器的磁通量 F 和电流 I 成正比。

电感量的基本单位为亨利（简称亨），用字母 H 表示。此外，还有毫亨（mH）和微亨（μH），它们之间的关系为

$$1H=10^3mH=10^6\mu H$$

电感器的电感量大小主要与线圈的匝数（圈数）、绕制方式和磁芯材料等有关。线圈的匝数越多、绕制的线圈越密集，电感量就越大；有磁芯的电感器比无磁芯的电感量大；电感器的磁芯磁导率越高，电感量就越大。

2. 误差

误差是指电感器上标称电感量与实际电感量的差距。对于精度要求高的电路，电感器的允许误差范围通常为 $\pm0.2\% \sim \pm0.5\%$；一般的电路可采用误差为 $\pm10\% \sim \pm15\%$ 的电感器。

6.2.3　特性

电感器的特性主要有"通直阻交"特性和"阻碍变化的电流"特性。

1. "通直阻交"特性

"通直阻交"特性是指电感器对通过的直流信号阻碍很小，即直流信号可以很容易通过电感器，而交流信号通过时会受到很大的阻碍，这种阻碍称为感抗（用 X_L 表示），单位

是欧姆（Ω）。感抗的大小可以用以下公式计算：

$$X_L = 2\pi fL$$

式中，X_L 表示感抗，单位为 Ω；f 表示交流信号的频率，单位为 Hz；L 表示电感器的电感量，单位为 H。由上式可以看出：交流信号的频率越高、电感器的电感量越大，电感器对交流信号的感抗就越大。

 注意：假设在图 6-18 所示的电路中，交流信号的频率为 50Hz，电感器的电感量为 200mH，那么电感器对交流信号的感抗为

$$X_L = 2\pi fL \approx 2 \times 3.14 \times 50 \times 200 \times 10^{-3}$$
$$\approx 62.8 \ (\Omega)$$

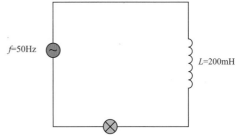

图 6-18　感抗计算例图

2. "阻碍变化的电流"特性

当变化的电流流过电感器时，电感器会产生自感电动势来阻碍变化的电流。对电感器的"阻碍变化的电流"特性说明如图 6-19 所示。

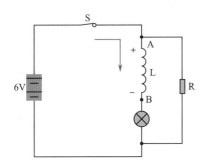

(a) 开关闭合，灯泡慢慢变亮

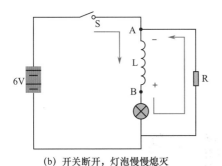

(b) 开关断开，灯泡慢慢熄灭

图 6-19　对电感器的"阻碍变化的电流"特性说明

在图 6-19（a）中，当开关 S 闭合时，有电流流过电感器。这是一个增大的电流（从无到有），电感器马上产生自感电动势来阻碍电流增大，其极性是 A 正 B 负。该电动势使 A 点电位上升，电流从 A 点流入较为困难。当电流不再增大（即电流大小恒定）时，电感器上的电动势消失，灯泡亮度也就不变了。

在图 6-19（b）中，将开关 S 断开，流过电感器的电流突然变为 0，电感器马上产生 A 负 B 正的自感电动势。由于电感器、灯泡和电阻器 R 连接成闭合回路，因此，电感器的自感电动势会产生电流流过灯泡。电流的流动方向：B 点→灯泡→电阻器 R → A 点。随着电感器上的自感电动势逐渐降低，流过灯泡的电流慢慢减小，灯泡也就慢慢变暗。

从上面的电路分析可知，只要流过电感器的电流发生变化，电感器都会产生自感电动势，自感电动势的方向总是阻碍电流的变化。对"阻碍变化的电流"特性的进一步说明如图 6-20 所示。

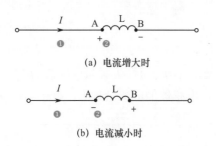

(a) 电流增大时

❶ I 逐渐增大。

❷ 电感器会产生 A 正 B 负的自感电动势来阻碍电流增大。

(b) 电流减小时

❶ I 逐渐减小。

❷ 电感器会产生 A 负 B 正的自感电动势来阻碍电流减小。

图 6-20 对"阻碍变化的电流"特性的进一步说明

 ### 6.2.4 检测

一般用专门的电感测量仪和 Q 表来测量电感器的电感量,一些功能齐全的万用表也具有电感量的测量功能。电感器的常见故障有开路和线圈匝间短路。电感器实际上就是线圈,由于线圈的电阻一般比较小,所以选用万用表的 ×1Ω 挡对其进行测量。电感器的检测如图 6-21 所示。

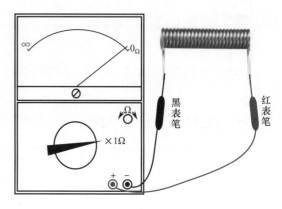

图 6-21 电感器的检测

注意:线径粗、匝数少的电感器电阻小,接近 0Ω;线径细、匝数多的电感器阻值大。在测量电感器时,万用表可以很容易检测出其是否开路(测出的电阻为无穷大),但很难判断其是否为匝间短路(因为电感器在匝间短路时电阻减小很少)。此时,可更换新的同型号电感器,若故障排除,则说明原电感器已损坏。

6.3 电容器

 ### 6.3.1 结构、外形与图形符号

电容器是一种可以存储电荷的元件。相距很近且中间有绝缘介质(如空气、纸和陶瓷等)的两块导电极板就构成了电容器。电容器的结构、实物外形与图形符号如图 6-22 所示。

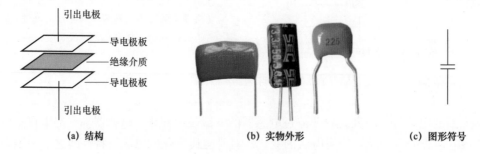

(a) 结构   (b) 实物外形   (c) 图形符号

图 6-22 电容器的结构、实物外形与图形符号

6.3.2　主要参数

1. 容量与允许误差

电容器能存储电荷，其存储电荷的多少称为容量。这一点与蓄电池类似，不过蓄电池存储电荷的能力比电容器大得多。电容器的容量大小与多个因素有关：两块导电极板的相对面积越大，容量就越大；两块导电极板之间的距离越近，容量就越大；两块导电极板中间的绝缘介质不同，电容器的容量也不同。

电容器容量的单位有法拉（F）、毫法（mF）、微法（μF）、纳法（nF）和皮法（pF），它们的关系是

$$1F=10^3mF=10^6\mu F=10^9nF=10^{12}pF$$

标注在电容器上的容量称为标称容量。允许误差是电容器标称容量与实际容量之间允许的最大误差范围。

2. 额定电压

额定电压又称电容器的耐压值，是在正常条件下电容器长时间使用时两端允许承受的最高电压。一旦加到电容器两端的电压超过额定电压，两块导电极板之间的绝缘介质就容易被击穿而失去绝缘能力，造成两块导电极板短路。

3. 绝缘电阻

两块导电极板之间隔着绝缘介质，绝缘电阻用来表示绝缘介质的绝缘程度。绝缘电阻越大，表明绝缘介质的绝缘性能越好。如果绝缘电阻比较小，绝缘介质的绝缘性能下降，就会出现一块导电极板上的电流通过绝缘介质流到另一块导电极板上，这种现象称为漏电。由于绝缘电阻小的电容器存在漏电，故不能继续使用。

一般情况下，无极性电容器的绝缘电阻为无穷大，而有极性电容器（电解电容器）的绝缘电阻很大，但一般达不到无穷大。

6.3.3　特性

电容器的特性主要有"充电""放电""隔直""通交"。

1. "充电"特性和"放电"特性

对"充电"特性和"放电"特性的说明如图 6-23 所示。

由于在充电后两块导电极板上存储了电荷，所以两块导电极板之间就有了电压，电容器存储的电荷数与两端电压、容量的关系为

$$Q=C \cdot U$$

式中，Q 表示电荷数，单位为库仑（C）；C 表示容量，单位为法拉（F）；U 表示两端的电压，单位为伏特（V）。

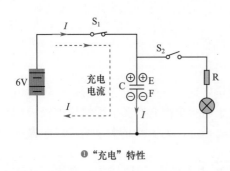

❶ 当开关 S₁ 闭合后，从电源正极输出电流，经开关 S₁ 流到电容器的金属极板 E 上。在极板 E 上聚集了大量的正电荷，由于金属极板 F 与极板 E 相距很近，又因为同性相斥，所以极板 F 上的正电荷因受到很近的极板 E 上正电荷的排斥而流走。这些正电荷形成电流到达电源的负极，因此，在电容器的上、下极板上存储了大量的上正下负的电荷。

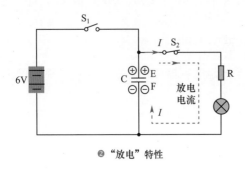

❷ "放电"特性

图 6-23 对"充电"特性和"放电"特性的说明

❷ 先闭合开关 S₁，让电源对电容器 C 充得上正下负的电荷，然后断开 S₁，再闭合开关 S₂，电容器上的电荷开始释放。电荷流经的途径：电容器极板 E → 开关 S₂ → 电阻 R → 灯泡 → 极板 F，从而中和极板 F 上的负电荷。大量的电荷移动形成了电流，该电流经过灯泡时使灯泡发光。随着极板 E 上的正电荷不断流走，正电荷的数量慢慢减少，流经灯泡的电流减小，灯泡慢慢变暗。当极板 E 将先前充得的正电荷释放完毕后，无电流流过灯泡，灯泡熄灭。此时极板 F 上的负电荷也完全被中和，两块导电极板上充得的电荷消失。

2. "隔直"特性和"通交"特性

"隔直"特性和"通交"特性是指直流电不能通过电容器，而交流电能通过电容器。对"隔直"特性和"通交"特性的说明如图 6-24 所示。

电容器对交流电也有一定的阻碍作用，这种阻碍称为容抗，用 X_C 表示，容抗的单位是欧姆（Ω）。在如图 6-25 所示的容抗说明图中，两个电路中的交流电源电压相等，灯泡的规格也一样，但由于电容器的容抗对交流电具有阻碍作用，故图 6-25（b）中的灯泡要暗一些。

电容器的容抗与交流信号频率、电容器的容量有关，即交流信号频率越高，电容器对交流信号的容抗越小；电容器的容量越大，它对交流信号的容抗越小。在图 6-25（b）中，若交流信号频率不变，电容器容量越大，灯泡越亮；或者电容器容量不变，交流信号频率越高，灯泡越亮。容抗可用以下公式计算：

$$X_C = \frac{1}{2\pi f C}$$

式中，C 表示电容器的容量；f 表示交流信号频率；π 为常数。

在图 6-25（b）中，若 f 为 50Hz，C 为 100μF，那么该电容器对交流电的容抗为

$$X_C = \frac{1}{2\pi f C} \approx \frac{1}{2 \times 3.14 \times 50 \times 100 \times 10^{-6}} \approx 31.8 \text{（Ω）}$$

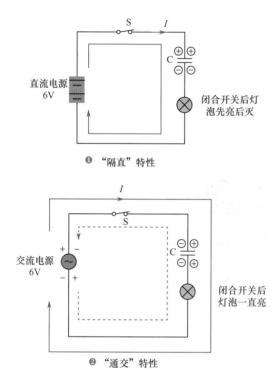

① "隔直"特性

② "通交"特性

图 6-24　对"隔直"特性和"通交"特性的说明

❶ 电容器与直流电源连接，当开关 S 闭合后，直流电源开始对电容器充电。充电途径：电源正极→开关 S→上极板获得大量正电荷→下极板中的大量正电荷因被排斥流出而形成电流→灯泡（有电流流过灯泡，灯泡变亮）→电源的负极。随着电源对电容器不断充电，电容器两端的电荷越来越多，两端电压越来越高，当电容器两端电压与电源电压相等时，电源不能再对电容器充电，无电流流到电容器的上极板，下极板也无电流流出，因无电流流过灯泡，所以灯泡熄灭。

❷ 电容器与交流电源连接，由于交流电的极性经常变化，因此，有可能在一段时间内极性是上正下负，下一段时间内极性变为下正上负。在开关 S闭合后，当交流电源的极性是上正下负时，交流电源从上端输出电流，该电流对电容器充电，充电途径：交流电源上端→开关 S→电容器→灯泡→交流电源下端，有电流流过灯泡，灯泡发光，同时交流电源对电容器充得上正下负的电荷；当交流电源的极性变为上负下正时，交流电源从下端输出电流，经过灯泡时对电容反充电，充电途径：交流电源下端→灯泡→电容器→开关 S→交流电源上端，有电流流过灯泡，灯泡发光，同时电流对电容器反充电到上负下正的电荷，这次充得的电荷极性与先前充得电荷的极性相反，它们相互中和、抵消，电容器上的电荷消失。当交流电源的极性重新变为上正下负时，又可以对电容器进行充电，以后不断重复上述过程。

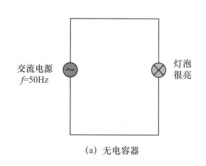

(a) 无电容器

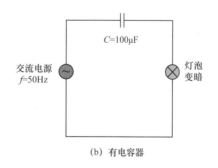

(b) 有电容器

图 6-25　容抗说明图

6.3.4　标注方法

电容器的容量标注方法很多，下面仅介绍一些常用的容量标注方法。

- 直标法：直标法是在电容器上直接标出容量值和容量单位。直标法的例图如图 6-26 所示。
- 小数点标注法：容量较大的无极性电容器常采用小数点标注法。小数点标注法的容量单位是 μF。小数点标注法的例图如图 6-27 所示。
- 整数标注法：容量较小的无极性电容器常采用整数标注法，单位为 pF。若整数末位是 0，如"330"，则表示该电容器容量为 330pF；若整数末位不是 0，如"103"，则表示电容器容量为 $10×10^3$pF；如果整数末尾是 9，不是表示 10^9，而是表示 10^{-1}，如 339，则表示电容器容量为 3.3pF。整数标注法的例图如图 6-28 所示。

图 6-26　直标法的例图

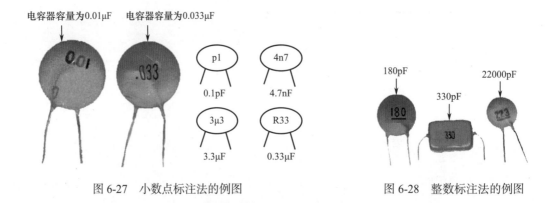

图 6-27　小数点标注法的例图　　　　　图 6-28　整数标注法的例图

6.3.5　常见故障及检测

　　电容器的常见故障有开路、短路和漏电等。电容器的检测过程如图 6-29 所示。表针的摆动过程实际上就是万用表内部电池通过表笔对被测电容器的充电过程，被测电容器的容量越小，充电越快，表针摆动幅度越小。充电完成后表针将停在无穷大处。

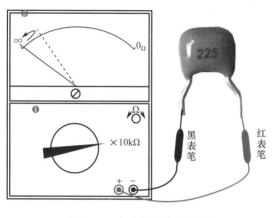

图 6-29　电容器的检测过程

❶ 将挡位开关拨至 ×10kΩ 或 ×1kΩ 挡（对于容量小的电容器可选择 ×10kΩ 挡）。

❷ 如果电容器正常，则表针先往右摆动，再慢慢返回到无穷大处（容量越小，向右摆动的幅度越小）。若检测时表针始终停在无穷大处不动，则说明电容器不能充电，该电容器开路；若表针能往右摆动，也能返回，但回不到无穷大处，则说明电容器能充电，但绝缘电阻小，该电容器漏电；若表针始终指在阻值小或 0 处不动，则说明电容器不能充电，并且绝缘电阻很小，该电容器短路。对于容量小于 0.01 μF 的正常电容器，测量时表针可能不会摆动，因此无法用万用表判断其是否开路，但可以判断其是否短路和漏电。如果怀疑容量小的电容器开路，万用表又无法检测时，可找相同容量的电容器替换，如果故障消失，则说明原电容器开路。

6.4　二极管

6.4.1　二极管的基础知识

PN 结的形成如图 6-30 所示。当 P 型半导体（含有大量的正电荷）和 N 型半导体（含有大量的电子）结合在一起时，P 型半导体中的正电荷向 N 型半导体中扩散，N 型半导体中的电子向 P 型半导体中扩散，于是在 P 型半导体和 N 型半导体中间就形成一个特殊的薄层，这个薄层称之为 PN 结。从含有 PN 结的 P 型半导体和 N 型半导体两端各引出一个电极并封装起来就构成了二极管，与 P 型半导体连接的电极称为正极（或阳极），用"+"或"A"表示；与 N 型半导体连接的电极称为负极（或阴极），用"-"或"K"表示。

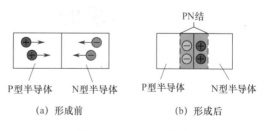

图 6-30　PN 结的形成

二极管的外形、结构和符号如图 6-31 所示。对二极管性质的说明如图 6-32 所示。

注意：当二极管正极与电源正极相连、二极管负极与电源负极相连时，二极管能导通，反之二极管不能导通。二极管的这种单方向导通的性质称为二极管的单向导电性，即正向电阻小、反向电阻大。

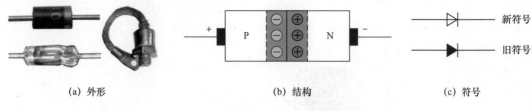

(a) 外形　　　　　　　　　　　　　　(b) 结构　　　　　　　　　　　(c) 符号

图 6-31　二极管的外形、结构和符号

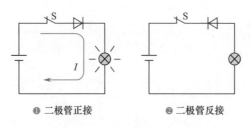

❶ 当闭合开关 S 后，灯泡会发光，表明有电流流过二极管，二极管导通。

❷ 当开关 S 闭合后灯泡不亮，说明无电流流过二极管，二极管不导通。

❶ 二极管正接　　　　　　　　❷ 二极管反接

图 6-32　对二极管性质的说明

二极管的引脚有正、负之分。若在电路中乱接，轻则不能正常工作，重则损坏二极管。在对二极管进行极性判别时可采用以下方法。

- 根据标注或外形判别极性：为了让人们更好地区分出二极管的正、负极，有些二极管会在表面对正、负极进行标注。根据标注或外形判别二极管极性如图 6-33 所示。

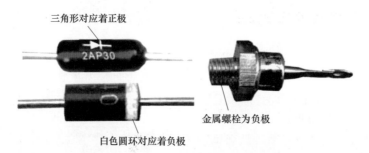

图 6-33　根据标注或外形判别二极管极性

- 用指针式万用表判别极性：对于没有标注极性或无明显外形特征的二极管，可用指针式万用表的电阻挡来判断二极管的极性，如图 6-34 所示（以阻值小的一次为准）。
- 用数字式万用表判别极性：数字式万用表与指针式万用表一样，也有电阻挡，但由于两者的测量原理不同，因此数字式万用表无法判断二极管的正、负极。不过数字式万用表有一个二极管/通断测量挡，可以用其判断二极管的极性。用数字式万用表判别二极管的极性如图 6-35 所示。

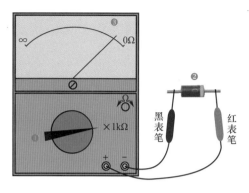

❶ 将挡位开关拨至 ×100 或 ×1k 挡。

❷ 将黑表笔、红表笔与二极管连接。

❸ 观察并记录阻值。

❹ 将黑表笔、红表笔对调。

❺ 观察并记录阻值，以阻值小的一次为准（黑表笔连接的一端为二极管正极）。

(a)　阻值小

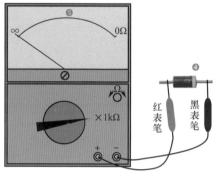

(b)　阻值大

图 6-34　用指针式万用表的电阻挡判断二极管的极性

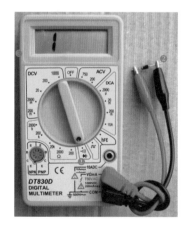

❶ 将挡位开关拨至二极管/通断测量挡。

❷ 将黑表笔、红表笔与二极管连接。

❸ 观察并记录阻值：显示 "1"，表示二极管未导通。

❹ 将黑表笔、红表笔对调。

❺ 观察并记录阻值：显示 "575"，表示二极管已导通（黑表笔连接的一端为二极管负极）。

(a)　未导通　　　　　　　(b)　导通

图 6-35　用数字式万用表判断二极管的极性

注意：二极管的常见故障有开路、短路和性能不良等。在检测二极管时，可通过将挡位开关拨至 ×1k 挡测量二极管正、反向电阻的阻值，测量方法与极性判断相同。锗材料二极管的正向阻值在 1kΩ 左右，反向阻值在 500kΩ 以上；硅材料二极管的正向电阻为 1～10kΩ，反向电阻为无穷大（不同型号的万用表测量值略有差距）。若测得的正、反电阻的阻值均为 0，则说明二极管短路；若测得的正、反向电阻的阻值均为无穷大，则说明二极管开路；若测得的正、反向电阻的阻值差距很小（即正向电阻偏大，反向电阻偏小），则说明二极管的性能不良。

6.4.2　发光二极管

发光二极管是一种电 - 光转换器件，能将电信号转换成光信号。发光二极管的实物外形与图形符号如图 6-36 所示。

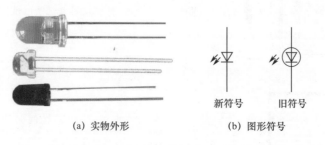

(a) 实物外形　　　　　　(b) 图形符号

图 6-36　发光二极管的实物外形与图形符号

发光二极管在电路中需要正接才能工作。对发光二极管的性质说明如图 6-37 所示。

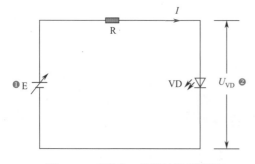

图 6-37　对发光二极管的性质说明

❶ 可调电源 E 通过电阻 R 将电压加到发光二极管 VD 两端（电源正极对应 VD 的正极，负极对应 VD 的负极），并将电源 E 的电压由 0 开始慢慢调高。

❷ 发光二极管两端电压 U_{VD} 也随之升高，在电压较低时发光二极管并不导通，只有在 U_{VD} 达到一定值时，发光二极管才导通。此时的 U_{VD} 电压称为发光二极管的导通电压。发光二极管在导通后有电流流过就开始发光，流过的电流越大，发出的光越强。

注意：不同颜色的发光二极管，其导通电压也不同：红外线发光二极管的导通电压最低，略高于 1V；红光二极管的导通电压为 1.5～2V；黄光二极管的导通电压为 2V；绿光二极管的导通电压为 2.5～2.9V；高亮度蓝光、白光二极管的导通电压为 3V 以上。在正常情况下，发光二极管的工作电流为 5～30mA。若流过发光二极管的电流过大，则容易将其烧坏。发光二极管的反向耐压也较低，一般在 10V 以下。

6.4.3　稳压二极管

稳压二极管又称齐纳二极管或反向击穿二极管，在电路中起到稳压的作用。稳压二极管的实物外形与图形符号如图 6-38 所示。

若想让稳压二极管起到稳压的作用，必须将它反接在电路中（即稳压二极管的负极连接电路中的高电位，正极连接低电位，稳压二极管在电路中正接时的作用与普通二极管相同）。对稳压二极管的稳压原理说明如图 6-39 所示。

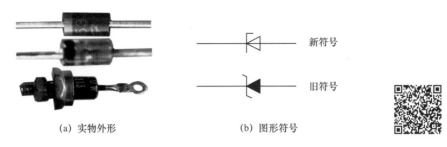

(a) 实物外形　　　　　　　　(b) 图形符号

图 6-38　稳压二极管的实物外形与图形符号

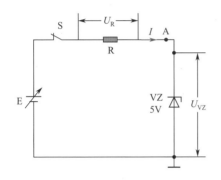

图 6-39　对稳压二极管的稳压原理说明

- 稳压二极管 VZ 的稳压值为 5V。若电源电压低于 5V，则当闭合开关 S 时，稳压二极管 VZ 反向不能导通，无电流流过电阻器 R，U_R 为 0，A 点电压、U_{VZ} 与电源电压相等，也就是说，当加到稳压二极管两端的电压低于它的稳压值时，稳压二极管处于截止状态，无稳压功能。
- 若电源电压超过稳压二极管的稳压值，如 8V 时，则当闭合开关 S 时，8V 电压通过电阻器 R 送到 A 点，该电压超过稳压二极管的稳压值，稳压二极管 VZ 马上反向击穿并导通，有电流流过电阻器 R 和稳压二极管 VZ。此时 U_R 为 3V、U_{VZ} 为 5V。
- 若将电源电压由 8V 升到 10V，由于电压升高，流过电阻器 R 和稳压二极管 VZ 的电流都会增大，电阻器 R 上的电压 U_R 随之增大（由 3V 上升到 5V），而稳压二极管 VZ 上的电压维持 5V 不变。

注意：当外加电压低于稳压二极管的稳压值时，稳压二极管不能导通，无稳压功能；当外加电压高于稳压二极管的稳压值时，稳压二极管反向击穿并导通，两端电压保持不变，其大小等于稳压值（为了保护稳压二极管并使它有良好的稳压效果，必须给稳压二极管串接限流电阻）。

6.5　三极管

三极管又称晶体三极管，是一种具有放大功能的半导体器件。三极管的实物外形与图形符号如图 6-40 所示。三极管有 PNP 型和 NPN 型两种类型。不管哪种类型的三种管都有 3 个电极，分别为集电极（用 c 或 C 表示）、基极（用 b 或 B 表示）和发射极（用 e 或 E 表示）。

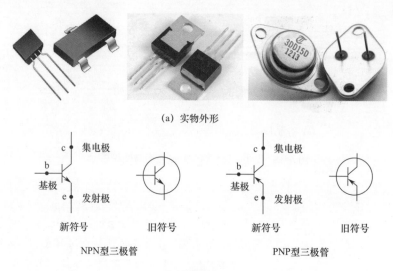

(a) 实物外形

NPN型三极管   PNP型三极管

c 集电极   b 基极   e 发射极

新符号   旧符号   新符号   旧符号

(b) 图形符号

图 6-40 三极管的实物外形与图形符号

 6.5.1 电流、电压规律

1. PNP 型三极管的电流、电压规律

PNP 型三极管的偏置电路如图 6-41 所示。

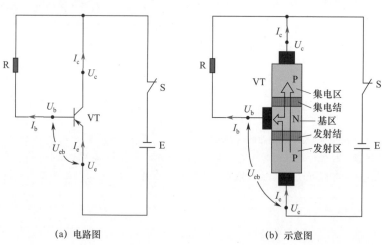

(a) 电路图   (b) 示意图

图 6-41 PNP 型三极管的偏置电路

（1）电流规律

在图 6-41 中，当闭合电源开关 S 后，由电源输出的电流马上流过三极管，三极管导通。流经发射极的电流为 I_e，流经基极的电流为 I_b，流经集电极的电流为 I_c。

- I_e 的流经途径：电源正极→三极管 VT 的发射极→电流在三极管内部分为两路：

一路从 VT 的基极流出，即 I_b；另一路从 VT 的集电极流出，即 I_c。

- I_b 的流经途径：VT 基极→电阻 R →开关 S →电源负极。
- I_c 的流经途径：VT 集电极→开关 S →电源负极。

注意：对于 PNP 型三极管而言，I_e、I_b、I_c 的关系是 $I_b+I_c=I_e$，并且 I_c 要远小于 I_b。

（2）电压规律

在图 6-41 中，PNP 型三极管 VT 的发射极直接连接电源正极，集电极直接连接电源负极，基极通过电阻 R 连接电源负极。根据电路中电源正极的电压最高、负极的电压最低的规律可判断出：三极管发射极电压 U_e 最高，集电极电压 U_c 最低，基极电压 U_b 处于两者之间。U_e、U_b、U_c 之间的关系是 $U_e>U_b>U_c$。发射极与基极之间的电压（电位差）U_{eb}（$U_{eb}=U_e-U_b$）称为发射结正向电压。

2. NPN 型三极管的电流、电压规律

图 6-42 所示为 NPN 型三极管的偏置电路。从图 6-42 中可以看出，NPN 型三极管的集电极连接电源正极，发射极连接电源负极，基极通过电阻连接电源正极，这与 PNP 型三极管的连接正好相反。

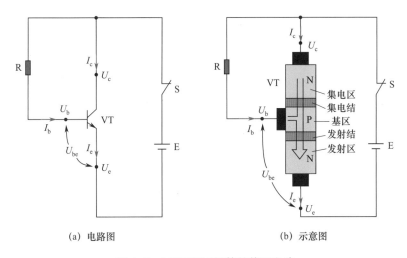

(a) 电路图　　　　　　　　(b) 示意图

图 6-42　NPN 型三极管的偏置电路

（1）电流规律

在图 6-42 中，当开关 S 闭合后，由电源输出的电流马上流过三极管，三极管导通。流经发射极的电流为 I_e，流经基极的电流为 I_b，流经集电极的电流为 I_c。

- I_b 的流经途径：电源正极→开关 S →电阻 R →三极管 VT 的基极→基区。
- I_c 的流经途径：电源正极→三极管 VT 的集电极→集电区→基区。
- I_e 的流经途径：I_b、I_c 在基区汇合→发射区→发射极→电源负极。

注意：对于 NPN 型三极管而言，I_e、I_b、I_c 的关系是 $I_b + I_c = I_e$，并且 I_c 要远大于 I_b。

（2）电压规律

在图 6-42 中，U_e、U_b、U_c 之间的关系是 $U_e < U_b < U_c$。基极与发射极之间的电压 U_{be}（$U_{be} = U_b - U_e$）称为发射结正向电压。

6.5.2　三种工作状态

三极管有放大、截止和饱和三种工作状态：当三极管处于放大状态时，可以对信号进行放大；当三极管处于饱和与截止状态时，可以作为电子开关使用。

三极管处于放大状态时的应用如图 6-43 所示。三极管处于饱和与截止状态时的应用如图 6-44 所示。

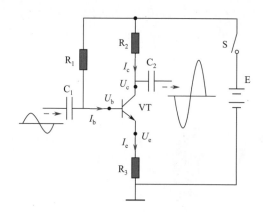

❶ 信号从基极输入、集电极输出

❶ 由于电阻 R_1 的阻值很大，流进三极管基极的电流 I_b 较小，从集电极流入的电流 I_c 也不大，在 I_b 变化时 I_c 将随之变化，因此，三极管处于放大状态。由于在闭合开关 S 后，有 I_b 通过 R_1 流入三极管 VT 的基极，有 I_c 流入 VT 的集电极，有 I_e 从 VT 的发射极流出，即三极管有正常大小的 I_b、I_c、I_e 流过，因此，三极管处于放大状态。这时，如果将一个微弱的交流信号经 C_1 送到三极管的基极，三极管就会对它进行放大，并从集电极输出放大后的信号，该信号经 C_2 送往后级电路。

❷ 若交流信号从基极输入、从集电极输出时，三极管除了对信号具有放大功能，还会对信号执行倒相操作；若交流信号从基极输入、从发射极输出，则三极管仅对信号执行放大操作，不执行倒相操作。

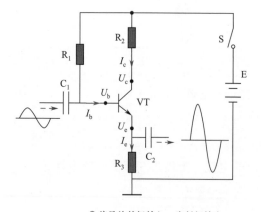

❷ 信号从基极输入、发射极输出

图 6-43　三极管处于放大状态时的应用

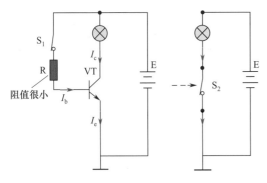

❶ 三极管处于饱和状态

❶ 当闭合开关 S_1 后，有电流 I_b 经 S_1、R 流入三极管 VT 的基极，有电流 I_c 流入 VT 的集电极，有电流 I_e 从发射极输出。由于 R 的阻值很小，故 VT 基极的电压很高，I_b 和 I_c 的值很大，并且 $I_c < \beta I_b$，三极管处于饱和状态。在三极管处于饱和状态后，从集电极流入、发射极流出的电流很大，三极管的集电极、发射极之间相当于一个闭合的开关。

❷ 当开关 S_1 断开后，三极管的基极无电压，基极、集电极无电流流入，发射极无电流流出，三极管处于截止状态。在三极管处于截止状态后，三极管的集电极、发射极之间相当于一个断开的开关。

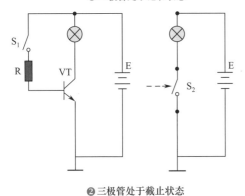

❷ 三极管处于截止状态

图 6-44   三极管处于饱和与截止状态时的应用

6.5.3 检测

三极管的检测包括类型检测、电极检测和好坏检测。

1. 类型检测

三极管的类型有 NPN 型和 PNP 型，可用万用表的电阻挡检测。三极管类型的检测如图 6-45 所示。

2. 电极检测

三极管有发射极、基极和集电极三个电极，在使用时不能混用。由于在检测类型中已经找出基极，故下面仅介绍如何用万用表的电阻挡检测发射极和集电极。

（1）NPN 型三极管集电极和发射极的判别

NPN 型三极管集电极和发射极的判别如图 6-46 所示。如果两次测量出来的阻值大小区别不明显，可先将手沾点水，让手的电阻减小，再用手接触两个引脚进行测量。

（2）PNP 型三极管集电极和发射极的判别

PNP 型三极管集电极和发射极的判别如图 6-47 所示。

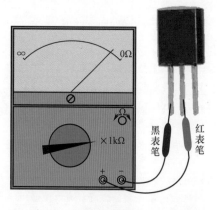

❶测量时阻值小

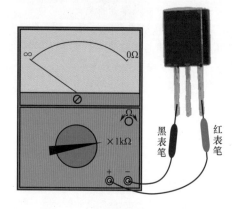

❷测量时阻值大

图 6-45 三极管类型的检测

❶ 将挡位开关置于 ×1k 或 ×100 挡，黑表笔连接除基极以外的任意一个电极，并用手接触该电极与基极（手相当于一个电阻，即在两个电极间连接一个电阻）。将红表笔与余下的一个电极连接，测量并记下阻值的大小。

❷ 将红、黑表笔互换位置，用手接触基极，以及对换后黑表笔所接电极，测量并记下阻值的大小。在两次测量后，阻值一大一小，以阻值小的那次测量为准：黑表笔所接电极为集电极，红表笔所接电极为发射极。

❶ 将挡位开关拨至 ×100 或 ×1k 挡，用于测量三极管任意两个引脚间的电阻。若测得的阻值较小，则黑表笔所接电极为 P 极，红表笔所接电极为 N 极。

❷ 黑表笔不动（即让黑表笔接 P 极），将红表笔接到另一个电极上。这时将出现两种可能：若测得的阻值很大，则红表笔所接电极为 P 极，该三极管为 PNP 型，红表笔先前所接电极为基极；若测得的阻值很小，则红表笔所接电极为 N 极，该三极管为 NPN 型，黑表笔所接电极为基极。

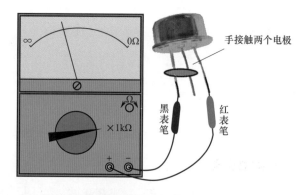

❶测量时阻值小

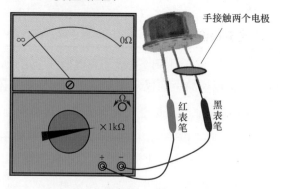

❷测量时阻值大

图 6-46 NPN 型三极管的发射极和集电极的判别

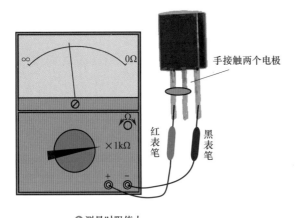

❶测量时阻值小

❶ 将挡位开关置于×1k或×100挡，红表笔连接除基极以外的任意一个电极，并用手接触该电极与基极，黑表笔连接余下的一个电极，测量并记下阻值的大小。

❷ 将红、黑表笔互换位置，并用手接触基极，以及互换位置后红表笔所接的电极，测量并记下阻值的大小。在两次测量后，阻值一大一小，以阻值小的那次测量为准：红表笔所接电极为集电极，黑表笔所接电极为发射极。

❷测量时阻值大

图 6-47　PNP 型三极管的发射极和集电极的判别

（3）利用万用表的三极管放大倍数挡来判别发射极和集电极

如果万用表有三极管放大倍数挡，则可利用该挡判别三极管的电极。使用这种方法的前提是已检测出三极管的类型和基极。

利用万用表的三极管放大倍数挡来判别极性的过程如图 6-48 所示。

3. 好坏检测

（1）测量集电结和发射结的正、反向电阻

在三极管内部有两个 PN 结（集电结和发射结）。任意一个 PN 结损坏，三极管都不能使用。检测 PN 结是否正常的操作：将挡位开关置于×100 或×1k 挡，测量集电极和基极之间的正、反向电阻（即测量集电结的正、反向电阻），以及测量发射极与基极之间的正、反向电阻（即测量发射结的正、反向电阻）。在正常情况下，集电结和发射结的正向电阻较小，（几百欧至几千欧）、反向电阻很大（几百千欧至无穷大）。

（2）测量集电极与发射极之间的正、反向电阻

对于 PNP 型三极管而言，在红表笔连接集电极、黑表笔连接发射极时测得的电阻为正向电阻，在正常情况下，正向电阻为十几千欧至几百千欧（利用×1k 挡测得），互换

红、黑表笔后测得的电阻为反向电阻，其与正向电阻的阻值相近；对于 NPN 型三极管而言，在黑表笔连接集电极、红表笔连接发射极时测得的电阻为正向电阻，互换红、黑表笔后测得的电阻为反向电阻，在正常情况下，正、反向电阻的阻值相近，为几百千欧至无穷大。

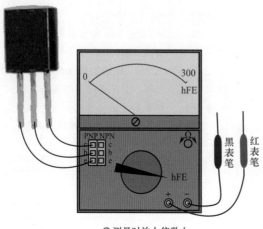

❶测量时放大倍数小

❶ 将挡位开关置于 hFE 挡（三极管放大倍数挡），并根据三极管的类型选择相应的插孔：将基极插入基极插孔中，其他两个电极可插入任意插孔，记录此时测得的放大倍数数值。

❷ 保持三极管的基极不动，令另外两个电极互换插孔，观察测得的放大倍数数值。在两次测量后，测得的放大倍数一大一小，以放大倍数大的那次测量为准：c 极插孔对应的电极是集电极，e 极插孔对应的电极为发射极。

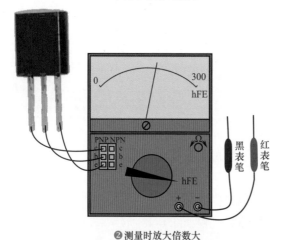

❷测量时放大倍数大

图 6-48　利用万用表的三极管放大倍数挡来判别极
　　　　　性的过程

若任意一个 PN 结的正、反向电阻不正常，或发射极与集电极之间的正、反向电阻不正常，则说明三极管损坏：如果发射结的正、反向电阻的阻值为无穷大，则说明发射结开路；如果发射极与集电极之间的阻值为 0，则说明集电极与发射极之间击穿短路。

注意：一个三极管的好坏检测需要进行 6 次测量：测量发射结的正、反向电阻各 1 次（2 次）；集电结的正、反向电阻各 1 次（2 次）；集电极与发射极之间的正、反向电阻各 1 次（2 次）。只有这 6 次检测都正常，才能说明三极管是正常的，否则，三极管不能使用。

6.6 其他常用元器件

6.6.1 光电耦合器

光电耦合器是将发光二极管和光电二极管组合在一起并封装起来构成的。光电耦合器的实物外形与图形符号如图 6-49 所示。

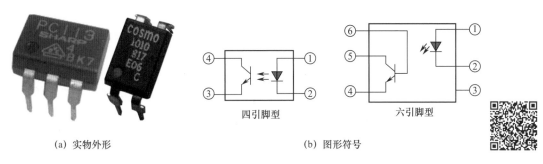

(a) 实物外形　　　　　　　　　　　　　(b) 图形符号

图 6-49　光电耦合器

在光电耦合器内部集成了发光二极管和光电管。对光电耦合器工作原理的说明如图 6-50 所示。

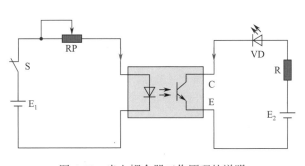

图 6-50　光电耦合器工作原理的说明

在闭合开关 S 时，电源 E_1 经开关 S 和电位器 RP 为光电耦合器的内部发光二极管提供电压，有电流流过发光二极管，发光二极管发出光线；电源 E_2 输出的电流经电阻 R、发光二极管 VD 流入光电耦合器的 C 极，并从 E 极流出回到 E_2 的负极，有电流流过发光二极管 VD。

在断开开关 S 时，无电流流过光电耦合器的内部发光二极管，电源 E_2 的回路被切断，发光二极管 VD 因无电流通过而熄灭。

注意：调节电位器 RP 可以改变发光二极管 VD 的光线亮度；当 RP 的滑动端向右移时，其阻值变小，流入光电耦合器内部发光二极管的电流变大，光电二极管 C、E 极之间的电阻变小，电源 E_2 的回路总电阻变小，流经发光二极管 VD 的电流变大（更亮）。

6.6.2 晶闸管

晶闸管又称可控硅，它有三个电极：阳极（A）、阴极（K）和门极（G）。晶闸管的实物外形与图形符号如图 6-51 所示。

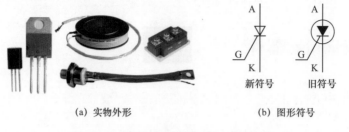

(a) 实物外形　　　　　　　(b) 图形符号

图 6-51　晶闸管的实物外形与图形符号

晶闸管在电路中主要起到电子开关的作用。对晶闸管工作原理的说明如图 6-52 所示。

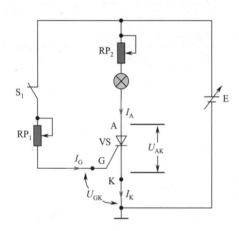

图 6-52　对晶闸管工作原理的说明

当闭合开关 S_1 时，电源正极电压通过开关 S_1、电位器 RP_1 加到晶闸管 VS 的 G 极，有电流 I_G 流入 VS 的 G 极，VS 的 A、K 极导通，电源正极输出的电流经 RP_2、灯泡流入 VS 的 A 极（灯泡亮），I_A 与 I_G（I_A 远大于 I_G）汇合形成 I_K 从 K 极输出，并回到电源的负极。

给晶闸管 G 极提供电压，让 I_G 流入 G 极，晶闸管的 A、K 极之间马上导通的现象称为晶闸管的触发导通。在晶闸管导通后，如果调节 RP_1 的大小，则流入晶闸管 G 极的 I_G 会改变，但流入 A 极的 I_A 大小不变，灯泡的亮度不会发生变化；如果断开 S_1，切断晶闸管的 I_G 电流，则晶闸管的 A、K 极之间仍处于导通状态，I_A 继续流过晶闸管，灯泡仍亮。也就是说，当晶闸管导通后，撤去 G 极电压或改变 G 极电流均无法使晶闸管的 A、K 极之间阻断。若想使导通的晶闸管截止（A、K 极之间阻断），可在撤去 G 极电压的情况下采用如下两种方法：一是将 RP_2 的阻值调大，减小 I_A，当 I_A 减小到某一值（维持电流）时，晶闸管会截止；二是将晶闸管的 A、K 极之间的电压减小到 0 或令 A、K 极之间的电压反向，晶闸管也会截止。

综上所述，晶闸管具有以下性质。

- 无论 A、K 极之间加什么电压，只要 G、K 极之间没有加正向电压，晶闸管就无法导通。
- 只有 A、K 极之间加正向电压，并且 G、K 极之间也加一定的正向电压，晶闸管才能导通。
- 在晶闸管导通后，即便撤掉 G、K 极之间的正向电压，晶闸管也能继续导通。

6.6.3　场效应管

场效应管又称场效应晶体管，与三极管一样，具有放大能力。场效应管具有三个电极：漏极（D）、栅极（G）和源极（S）。场效应管的种类较多，下面以增强型绝缘栅场效应管为例进行介绍。

增强型绝缘栅场效应管可简称为增强型 MOS 管，可分为两类：N 沟道 MOS 管（又称增强型 NMOS 管）和 P 沟道 MOS 管（又称增强型 PMOS 管）。增强型 MOS 管的实物外形与图形符号如图 6-53 所示。

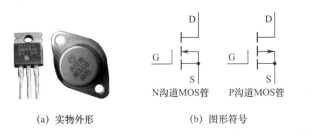

(a) 实物外形　　　　(b) 图形符号

图 6-53　增强型 MOS 管的实物外形与图形符号

在实际工作中，增强型 NMOS 管的应用较多。下面以增强型 NMOS 管为例来说明增强型 MOS 管的结构与工作原理。

1. 结构

增强型 NMOS 管的结构与等效图形符号如图 6-54 所示。

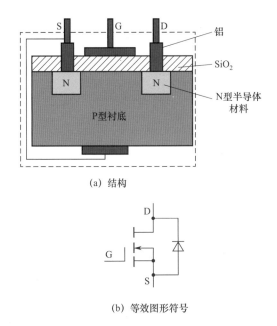

(a) 结构

(b) 等效图形符号

图 6-54　增强型 NMOS 管的结构与等效图形符号

增强型 NMOS 管是以 P 型硅片作为基片（又称衬底）的。在基片上制作两个含有杂质的 N 型半导体材料，并在上面制作一层很薄的二氧化硅（SiO_2）绝缘层。在两个 N 型半导体材料上引出两个铝电极，即漏极（D）和源极（S）。在两个电极的中间、SiO_2 绝缘层的上面制作一层铝制导电层，并从该导电层引出一个电极，即 G 极。P 型衬底与 D 极连接的 N 型半导体会形成二极管结构（称之为寄生二极管）。由于 P 型衬底通常与 S 极连接在一起，所以增强型 NMOS 管又可用等效图形符号表示。

2. 工作原理

需要给增强型 NMOS 管加合适的电压才能使其工作。加有电压的增强型 NMOS 管如图 6-55 所示。

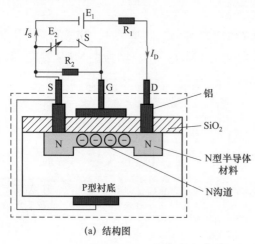

(a) 结构图

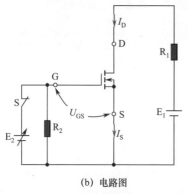

(b) 电路图

图 6-55　加有电压的增强型 NMOS 管

电源 E_1 通过 R_1 连接 NMOS 管的 D、S 极，电源 E_2 通过开关 S 连接 NMOS 管的 G、S 极。在开关 S 断开时，NMOS 管的 G 极无电压，D、S 极所接的两个 N 区之间没有导电沟道，所以两个 N 区之间不能导通，I_D 为 0；在开关 S 闭合时，NMOS 管的 G 极获得正电压，与 G 极连接的铝电极有正电荷，它产生的电场穿过 SiO₂ 层，并吸引 P 型衬底的很多电子靠近，从而在两个 N 区之间出现导电沟道。由于此时 D、S 极之间已有正向电压，因此有 I_D 从 D 极流入，再经导电沟道从 S 极流出。

如果改变 E_2 电压的大小，即改变 G、S 极之间的电压 U_{GS}，则与 G 极相通的铝层产生的电场大小、在 SiO₂ 层下面的电子数量、两个 N 区之间的沟道宽度、I_D 都会发生变化。U_{GS} 电压越高，沟道就会越宽，I_D 电流就会越大，这就是场效应管的放大原理（即电压控制电流变化原理）。

为了表示场效应管的放大能力，引入一个参数——跨导 g_m，g_m 可用下面的公式计算：

$$g_m = \frac{\Delta I_D}{\Delta U_{GS}}$$

g_m 反映了 G、S 极电压 U_{GS} 对 D 极电流 I_D 的控制能力，是表述场效应管放大能力的一个重要参数（相当于三极管的 β），g_m 的单位是西门子（S），也可以用 A/V 表示。

增强型 MOS 管具有如下特点：

- 在 G、S 极之间未加电压（即 U_{GS}=0V）时，D、S 极之间没有沟道，I_D=0。
- 在 G、S 极之间加上合适的电压（大于开启电压 U_T 时），D、S 极之间有沟道形成。随着 U_{GS} 电压的变化，沟道的宽度和 I_D 也会发生变化。
- 对于增强型 NMOS 管，只有 G、S 极之间加正电压（$U_{GS}=U_G-U_S$，当 $U_G > U_S$ 时为正电压），D、S 极之间才会形成沟道；对于增强型 PMOS 管，只有 G、S 极之间加负电压（在 $U_G<U_S$ 时为负电压），D、S 极之间才会形成沟道。

6.6.4　IGBT

IGBT 是绝缘栅双极型晶体管的简称，是一种由场效应管和三极管组合而成的复合器件。它综合了三极管和 MOS 管的优点，具有很好的特性，广泛应用在各种中小功率的电力、电子设备中。IGBT 的外形、等效图和图形符号如图 6-56 所示。

(a) 外形

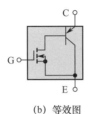

(b) 等效图

(c) 图形符号

IGBT 相当于一个 PNP 型三极管和增强型 NMOS 管以图 6-56（c）所示的方式组合而成。IGBT 有三个电极：C 极（集电极）、G 极（栅极）和 E 极（发射极）。

图 6-56　IGBT 的外形、等效图和图形符号

在图 6-56 中，IGBT 由 PNP 型三极管和 N 沟道 MOS 管组合而成，这种 IGBT 称为 N-IGBT（在电力、电子设备中较为常用），其图形符号如图 6-56（c）所示；相应的，还有 P 沟道 IGBT，可简称为 P-IGBT，将图 6-56（c）中的箭头方向改为由 E 极指向 G 极即为 P-IGBT 的图形符号。对 N-IGBT 工作原理的说明如图 6-57 所示。

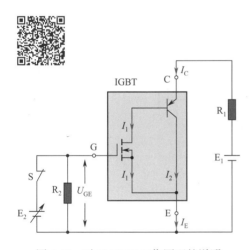

图 6-57　对 N-IGBT 工作原理的说明

电源 E_2 通过开关 S 为 IGBT 提供 U_{GE} 电压，电源 E_1 经 R_1 为 IGBT 提供 U_{CE} 电压。当开关 S 闭合时，IGBT 的 G、E 极之间获得电压 U_{GE}。只要 U_{GE} 电压大于开启电压（2～6V），IGBT 内部的 NMOS 管就有导电沟道形成，NMOS 管的 D、S 极之间导通，并为三极管的 I_b 电流提供通路；三极管导通，有电流 I_C 从 IGBT 的 C 极流入，经三极管 E 极后分成 I_1 和 I_2 两路电流：I_1 电流流经 NMOS 管的 D、S 极；I_2 电流从三极管的集电极流出；I_1、I_2 电流汇合成 I_E 电流从 IGBT 的 E 极流出，即 IGBT 处于导通状态。当开关 S 断开后，U_{GE} 为 0V，NMOS 管的导电沟道夹断（消失），I_1、I_2、I_C、I_E 也为 0A，即 IGBT 处于截止状态。

通过调节电源 E_2 可以改变 U_{GE} 电压的大小，并令 IGBT 内部 NMOS 管的导电沟道宽度、I_1 发生变化。由于实际上 I_1 与 I_b 相等，因此 I_1 的细微变化会引起 I_2 电流（I_2 与 I_c 相等）的急剧变化。例如，当 U_{GE} 增大时，NMOS 管的导电沟道变宽，I_1 电流增大，I_2 电流也增大，即从 IGBT 的 C 极流入、E 极流出的电流增大。

6.6.5　集成电路

将电阻、二极管和三极管等元器件以电路的形式封装在半导体硅片上，并接出引脚，从而构成了集成电路。集成电路可简称为集成块，又称芯片 IC。

1. 举例

一种常见的音频放大集成电路如图 6-58 所示（其型号为 LM380）。单独的集成电路

是无法工作的，需要为其连接相应的外围元件并提供电源。例如，在图6-58中，除了在LM380的14、7脚提供12V电源，还在其他引脚连接一些外围元件，使得LM380可以对6脚输入的音频信号进行放大、从8脚输出放大的音频信号，并送入扬声器使之发声。

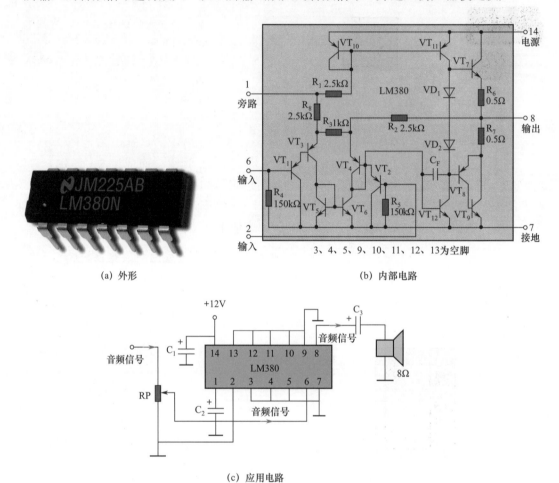

(a) 外形

(b) 内部电路

(c) 应用电路

图6-58 一种常见的音频放大集成电路

注意：有的集成电路内部只有十几个元器件，而有些集成电路内部则有成千上万个元器件（如电脑中的微处理器CPU）。集成电路的内部电路复杂，大多数的电子爱好者不必理会内部电路的原理，只了解各引脚功能及内部组成即可；对于从事电路设计的工作者而言，通常要了解内部电路的结构。

2. 引脚识别

集成电路的引脚很多，少则几个，多则几百个，各引脚的功能又不一样，所以在使用时一定要知道集成电路引脚的识别方法，并在安装时"对号入座"，否则集成电路将不工作甚至被烧毁。

一般情况下，集成电路的第1引脚会由标记指出，常见的标记有小圆点、小突起、缺口、缺角等。在找到第 1 引脚后，逆时针依次为第 2 引脚、第 3 引脚、第 4 引脚……对集成电路的引脚识别如图 6-59 所示。

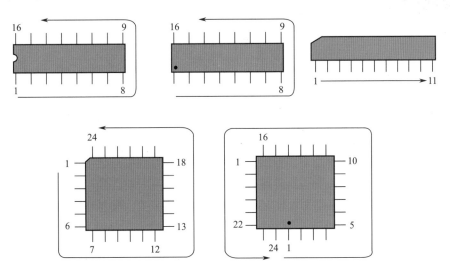

图 6-59　对集成电路的引脚识别

室内配电线路

室内配电线路的安装主要包括照明光源的安装、导线的安装、开关与插座的安装、配电箱的安装等。在室内配电线路安装好后，不仅可以在室内获得照明、通过插座为各种家用电器供电、在电器出现过载和人体触电时能实现自动保护，而且还能对室内的用电量进行记录等。

7.1　照明光源的安装

在室内安装照明光源是配电线路安装中最基本的操作。照明光源的种类很多，常见的有白炽灯、荧光灯、卤钨灯、高压汞灯等。

7.1.1　白炽灯

白炽灯是一种最常用的照明光源，它有卡口式和螺口式两种，如图 7-1 所示。

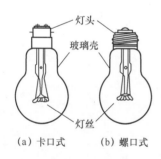

图 7-1　白炽灯

白炽灯内的灯丝为钨丝，通电后钨丝因温度升高到 2200℃～3300℃而发出强光。当温度太高时，会使钨丝因蒸发过快而降低寿命，并且蒸发后的钨沉积在玻璃壳内壁上，使壳内壁发黑，进而影响亮度。为此通常在 60W 以上的白炽灯玻璃壳内充有适量的惰性气体（氦、氩、氪等），这样可以减少钨丝的蒸发。

在选用白炽灯时，要注意其额定电压要与所接电源电压一致。若电源电压偏高，如电压偏高 10%，则其发光效率会提高 17%，但寿命会缩短到原来的 28%；若电源电压偏低，则其发光效率会降低，但寿命会延长。

注意：在安装白炽灯时，灯座的安装高度通常应在 2m 以上，环境差的场所应达到 2.5m 以上；照明开关的安装高度不应低于 1.3m。

常用的白炽灯开关控制线路如图 7-2 所示。在实际接线时，导线的接头应尽量安排在灯座和开关内部的接线端子上。这样做不仅可减少线路连接的接头数，而且在线路出现故障时也比较容易查找。

170

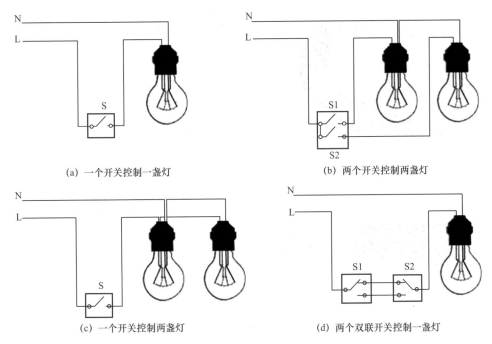

(a) 一个开关控制一盏灯　　　　　　(b) 两个开关控制两盏灯

(c) 一个开关控制两盏灯　　　　　　(d) 两个双联开关控制一盏灯

图 7-2　常用的白炽灯开关控制线路

7.1.2　荧光灯

荧光灯又称日光灯，是一种利用气体放电而发光的光源。荧光灯具有光线柔和、发光效率高和寿命长等特点。

1. 电感式镇流器荧光灯

电感式镇流器荧光灯主要由灯管、启辉器和镇流器组成，如图 7-3 所示。

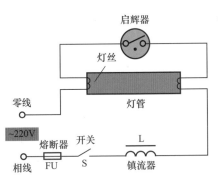

图 7-3　电感式镇流器荧光灯

当闭合开关 S 时，220V 电压通过熔断器、开关 S、镇流器和灯管的灯丝加到启辉器两端。由于启辉器内部的动、静触片距离很近，触片间的电压使中间的气体电离，并发出辉光，辉光的热量使动触片因弯曲而与静触片接通。于是电路中有电流通过，其流经途径：相线→熔断器→开关→镇流器→右灯丝→启辉器→左灯丝→零线。随着电流流过灯丝，灯丝温度升高。当灯丝温度升高到 850℃～900℃时，灯管内的汞蒸发变成气体。与此同时，由于启辉器中动、静触片的接触而使得辉光消失→动触片无辉光加热又恢复原样→动、静触片断开→电路被切断→流过镇流器（实际上是一个电感）的电流突然减小→镇流器两端产生很高的反峰电压。该电压与 220V 电压叠加，被发送到灯丝间（即灯丝间的电压为"220V+ 镇流器上的电压"），使得灯丝间的汞蒸气电离，同时发出紫外线，紫外线激发灯管壁上的荧光粉发光。除此之外，两灯丝可通过电离的汞蒸气接通，使得灯丝间的电压下降（100V 以下），启辉器两端的电压下降，无法产生辉光→内部动、静触片处于断开状态。这时取下启辉器，灯管仍可发光。

(a) 电子式镇流器荧光灯的外形

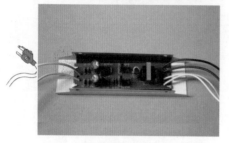

(b) 电子式镇流器荧光灯的内部结构

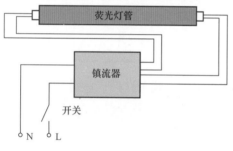

(c) 电子式镇流器荧光灯的内部接线

图 7-4　电子式镇流器荧光灯

2. 电子式镇流器荧光灯

电感式镇流器荧光灯采用的镇流器是一个由线圈绕制而成的电感器。其缺点是电能的利用率低、易产生噪声、低电压启动困难等。电子式镇流器荧光灯可有效克服以上缺点。

电子式镇流器荧光灯采用普通荧光灯的灯管，镇流器内部为电子电路。其功能相当于普通荧光灯的镇流器和启辉器。电子式镇流器荧光灯如图 7-4 所示。

7.1.3　卤钨灯

卤钨灯是在白炽灯的基础上改进而来的，即在充有惰性气体的白炽灯内加入卤族元素（如氟、碘、溴等）就制成了卤钨灯。由于卤钨灯具有体积小、发光效率高、色温稳定、几乎无光衰、寿命长等优点，所以应用十分广泛，并有逐渐取代白炽灯的趋势。

根据充入的卤族元素的不同，卤钨灯可分为碘钨灯、溴钨灯等（这里以碘钨灯为例进行介绍）。常见的碘钨灯外形与结构如图 7-5 所示。

(a) 外形

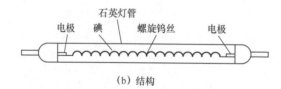

(b) 结构

图 7-5　常见的碘钨灯外形与结构

当给碘钨灯的两个电极接上电源时，有电流流过钨丝，钨丝发热→钨丝因高温，使得部分钨成为钨蒸气，并与灯管壁附近的碘发生化学反应，生成气态的碘化钨→通过对流和扩散，碘化钨又返回到灯丝的高温区→高温将碘化钨分解成钨和碘，钨沉积在灯丝表面，而碘则扩散到温度较低的灯管壁附近，并继续与蒸发的钨发生化学反应。这个过程会不断循环，从而使钨丝不会因蒸发而变细，灯管壁上也不会有钨沉积，灯管始终保持透亮。

注意：卤钨灯对电源电压的稳定性要求较高，当电源电压超过卤钨灯额定电压的 5% 时，卤钨灯的寿命会缩短 50%，因此要求电源电压的变化在 2.5% 以内。卤钨灯要水平安装，若倾斜角超过 ±4°，则会严重影响使用寿命。卤钨灯在工作时，灯管壁温度很高（近 600℃），因此其安装位置应远离易燃物，并且添加灯罩，接线时最好采用耐高温导线。

7.1.4 高压汞灯

高压汞灯又称高压水银灯，是一种利用气体放电而发光的灯。高压汞灯的实物外形和结构如图 7-6 所示。

(a) 外形

在高压汞灯通电时，电压通过灯头加到主电极 1 和主电极 2 上。主电极 1 的电压经过一个电阻加到辅助电极上。由于辅助电极与主电极 2 的距离较近，因此它们之间会因放电而产生辉光，并令放电管内的气体电离，主电极 1 和主电极 2 之间也会因放电而发出白光。两个主电极导通，使得主电极 1 和主电极 2 之间的电压降低，又因电阻的电压降低，使得主电极 2 与辅助电极之间的电压更低，所以它们之间的放电停止。随着两个主电极间的放电，放电管内的温度升高，汞蒸气的气压增大，放电管发出更明亮的可见的蓝绿色光和不可见的紫外线光，紫外线光照射到外玻璃管内壁的荧光粉上，令荧光粉也发出亮光。

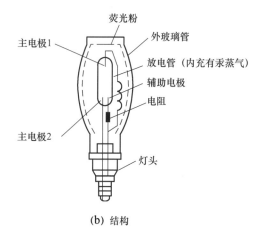

(b) 结构

图 7-6　高压汞灯的实物外形与结构

注意：高压汞灯通电后，并不是马上就发出强光，而是慢慢变亮。这个过程称为高压汞灯的启动过程，耗时 4～8min。

高压汞灯具有负阻特性，即两个主电极之间的电阻会随着温度的升高而变小，通过的电流变大，从而出现温度升高→电阻更小→电流更大→温度更高的情况。高压汞灯与镇流器的连接如图 7-7 所示。

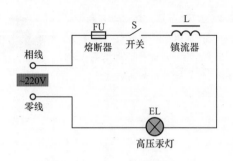

随着温度的不断升高，放电管内的气压不断增大，高压汞灯很容易损坏，因此需要给高压汞灯串接一个镇流器，用于对高压汞灯的电流进行限制。

图 7-7　高压汞灯与镇流器的连接

目前，市面上已有一种不用镇流器的高压汞灯，它是在高压汞灯内部的一个主电极上串接一根钨丝作为灯丝，如图 7-8 所示。

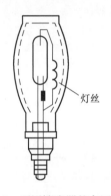

灯丝

高压汞灯在工作时，有电流流过灯丝，灯丝发光。灯丝因发热而阻值变大，并且温度越高，阻值越大，这正好与放电管温度越高、阻值越小相反，从而防止流过放电管的电流过大。这种高压汞灯具有颜色多、启动快和使用方便等优点。

图 7-8　不用镇流器的高压汞灯

注意：在安装和使用高压汞灯时，要求电源电压稳定，当电压降低 5% 时，所需的启动时间长，并且容易自灭；高压汞灯要垂直安装，若水平安装，则亮度会降低，并且容易自灭；如果选用普通的高压汞灯，则需要串接镇流器，并且镇流器的功率要与高压汞灯一致；在高压汞灯的外玻璃管破裂后仍可发光，但会发出大量的紫外线光，对人体有危害，应更换外玻璃管；若在使用高压汞灯时突然关闭电源，则应在 10 ～ 15min 后再通电。

7.2　导线的安装

7.2.1　了解整幢楼的配电系统

在设计室内配电线路前，有必要先了解一下整幢楼的配电系统。一幢 8 层共 16 个用户的配电系统如图 7-9 所示。

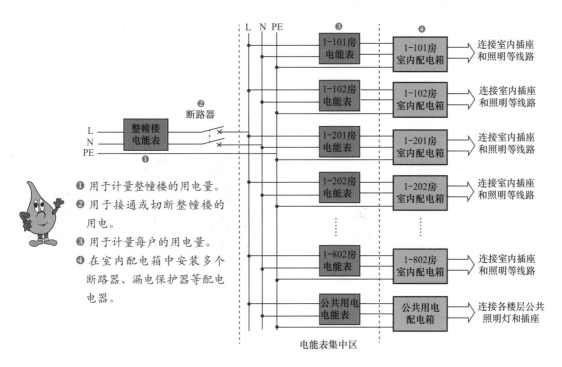

① 用于计量整幢楼的用电量。

② 用于接通或切断整幢楼的用电。

③ 用于计量每户的用电量。

④ 在室内配电箱中安装多个断路器、漏电保护器等配电电器。

图 7-9 一幢 8 层共 16 个用户的配电系统

7.2.2 室内配电原则

室内配电的基本原则如下。

- 一条线路支路的容量应在 1.5kW 以下，如果单个电器的功率在 1kW 以上，则建议将其单独设为一条支路。
- 照明、插座尽量分成不同的线路支路。当插座线路连接的电器设备出现故障时，只会使该支路的电源中断，不会影响照明线路的工作，因此可以在有照明的情况下对插座线路进行检修。如果照明线路出现故障，则可在插座线路中接上临时照明灯具，从而对照明线路进行检修。
- 照明可分成几条线路支路。当一条照明线路出现故障时，不会影响其他的照明线路工作。
- 对于大功率电器（如空调、电热水器、电磁炉等），尽量一个电器分配一条线路支路，并且线路应选用截面积大的导线。如果多台大功率电器合用一条线路，当它们同时使用时，导线会因流过的电流很大而易发热。即使导线不会马上烧坏，长期使用也会降低导线的绝缘性能。与截面积小的导线相比，截面积大的导线的电阻更小、对电能损耗更小、不易发热、使用寿命更长。
- 潮湿环境（如浴室）中的插座和照明灯具的线路支路必须采取接地保护措施。

7.2.3 配电布线

配电布线是将导线从配电箱引到室内各个用电处（主要是灯具或插座）的操作。布线分为明装布线和暗装布线，这里以常用的线槽布线（明装）为例进行说明。

线槽布线是一种较常用的住宅配电布线方式，即将绝缘导线放在绝缘槽板（塑料或木质）内，由于导线有槽板的保护，因此绝缘性能和安全性能较好。

线槽类型很多，其中，使用最广泛的为PVC电线槽，其外形如图7-10所示：方形PVC电线槽的截面积较大，可以容纳更多导线；半圆形PVC电线槽的截面积要小一些，但因其外形特点，在用于地面布线时更安全。

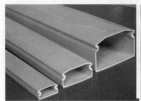

图7-10　PVC电线槽

1. 布线定位

在布线定位时，应先确定各处的开关、插座和灯具的位置，再确定线槽的走向。在墙壁上画线定位，如图7-11所示：横线弹在槽上沿，纵线弹在槽中央位置。在安装好线槽后可将定位线遮拦住，使墙面干净、整洁。

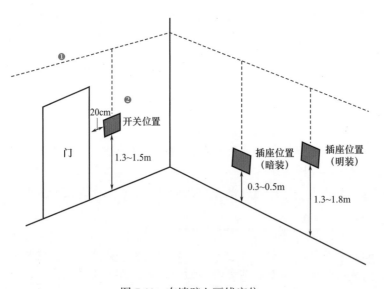

❶ 线槽一般沿建筑物墙、柱、顶的边角处布置，要横平竖直，尽量避开不易打孔的混凝梁、柱。

❷ 线槽一般不要紧靠墙角，应隔一定的距离，紧靠墙角不易施工。

图7-11　在墙壁上画线定位

2. 安装线槽

线槽的外形与安装如图7-12所示。线槽的安装要点如图7-13所示。

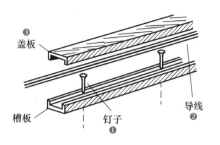

❶ 用钉子将槽板固定在
　墙壁上。
❷ 在槽板内铺入导线。
❸ 压上盖板。

图 7-12　线槽的外形与安装

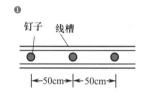

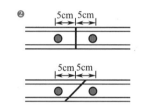

❶ 内部钉子之间相隔
　的距离不要大于
　50cm。
❷ 钉子与拼接中心点
　的距离不大于5cm。
❸ 钉子与拼接中心点的距离不大
　于5cm。
❹ T字形拼接：在主干线槽旁边
　切出一个凹三角形，将分支
　线槽切成凸三角形。
❺ 十字形拼接：将4个线槽的头
　部切成凸三角形，并拼接在
　一起。
❻ 线槽与接线盒紧密地连接在一
　起。

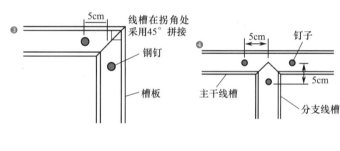

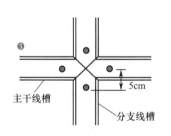

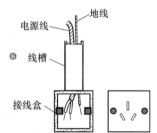

图 7-13　线槽的安装要点

3. 安装线槽配件

　　为了让线槽布线更为美观和方便，可通过线槽配件来连接线槽。线槽配件在线槽布线时的安装位置如图 7-14 所示（仅用来说明各配件在线槽布线时的安装位置，并不代表实际布线）。

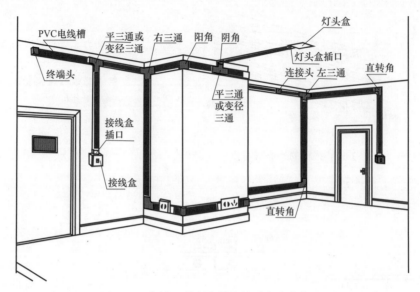

图 7-14　线槽配件在线槽布线时的安装位置

4.配电线路的连接方式

（1）单主干接多分支方式

单主干接多分支方式是一种低成本的配电方式：从配电箱引出一条主干线→主干线依次走线到各厅室→每个厅室都利用接线盒从主干线接出一条分支线，由分支线为本厅室配电。单主干接多分支方式的示意图如图 7-15 所示：从配电箱引出一条主干线（采用与入户线相同截面积的导线）；根据住宅的结构，并遵循走线最短原则，主干线从配电箱引出后，依次经过餐厅、厨房、过道、卫生间、主卧室、客房、书房、客厅和阳台；在餐厅、厨房等合适的主干线经过的位置安装接线盒；从接线盒中接出分支线，在分支线上安装插座、开关和灯具。主干线在接线盒中穿盒而过，接线时不要截断主干线，只要剥掉主干线的部分绝缘层即可，分支线与主干线采用 T 型接线方式。在给带门的房间引入分支线时，可在墙壁上钻孔，并为导线添加保护管，以便穿墙。该方式的某房间走线与接线如图 7-16 所示。

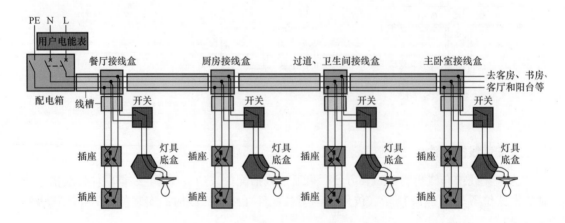

图 7-15　单主干接多分支方式的示意图

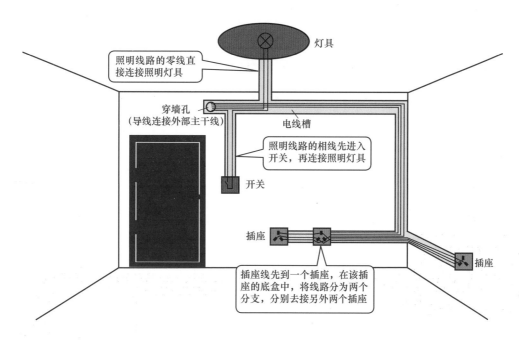

图 7-16　某房间的走线与接线

（2）双主干接多分支方式

双主干接多分支方式是从配电箱引出照明和插座两条主干线→这两条主干线依次走线到各厅室→每个厅室都用接线盒从两条主干线分别接出照明和插座分支线。双主干接多分支方式比单主干接多分支方式的成本要高，但由于可分别为照明和插座供电，当一路出现故障时，可暂时使用另一路供电。双主干接多分支方式的示意图如图 7-17 所示（该方式的某房间走线与接线与图 7-16 相同）。

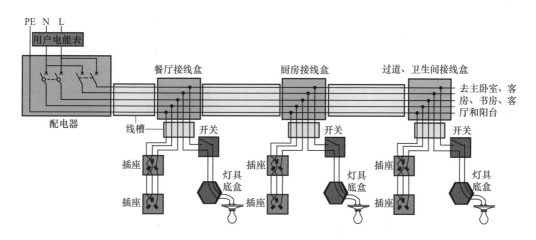

图 7-17　双主干接多分支方式的示意图

（3）多分支方式

多分支方式是根据各厅室的位置和用电功率将住宅用电划分为多个区域，从配电箱引出多条分支线，分别供给不同区域。为了不影响房间的美观，通常使用单路线槽进行明线布线，而单路线槽不能容纳很多导线（导线总截面积不能超过线槽截面积的 60%），因此，在确定分支线的数量时，应考虑线槽与导线的截面积。

多分支方式的示意图如图 7-18 所示：将住宅用电分为三个区域，在配电箱引出三条分支线，分别用开关控制各分支的通断；共有 9 根导线通过单路线槽引出。

❶ 先将分支线 1 从线槽引到该区域的接线盒中，再在接线盒内分为三条分支，分别供给餐厅、厨房和过道。

❷ 先将分支线 2 从线槽引到该区域的接线盒中，再在接线盒内分为三条分支，分别供给主卧室、书房和客房。

❸ 先将分支线 3 从线槽引到该区域的接线盒中，再在接线盒内分为三条分支，分别供给卫生间、客厅和阳台。

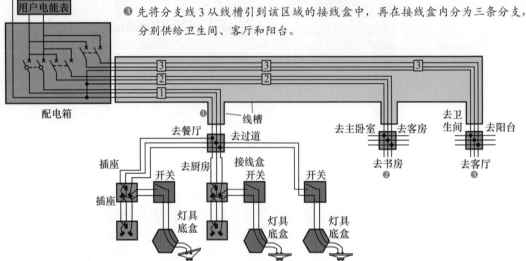

图 7-18　多分支方式的示意图

注意：由于线槽中的导线数量较多，为了方便区分，可每隔一段距离对各分支线做标记。

5. 导线连接点的处理

在室内布线时，除了要安装主干线，还要安装分支线，而分支线与主干线连接时就会产生连接点。导线连接点是电气线路的薄弱环节，容易出现氧化、漏电和接触不良等故障。在采用槽板、套管和暗装布线时，由于无法看见导线，故在连接点出现故障后很难查找。

正确处理导线连接点可以提高电气线路的稳定性，并且在出现故障后易于检查。处理导线连接点的常用方法是将连接点放在插座和接线盒内，如图 7-19 和图 7-20 所示。

注意：导线连接点除了可以放在插座和接线盒中，还可以放在开关和灯具的灯座中。由于导线故障大多数发生在导线连接点，因此当配电线路出现故障后，可先检查插座、接线盒内的导线连接点。

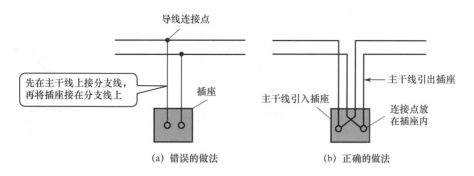

图 7-19 将导线连接点放在插座内

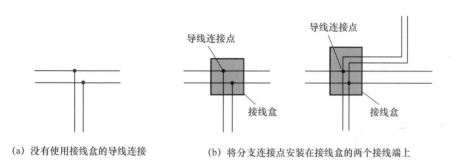

图 7-20 将导线连接点放在接线盒中

7.3 开关的安装

7.3.1 暗装开关

拆卸是安装的逆过程，在安装暗装开关前，可先了解一下如何拆卸已安装的暗装开关。单联暗装开关的拆卸如图 7-21 所示，多联暗装开关的拆卸如图 7-22 所示。

　　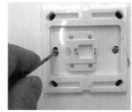　

（a）撬下面板　　　（b）撬下盖板　　　（c）旋出固定螺钉　　　（d）拆下开关主体

图 7-21 单联暗装开关的拆卸

（a）未撬下面板

（b）已撬下面板

（c）已撬下一个开关盖板

图 7-22　多联暗装开关的拆卸

　　由于暗装开关是安装在暗盒内的，因此在安装暗装开关时，要求暗盒（又称安装盒或底盒）已嵌入墙内并已穿线，如图 7-23 所示。暗装开关的安装如图 7-24 所示：先从暗盒中拉出导线，接在开关的接线端；然后用螺钉将开关主体固定在暗盒上；最后依次装好盖板和面板即可。

图 7-23　已埋入墙内并穿线的暗盒

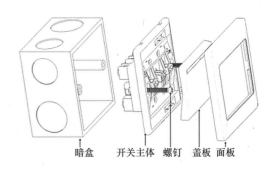

暗盒　开关主体　螺钉　盖板　面板

图 7-24　暗装开关的安装

　7.3.2　明装开关

　　明装开关直接安装在建筑物表面。明装开关有分体式和一体式两种类型。分体式明装开关如图 7-25 所示（采用明盒与开关组合的方式）。在安装分体式明装开关时，可用电钻在墙壁上钻孔，并往孔内敲入膨胀管；将螺钉穿过明盒的底孔，并旋入膨胀管，将明盒固定在墙壁上；从侧孔将导线穿入底盒，并与开关的接线端连接；用螺钉将开关固定在明盒上。明装与暗装所用的开关是一样的，但底盒不同：暗装底盒嵌入墙壁，底部无须螺钉固定孔，如图 7-26 所示。一体式明装开关如图 7-27 所示。

　　注意：为避免水汽进入开关而影响开关寿命或导致电气事故，卫生间的开关最好安装在卫生间门外。若必须安装在卫生间内，应给开关加装防水盒。开放式阳台的开关最好安装在室内，若必须安装在阳台，应给开关加装防水盒。

图 7-25　分体式明装开关（明盒＋开关）　　　　　图 7-26　暗装底盒

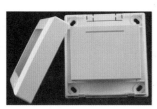

在安装时先要撬开面板盖，才能看见开关的固定孔；用螺钉将开关固定在墙壁上；将导线引入开关并接好线；合上面板盖即可。

图 7-27　一体式明装开关

7.4　插座的安装

7.4.1　暗装插座

暗装插座的拆卸方法与暗装开关是一样的，暗装插座的拆卸如图 7-28 所示。

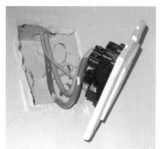

图 7-28　暗装插座的拆卸

暗装插座的安装与暗装开关也是一样的：先从暗盒中拉出导线，按极性规定将导线与插座相应的接线端连接；然后，用螺钉将插座主体固定在暗盒上，盖好面板即可。

7.4.2　明装插座

与明装开关一样，明装插座也有分体式和一体式两种类型。分体式明装插座如图 7-29

所示（采用明盒与插座组合的方式）。一体式明装插座如图 7-30 所示。

图 7-29　分体式明装插座（明盒＋插座）

在安装分体式明装插座时，先将明盒固定在墙壁上，再从侧孔将导线穿入底盒，并与插座的接线端连接，最后用螺钉将插座固定在明盒上。

图 7-30　一体式明装插座

在安装时，先要撬开面板盖，看见插座的螺钉孔和接线端，再用螺钉将插座固定在墙壁上，并接好线，合上面板盖。

在选择插座时，要注意插座的电压和电流规格（住宅插座的电压通常为 220V，电流等级有 10A、16A、25A 等）。插座所接的负载功率越大，插座电流的等级越高。如果需要在潮湿的环境（如卫生间和开放式阳台）中安装插座，应给插座安装防水盒。插座的插孔一定要按规定与相应极性的导线连接。插座的接线极性规律如图 7-31 所示。

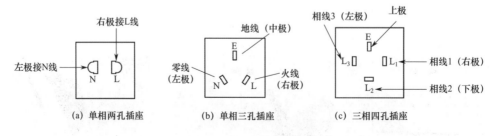

图 7-31　插座的接线极性规律

7.5　配电箱的安装

配电箱的种类很多，已经安装配电电器并接线的配电箱如图 7-32 所示。在配电箱中安装的配电电器主要有断路器和漏电保护器。在安装这些配电电器时，需要先将它们固定在配电箱内部的导轨上，再给配电电器接线。

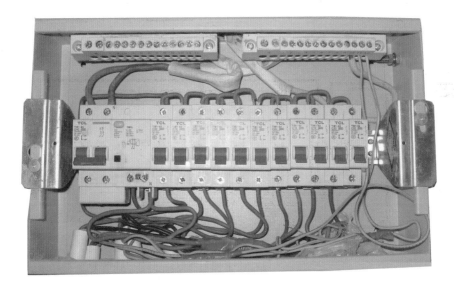

图 7-32　已经安装配电电器并接线的配电箱

配电箱线路原理图如图 7-33 所示，与之对应的配电箱的配电电器接线示意图如图 7-34 所示。

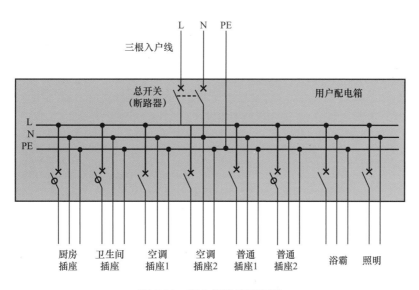

图 7-33　配电箱线路原理图

三根入户线（L、N、PE）进入配电箱，其中 L、N 线接到断路器的输入端；PE 线接到地线公共接线柱（所有接线柱都是相通的）。断路器输出端的 L 线接到 3 个漏电保护器的 L 端和 5 个单极断路器的输入端。断路器输出端的 N 线接到 3 个漏电保护器的 N 端和零线公共接线柱。在输出端，每个漏电保护器的 2 根输出线（L、N）和 1 根由地线公共接线柱引出的 PE 线组成一条分支线；单极断路器的 1 根输出线（L）、1 根由零线公共接线柱引出的 N 线，以及 1 根由地线公共接线柱引出的 PE 线组成一条分支线。由于照明线路一般不需要地线，故该分支线未使用 PE 线。

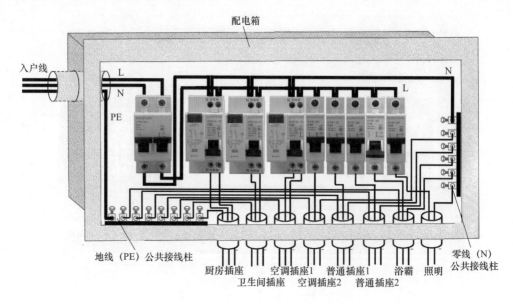

图 7-34　配电箱的配电电器接线示意图

　　注意：在安装住宅配电箱时，当箱体高度小于 60cm 时，箱体下端距离地面宜为 1.5m；当箱体高度大于 60cm 时，箱体上端距离地面不宜大于 2.2m。为配电箱接线时，对导线颜色也有规定：相线应为黄、绿或红色（单相线可选择其中一种颜色）；零线（中性线）应为浅蓝色；地线应为绿、黄双色导线。

PLC

8.1 PLC 基础

PLC是英文Programmable Logic Controller的缩写，意为可编程序逻辑控制器。世界上第一台PLC于1969年由美国数字设备公司（DEC）研制成功。随着技术的发展，PLC的功能大大增强，不再仅限于逻辑控制，因此美国电气制造协会NEMA于1980年对它进行重命名，称为可编程控制器（Programmable Controller），简称PC。但由于PC容易和个人计算机（Personal Computer，PC）混淆，故人们仍习惯将PLC当作可编程控制器的缩写。

8.1.1 PLC 的分类

按硬件的结构形式不同，PLC可分为整体式和模块式，如图8-1和图8-2所示。

整体式PLC又称箱式PLC，其外形像一个长方形的箱体，这种PLC的CPU、存储器、I/O接口等都安装在一个箱体内。整体式PLC的结构简单、体积小、价格低。小型PLC一般采用整体式结构。

图 8-1　整体式 PLC

模块式PLC又称组合式PLC，基板上有很多总线插槽，其中，由CPU、存储器和电源构成的一个模块通常固定安装在某个插槽中，其他功能模块安装在其他不同的插槽内。模块式PLC的配置灵活（可通过增减模块来组成不同规模的系统），安装、维修方便，但价格较贵。大、中型PLC一般采用模块式结构。

图 8-2　模块式 PLC（组合式 PLC）

8.1.2 PLC的控制线路

PLC控制是在继电器控制的基础上发展起来的。为了让读者能初步了解PLC的控制方式，本节以电动机正转控制为例对两种控制系统进行比较。

1. 继电器控制电动机正转线路

图8-3所示是一种常见的继电器正转控制线路，可以对电动机进行正转和停转控制。

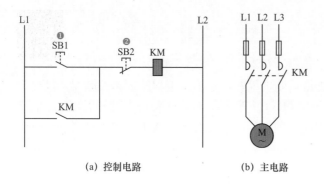

(a) 控制电路　　　　　　(b) 主电路

图8-3　继电器正转控制线路

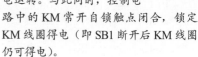

❶ 按下启动按钮SB1，接触器KM线圈得电，主电路中的KM主触点闭合，电动机得电运转。与此同时，控制电路中的KM常开自锁触点闭合，锁定KM线圈得电（即SB1断开后KM线圈仍可得电）。

❷ 按下停止按钮SB2，接触器KM线圈失电，KM主触点断开，电动机失电停转。与此同时，KM常开自锁触点断开，解除自锁（即SB2闭合后KM线圈无法得电）。

2. PLC控制电动机正转线路

图8-4所示是采用PLC控制电动机正转线路。该PLC的型号为CPU SR20。该线路可以实现与图8-3相同的功能。可将PLC控制电动机正转线路分为控制电路和主电路两部分：PLC与外部连接的输入、输出部件构成控制电路；主电路与继电器控制电动机正转线路的主电路相同。

在组建PLC控制系统时，要将PLC输入端子连接输入部件（如开关）、输出端子连接输出部件，并给PLC提供电源。在图8-4中，PLC输入端子连接SB1（启动）、SB2（停止）和24V直流电源（DC 24V）；输出端子连接接触器KM线圈和220V交流电源（AC 220V）；电源端子连接220V交流电源，并在内部由电源电路转换成5V和24V的直流电压：5V供给内部电路使用，24V会送到L+、M端子输出，可以提供给输入端子使用。PLC硬件连接完成后，可在计算机中使用PLC编程软件编写程序，并通过专用的编程电缆将计算机与PLC连接起来，再将程序写入PLC。

PLC控制电动机正转线路的工作过程如下：

- 当按下启动按钮SB1时，有电流流过I0.0，流经途径是 24V+ → SB1 → I0.0 端子 → I0.0 输入电路 → 1M 端子 → 24V−。I0.0 输入电路有电流流过，会使程序中的 I0.0 常开触点闭合，程序中左母线的模拟电流（也称能流）经闭合的 I0.0 常开触点、I0.1 常闭触点流经 Q0.0 线圈到达右母线。程序中的 Q0.0 线圈得电，一方面会使程序中的 Q0.0 常开自锁触点闭合；另一方面会控制 Q0.0 输出电路，使之输出电流流过继电器的线圈。由于继电器触点被吸合，因此有电流流过主电路中的接触器 KM 线圈，KM 主触点闭合，电动机得电运转。

- 当按下停止按钮 SB2 时，有电流流过 I0.1 端子内部的 I0.1 输入电路，使得程序中的 I0.1 常闭触点断开。程序中的 Q0.0 线圈失电，一方面会使程序中的 Q0.0 常开自锁触点断开；另一方面会控制 Q0.0 输出电路，使之停止输出电流。继电器线圈无电流流过，其触点断开，主电路中的接触器 KM 线圈失电，KM 主触点断开，电动机停转。

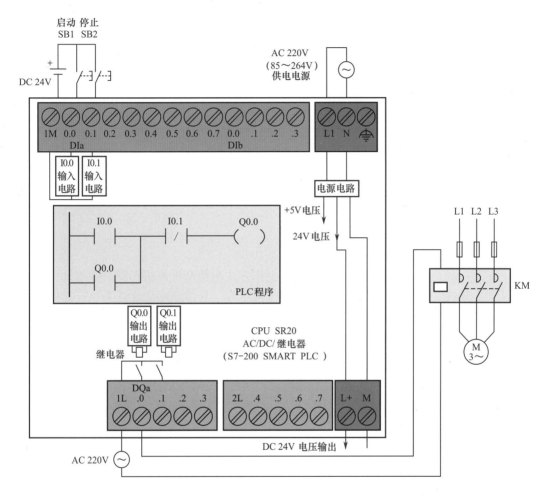

图 8-4　采用 PLC 控制电动机正转线路

8.1.3　PLC 的内部组成

　　PLC的种类很多，但结构大同小异，典型的PLC内部组成如图8-5所示。在组建PLC控制系统时，需要给PLC的输入端子连接相关的输入设备（如按钮、触点和行程开关等）；给输出端子连接 相关的输出设备（如指示灯、电磁线圈和电磁阀等）；如果需要PLC与其他设备通信，可在PLC的通信接口连接其他设备；如果希望增强PLC的功能，可给PLC的扩展接口接上扩展单元。

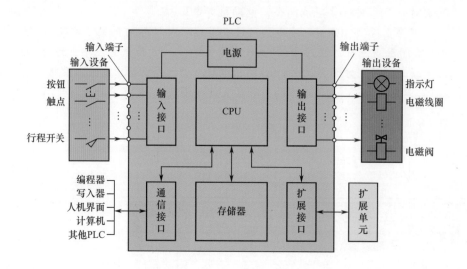

图 8-5　典型的 PLC 内部组成

8.1.4　PLC 的工作过程

　　PLC是一种由程序控制运行的设备，其工作方式与微型计算机不同：微型计算机运行到结束指令END时，程序运行结束；PLC运行程序时，会按顺序依次逐条执行存储器中的程序指令，当执行完最后的指令后，并不会马上停止，而是又重新开始执行存储器中的程序，如此周而复始。PLC的这种工作方式称为循环扫描方式。

　　PLC的工作过程如图8-6所示。

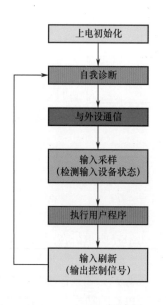

图 8-6　PLC 的工作过程

　　PLC 在通电后，首先进行系统初始化，将内部电路恢复到初始状态，然后进行自我诊断，检测内部电路是否正常，以确保系统能正常运行。在诊断结束后对通信接口进行扫描，若接有外设，则与之通信。通信接口无外设或通信完成后，系统开始进行输入采样、执行用户程序、输入刷新等操作。在检测以上过程完成后，系统又返回，重新开始自我诊断，并不断重复上述过程。PLC有两个工作状态：RUN（运行）状态和 STOP（停止）状态。当 PLC 工作在 RUN 状态时，系统会完整执行图 8-6 中的过程；当 PLC 工作在 STOP 状态时，系统不执行用户程序。PLC 正常工作时应处于 RUN 状态，在编写和修改程序时，应让 PLC 处于 STOP 状态。PLC 的两种工作状态可通过开关切换。

　　PLC 工作在 RUN 状态时，完整执行图 8-6 中的过程所需要的时间称为扫描周期，一般为 1 ~ 100ms。扫描周期与用户程序的长短、指令的种类和 CPU 执行指令的速度有很大的关系。

8.1.5 PLC 的编程语言

PLC是一种由软件驱动的控制设备。PLC软件由系统程序和用户程序组成：系统程序由PLC制造厂商设计、编写，并写入PLC内部的ROM中，用户无法修改；用户程序是由用户根据控制需要编写的程序，并写入PLC存储器中。

在写一篇相同内容的文章时，既可以采用中文，也可以采用英文，还可以使用法文。同样，在编写PLC用户程序时也可以使用多种语言。PLC常用的编程语言主要有梯形图（LAD）、功能块图（FBD）和指令语句表（STL）等，其中梯形图最为常用。

1. 梯形图（LAD）

梯形图采用类似传统继电器控制电路的符号来编写。用梯形图编写的程序具有形象、直观、实用的特点。下面对相同功能的继电器控制电路与梯形图程序进行比较，如图8-7所示。

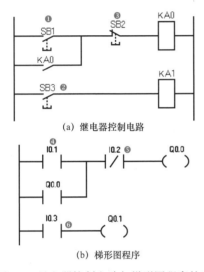

(a) 继电器控制电路

(b) 梯形图程序

图 8-7 继电器控制电路与梯形图程序的比较

❶ 当 SB1 闭合时，继电器 KA0 线圈得电，KA0 自锁触点闭合，锁定 KA0 线圈得电。

❷ 当 SB3 闭合时，继电器 KA1 线圈得电。

❸ 当 SB2 断开时，KA0 线圈失电，KA0 自锁触点断开，解除锁定。

❹ 当常开触点 I0.1 闭合时，左母线产生的能流经 I0.1 和常闭触点 I0.2 流经输出继电器 Q0.0 线圈到达右母线，Q0.0 自锁触点闭合，锁定 Q0.0 线圈得电。

❺ 当常闭触点 I0.2 断开时，Q0.0 线圈失电，Q0.0 自锁触点断开，解除锁定。

❻ 当常开触点 I0.3 闭合时，继电器 Q0.1 线圈得电。

不难看出，两种图的表达方式很相似，只不过梯形图程序使用的继电器是由软件实现的，使用灵活、修改方便；而继电器控制电路采用硬接线，更改线路比较麻烦。

2. 功能块图（FBD）

功能块图采用类似数字逻辑电路的符号来编写。具有数字电路基础的人很容易掌握这种语言。功能相同的梯形图程序与功能块图程序的比较如图8-8所示。在功能块图中，左端为输入端，右端为输出端，输入端、输出端的小圆圈表示非运算。

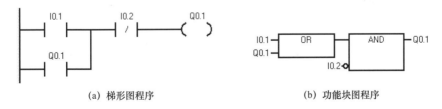

(a) 梯形图程序

(b) 功能块图程序

图 8-8 功能相同的梯形图程序与功能块图程序的比较

3. 指令语句表（STL）

指令语句表与汇编语言类似，也采用助记符形式编写。在使用简易编程器对PLC进行编程时，一般采用指令语句表，主要是因为简易编程器的显示屏很小，难以采用梯形图编程。功能相同的梯形图程序与指令语句表程序的比较如图8-9所示。不难看出，指令语句表就像是描述梯形图的文字，主要由指令助记符和操作数组成。

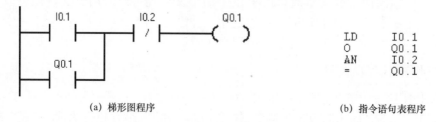

(a) 梯形图程序　　　　　　　　　　　　　(b) 指令语句表程序

图 8-9　功能相同的梯形图程序与指令语句表程序的比较

8.2　S7-200 PLC 介绍

S7系列PLC是西门子生产的可编程控制器，包括小型控制系统（S7-200系列、S7-1200系列）、中大型控制系统（S7-300C系列、S7-300系列、S7-400系列、S7-1500系列）等。S7系列PLC的发展如图8-10所示（"LOGO！"为智能逻辑控制器）。

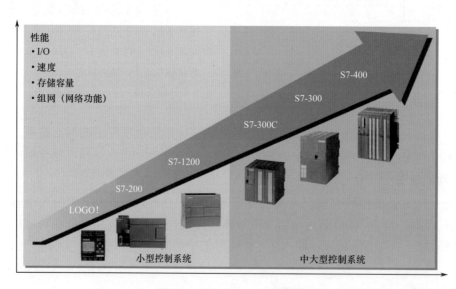

图 8-10　S7 系列 PLC 的发展

S7-200是S7系列中的小型PLC，常用在小型自动化设备中。根据使用的CPU模块不同，S7-200 PLC可分为CPU221、CPU222、CPU224、CPU226等类型。除了CPU221无法扩展外，其他类型都可以通过扩展模块来增加功能。

8.2.1　CPU224XP 型 CPU 模块的面板

CPU224XP型CPU模块是S7-200 PLC中的常用类型。对CPU224XP型CPU模块面板的说明如图8-11所示。除了具有数字量输入端子、数字量输出端子（可输入、输出开关信号，也称1、0数字信号），还带有模拟量输入输出端子（很多型号的CPU模块不带模拟量输入输出端子），可以输入、输出连续变化的电压或电流。

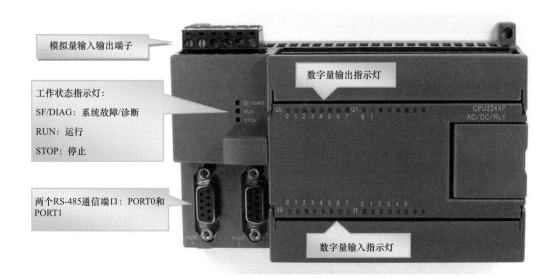

(a) 面板介绍一

(b) 面板介绍二

图 8-11　对 CPU224XP 型 CPU 模块面板的说明

8.2.2 CPU224XP 型 CPU 模块的接线

CPU224XP型CPU模块的接线如图8-12所示。该CPU模块采用交流电源（AC）供电：电源端子L1、N端连接220V（允许范围：85～264V）的交流电源；CPU模块的输入端子连接24V的直流电源（DC），直流电源正/反接均可；CPU模块的输出端子内部为继电器触点，外部接线可使用24V的直流电源或220V的交流电源（DC）。

注意：CPU224XP型CPU模块自带模拟量处理功能，可输入2路模拟量电压（-10～10V），输出1路模拟量电流（0～20mA）或电压（0～10V）。A+、B+端子输入的-10～10V电压在内部对应转换成-32000～+32000的数值，分别存放在AIW0和AIW2寄存器中。CPU模块内部AQW0寄存器中的数值（0～32000）经过转换，可从I端子对应输出0～20mA的电流，或者从V端子输出0～10V的电压。I、V端子只能选择电流或电压中的一种输出，不能同时输出电流和电压。

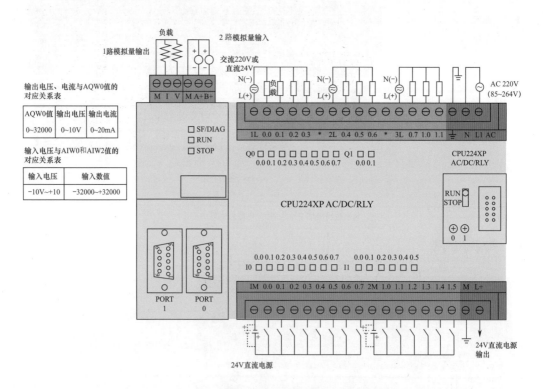

图 8-12　CPU224XP 型 CPU 模块的接线

8.3 PLC 控制双灯亮灭的开发实例

1. 明确系统的控制要求

系统控制要求：利用SB1、SB2两个按钮开关控制A灯和B灯的亮灭，即在按下SB1

时，A灯亮，5s后B灯亮；在按下SB2时，A、B灯同时熄灭。

2. 确定输入 / 输出设备及 I/O 端子

在选用PLC时，应遵循合适、够用的原则，不要盲目选择功能强大的PLC。下面以CPU224XP DC/DC/继电器型PLC作为控制中心，列出PLC控制双灯的输入/输出设备及对应的PLC端子，如表8-1所示。

表 8-1　PLC 控制双灯的输入 / 输出设备及对应的 PLC 端子

输入			输出		
输入设备	对应的PLC端子	功能说明	输出设备	对应的PLC端子	功能说明
SB	I0.0	开灯控制	A灯	Q0.0	控制A灯的亮、灭
SA	I0.1	关灯控制	B灯	Q0.1	控制B灯的亮、灭

3. 绘制 PLC 控制双灯亮灭的线路图

PLC控制双灯亮灭的线路图如图8-13所示。

220V的交流电压在转换成24V的直流电压后，被送到PLC的L+、M端。24V电压除了可为PLC内部电路供电，还分出一路从输入端的L+、M端输出；在PLC输入端，用导线将M、1M端子连接起来，开灯按钮SB、关灯开关 SA的一端分别连接PLC的I0.0和I0.1端子，另一端均连接到L+端子；在PLC输出端，A灯、B灯的一端分别连接PLC的Q0.0和Q0.1端子，另一端均与220V交流电压的N线连接，220V电压的L线直接连接PLC的1L端子。为了防止24V电源和PLC内部电路漏电，可将两者的接地端与地线连接（一般情况下也可不接地线）。

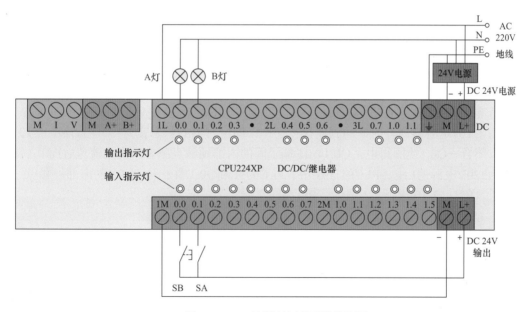

图 8-13　PLC 控制双灯亮灭的线路图

4. 编写 PLC 控制程序

在计算机中安装STEP 7-Micro/WIN软件（S7-200 PLC的编程软件），并使用该软件编写控制双灯亮灭的PLC梯形图程序，如图8-14所示。

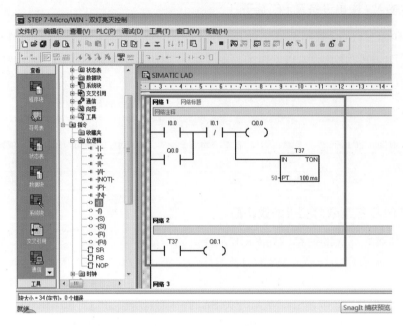

图 8-14　编写控制双灯亮灭的 PLC 梯形图程序

（1）开灯控制

当按下PLC的I0.0端子的外接开灯按钮SB时，24V电压进入I0.0端子→PLC内部的I0.0输入继电器得电（状态变为1）→程序中的I0.0常开触点闭合→T37定时器和Q0.0输出继电器线圈得电→Q0.0常开自锁触点闭合，锁定Q0.0线圈供电，Q0.0和1L端子间的内部硬触点（也称物理触点，即继电器触点或晶体管）闭合→有电流流过A灯（流经途径为220V电源的L线、PLC的1L端子、PLC的1L和Q0.0端子间已闭合的内部硬触点、Q0.0端子、A灯、220V电源的N线），A灯亮。

5s后，T37定时器因计时时间到而执行动作（即定时器的状态变为1）→程序中的T37常开触点闭合→Q0.1线圈得电，Q0.1、1L端子间的内部硬触点闭合→有电流流过B灯（流经途径为220V电源的L线、PLC的1L端子、PLC的1L和Q0.1端子间已闭合的内部硬触点、Q0.1端子、B灯、220V电源的N线），B灯亮。

（2）关灯控制

当将PLC的I0.1端子的外接关灯开关SA闭合时，24V电压进入I0.1端子→PLC内部的I0.1输入继电器得电→程序中的I0.1常闭触点断开→T37定时器和Q0.0输出继电器线圈失电→Q0.0常开自锁触点断开，Q0.0和1L端子间的内部硬触点断开，无电流流过A灯，A灯熄灭→T37定时器失电，状态变为0→T37常开触点断开，Q0.1线圈失电，Q0.1和1L端子间的内部硬触点断开→无电流流过B灯，B灯熄灭。

5．连接电源适配器

在将计算机中编写好的程序下载到PLC时，除了要利用编程电缆将PLC与计算机连接，还要给PLC接通工作电源。PLC的工作电源主要有两种类型：220V交流电源（AC 220V）和24V直流电源（DC 24V）。对于采用220V交流电源的PLC，内部采用了AC 220V转DC 24V的电源电路，由于其内置电源电路，故价格更高；对于采用24V直流电源的PLC，可以在外部连接24V的电源适配器，由其将AC 220V转换成DC 24V，并提供给PLC的电源端。常用的DC 24V电源适配器如图8-15所示。

(a) 接线端、调压电位器和电源指示灯

❶ 电源适配器的 L、N 端为交流电压输入端，L 端接相线（也称火线），N 端接零线。

❷ 接地端与接地线（与大地连接的导线）连接。若电源适配器因漏电使得外壳带电，则外壳的漏电可通过接地端和接地线流入大地（即便接地端不与接地线连接，电源适配器也能正常工作）。

❸ -V、+V 端为 24V 直流电压输出端：-V 端为电源负端；+V 端为电源正端。

❹ 电压调节电位器可用来调节输出电压，使输出电压在 24V 左右变化，在使用时应将输出电压调到24V。

❺ 电源指示灯用于指示电源适配器是否已接通电源。

❻ 铭牌用于标注型号、输入电压、输出电压或电流等参数。从此铭牌可以看出，该电源适配器的输入端可接 100～120V 的交流电压，也可以接 200～240V 的交流电压；输出电压为 24V；输出电流最大为 1.5A。

(b) 铭牌

图 8-15 常用的 DC 24V 电源适配器

DC 24V电源适配器的输入端一般与三线电源线、插头和插座连接。常见的三线电源线的颜色如图8-16所示。

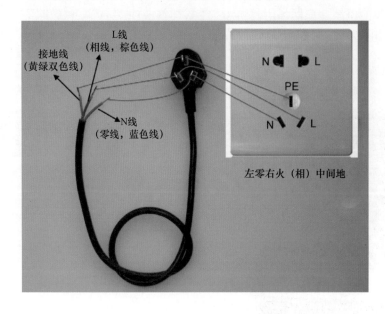

图 8-16　常见的三线电源线的颜色

L 线（即相线，俗称火线）可以使用红、黄、绿或棕色导线；N 线（即零线）应使用蓝色线；PE 线（即接地线）应使用黄绿双色线。

6．连接计算机与 PLC

由于现在的计算机都有USB接口，故编程计算机一般使用USB-PPI编程电缆与PLC连接。USB-PPI编程电缆如图8-17所示。

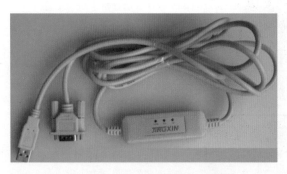

电缆的一端为 USB 接口，与计算机连接；另一端为 COM 端口，与 PLC 连接。

图 8-17　USB-PPI 编程电缆

利用编程电缆将计算机与PLC连接好后，还需要给PLC接通电源，才能将计算机中编写的程序下载到PLC。PLC与计算机的通信连接及供电如图8-18所示。

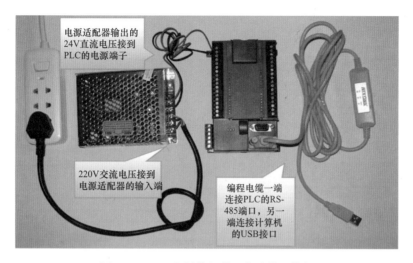

图 8-18　PLC 与计算机的通信连接及供电

7. 下载 PLC 程序

在利用编程电缆将PLC与计算机连接并接通电源后，可将程序下载到PLC中，如图8-19所示。

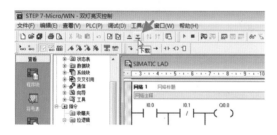

先 在 STEP 7-Micro/WIN 软件中打开需要下载到 PLC 的程序，然后单击工具栏中的 ▼（下载）按钮，即可将程序下载到 PLC 中。

图 8-19　将程序下载到 PLC

8. 模拟调试

在为PLC接上输入、输出部件前，最好先对PLC进行模拟调试，在达到预期效果后再进行实际安装。对PLC的模拟调试如图8-20所示。

9. 实际接线及操作测试

在模拟调试通过后，可按照系统控制线路图进行实际接线并进行通电测试。PLC控制双灯亮灭的实际接线和通电测试如图8-21所示。

首先，将 PLC 的 1M、M 端连接在一起，并将 RUN/STOP 开关拨至 RUN 位置；然后，利用一根导线短接 L+、I0.0 端子；最后，模拟按下 SB 按钮。如果程序正确，则 PLC 的 Q0.0 端子内部的硬件触点闭合，其对应的 Q0.0 指示灯变亮；5s 后，Q0.1 端子对应的 Q0.1 指示灯也变亮。如果不亮，则应检查程序和 PLC 外围接线是否连接正确。

利用导线短接 L+、I0.1 端子，将 SA 开关闭合。在正常情况下，Q0.0、Q0.1 端子将停止输出，两端子对应的指示灯均熄灭。

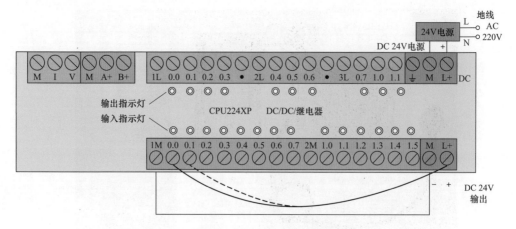

图 8-20 对 PLC 的模拟调试

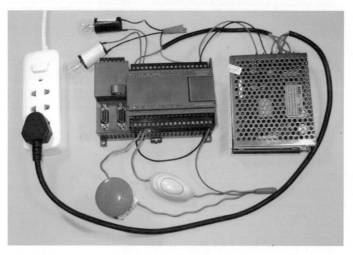

(a) PLC控制双灯亮灭的实际接线

(b) PLC控制双灯亮灭的操作测试

图 8-21 PLC控制双灯亮灭的实际接线和通电测试

- 电源接线：电源适配器的输入端连接 220V 交流电压，输出端连接 PLC 的 L+、M 端，为 PLC 提供 24V 电压。

- 输入端接线：在输入端子的 L+、M 端有直流 24V 电压输出，可用导线将输入端的 M、1M 端子连接，开灯按钮 SB、关灯开关 SA 的一端分别与 I0.0 和 I0.1 端子连接，另一端则与 L+ 端子连接。

- 输出端接线：A 灯、B 灯的一端分别接到输出端子的 Q0.0 和 Q0.1 端子，另一端与 220V 交流电压的 N 线连接。220V 电压的 L 线直接与输出端的 1L 端子连接。

- 开灯测试：在测试前，先确保关灯开关处于断开位置。按下开灯按钮，A 灯亮，5s 后，B 灯亮。注意：如果在关灯开关处于闭合位置时，按下开灯按钮，A 灯和 B 灯不亮。

- 关灯测试：将关灯开关拨到闭合位置，A 灯、B 灯同时熄灭。

若测试结果与上述不符，则要检查是软件问题，还是硬件或接线问题。在排除相关问题后再进行测试。

8.4 S7-200 PLC 编程软件的使用

STEP 7-Micro/WIN 是 S7-200 PLC 的编程软件。该软件的版本较多，本节以 STEP 7-Micro/WIN_V4.0_SP7 版本为例进行说明。这是一个较新的版本，其他版本的使用方法与它基本相似。STEP 7-Micro/WIN 的软件容量为 200 ~ 300MB。在购买 S7-200 PLC 时会配有该软件光盘，普通读者可登录易天电学网（www.XXITee.com）了解该软件的相关信息。

8.4.1 软件界面的说明

1. 软件的启动

STEP 7-Micro/WIN 软件安装好后，单击桌面上的"V4.0 STEP 7 MicroWIN SP7"图标，或者选择"开始"→ Simatic →"STEP 7-Micro/WIN V4.0.7.10"→"STEP 7 MicroWIN"，即可启动 STEP 7-Micro/WIN 软件。软件界面如图 8-22 所示。

2. 语言的转换

STEP 7-Micro/WIN 软件启动后，软件界面默认为英文界面，若要转换成中文界面，可以对软件进行设置，如图 8-23 所示。设置完成后，重新启动 STEP 7-Micro/WIN，软件界面即可变成中文。

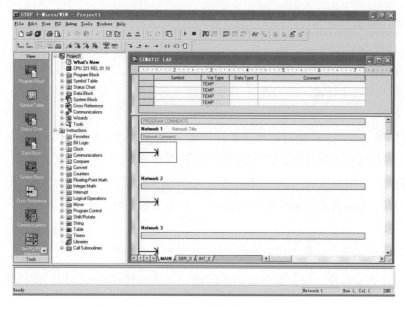

图 8-22　软件界面

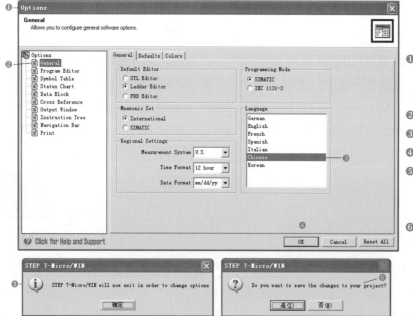

❶ 选择 Tools → Options，弹出 Options 对话框。
❷ 选择 General 选项。
❸ 选中 Chinese 选项。
❹ 单击 OK 按钮。
❺ 弹出此对话框，提示需要退出软件才能使设置生效，单击"确定"按钮。
❻ 弹出此对话框，询问在退出软件前是否保存当前项目，单击"否"按钮。

图 8-23　对软件进行设置

3. 软件界面的组成

STEP 7-Micro/WIN 的软件界面主要由标题栏、菜单栏、工具栏、浏览条、指令树、输出窗口、状态条、局部变量表和程序编程区组成，如图 8-24 所示。

❶ 浏览条：由"查看"和"工具"两部分组成。选择"查看"→"框架"→"浏览条"，即可打开或关闭浏览条。

❷ 指令树：由当前项目和"指令"两部分组成。

❸ 输出窗口：显示编译结果。

❹ 状态条：在编辑程序时，显示当前的网络号、行号、列号；在运行程序时，显示运行状态、通信波特率和远程地址等信息。

❺ 程序编辑区：包括主程序、SBR_0（子程序）和 INT_0（中断程序）三个选项卡，如果需要编写子程序，则可单击 SBR_0 选项，切换到子程序编辑区。

❻ 局部变量表：在带参数的子程序调用中，参数的传递是通过局部变量表进行的。

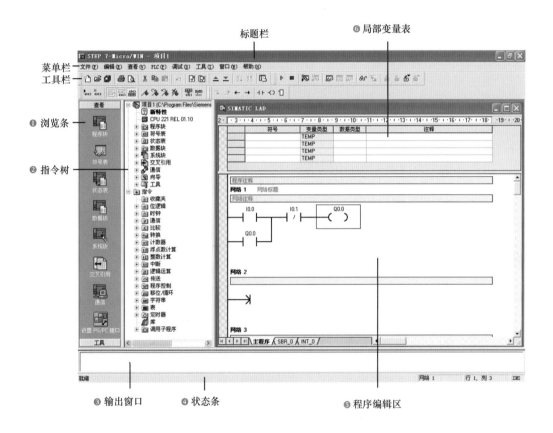

图 8-24　STEP 7-Micro/WIN 的软件界面

8.4.2　项目文件的建立、保存和打开

项目文件类似于文件夹，程序块、符号表、状态表、数据块等都被包含在该项目文件中。项目文件的扩展名为".mwp"，需要用 STEP 7-Micro/WIN 软件才能打开。

单击工具栏上的 图标，或执行菜单命令"文件"→"新建"，即可新建一个文件名为"项目 1"的项目文件。

如果要保存项目文件并更改文件名，可单击工具栏上的 图标，或执行菜单命令"文件"→"保存",弹出"另存为"对话框,如图 8-25 所示。操作完成后,在"指令树"的上部将显示文件名和保存路径,如图 8-26 所示。

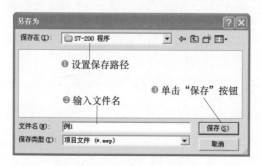

图 8-25 "另存为"对话框　　　图 8-26 在"指令树"的上部显示文件名和保存路径

8.4.3 程序的编写

1. 进入主程序的编辑状态

如果要编写程序,则 STEP 7-Micro/WIN 软件的程序编辑区应为主程序编辑状态;如果未处于主程序编辑状态,则可选择"指令树"→"程序块→主程序(OB1)",如图 8-27 所示,将程序编辑区切换为主程序编辑状态。

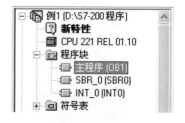

图 8-27 将程序编辑区切换为主程序编辑状态

2. 设置 PLC 类型

设置 PLC 类型的方法:执行菜单命令 PLC → "类型",弹出"PLC 类型"对话框,进行如图 8-28 所示的设置。

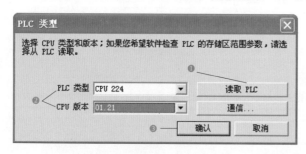

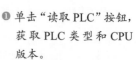

❶ 单击"读取 PLC"按钮,获取 PLC 类型和 CPU 版本。

❷ 设置"PLC 类型"和"CPU 版本"下拉列表。

❸ 单击"确认"按钮。

❹ 显示设置后的 PLC 类型和 CPU 版本。

图 8-28 设置 PLC 类型

3. 编写程序

下面以编写如图 8-29 所示的梯形图程序为例说明程序的编写方法。

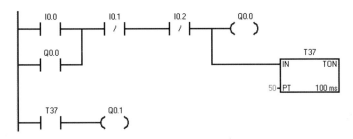

图 8-29　梯形图程序

程序编写过程如图 8-30 所示。

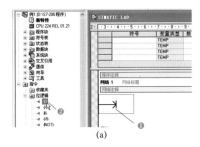

(a)

❶ 单击程序编辑区的起始处,定位编程元件的位置。

❷ 双击常开选项。

❸ 插入一个常开触点,定位框自动后移。

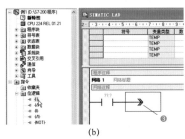

(b)

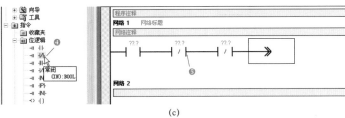

(c)

❹ 双击常闭选项。

❺ 插入两个常闭触点(执行两次同样的操作)。

❻ 双击输出选项。

❼ 插入一个输出线圈。

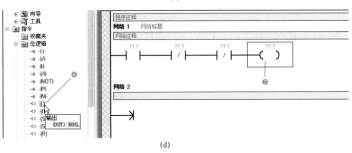

(d)

图 8-30　程序编写过程

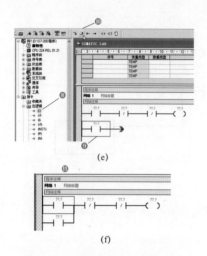

(e)

(f)

⑧ 双击常开选项。

⑨ 插入一个常开触点。

⑩ 选中该触点，单击 ┛（向上连线）按钮。

⑪ 将第二行的常开触点右端与第一行连接起来。

(g)

(h)

⑫ 选中第 3 个触点。

⑬ 单击 ┓（向下连线）按钮。

⑭ 第 3 个触点的右端出现一个向下线。

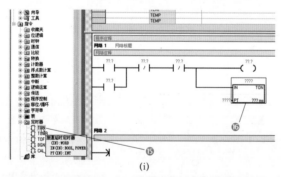

(i)

⑮ 双击 TON（接通延时定时器）选项。

⑯ 在编辑区插入一个定时器元件。

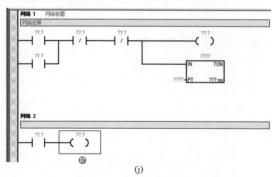

(j)

图 8-30　程序编写过程（续）

⑰ 在"网络2"下插入一个常开触点和一个输出线圈。注意：一个网络只允许有一个独立电路，若出现两个独立电路，则会出现"无效网络或网络太复杂无法编译"的提示语。

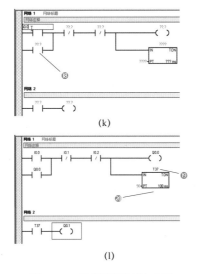

⑱ 在"??.?"处单击，即可输入触点名称。

(k)

⑲ 当定时器命名为 T37 时，其时间单位自动变为 100ms。

⑳ 手动输入 50，则定时器的定时时间为 5s（50×100ms）。至此，程序编写完成。

(l)

图 8-30　程序编写过程（续）

4．编译程序

在将编写的梯形图程序传送给 PLC 前，需要先对梯形图程序进行编译，将它转换成 PLC 能识别的代码。程序的编译如图 8-31 所示。如果编写的程序出现错误，则会出现错误提示。双击错误提示，程序编辑区的定位框会跳至程序出错位置。

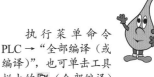

执行菜单命令 PLC→"全部编译（或编译）"，也可单击工具栏上的 （全部编译）图标或 （编译）图标，即可编译全部程序或当前打开的程序。

(a)　正在编译程序

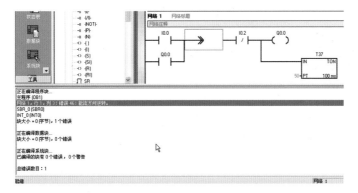

(b)　出现错误提示

图 8-31　程序的编译

8.4.4 计算机与 PLC 的通信连接和设置

STEP 7-Micro/WIN 软件是在计算机中运行的,只有将计算机与 PLC 连接起来,才能在计算机中将 STEP 7-Micro/WIN 软件编写的程序写入 PLC,或将 PLC 已有的程序读入计算机进行重新修改。

1. 计算机与 PLC 的连接

计算机与 PLC 的连接主要有两种方式:一是给计算机安装 CP 通信卡(如 CP5611 通信卡),并用专用电缆将 CP 通信卡与 PLC 连接起来,从而获得很高的通信速率,但其价格很高,故较少采用;二是使用 PC-PPI 电缆连接计算机与 PLC。PC-PPI 电缆有 USB-RS485 和 RS232-RS485 两种:USB-RS485 电缆的一端连接计算机的 USB 接口,另一端连接 PLC 的 RS485 端口;RS232-RS485 电缆连接计算机的 RS232 端口(COM 端口)。由于现在很多计算机没有 RS232 端口,故可采用 USB-RS485 电缆连接计算机与 PLC,如图 8-32 所示。

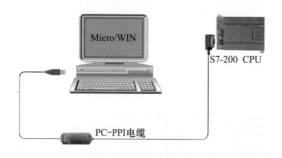

图 8-32 采用 USB-RS485 电缆连接计算机与 PLC

如果使用 USB-RS485 电缆连接计算机和 PLC,则需要在计算机中安装 USB-RS485 电缆的驱动程序。USB-RS485 电缆如图 8-33 所示,也称 USB-PPI 编程电缆,在购买时通常会配有驱动光盘。USB-RS485 电缆驱动程序的安装操作如图 8-34 所示。

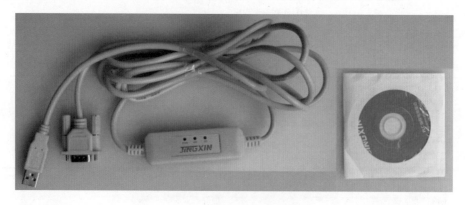

图 8-33 USB-RS485 电缆

❶ 选中 SETUP
　选项。

❷ 弹出"驱动
　安装"对话
　框,单击"安装"按钮,
　即可开始安装驱动程
　序;若单击"卸载"按钮,
　则会卸载先前安装的驱
　动程序。

❸ 驱动程序安装后,右键
　单击"计算机"图标,
　在弹出的快捷菜单中选
　择"设备管理器"。

❹ 在打开的"设备管理器"
　窗口中可以看到"USB-
　SERIAL CH340(COM3)"
　选项,表示计算机已识
　别出编程电缆,连接端
　口为 COM3。

图 8-34　USB-RS485 电缆驱动程序的安装操作

2. 通信设置

采用 USB-RS485 电缆将计算机与 PLC 连接好后,还要在 STEP 7-Micro/WIN 软件中进行通信设置。

- 设置 PLC 的通信端口,如图 8-35 所示。

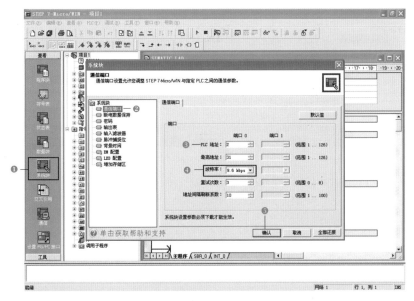

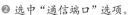

❶ 选中"系统
　块"选项,
　弹出"系统
　块"对话框。

❷ 选中"通信端口"选项。

❸ 设置"PLC 地址"文本
　框为 2。

❹ 在"波特率"下拉列表
　中选择 9.6kbps 选项。

❺ 单击"确认"按钮。

图 8-35　设置 PLC 的通信端口

• 设置 PG/PC 接口，如图 8-36 所示。

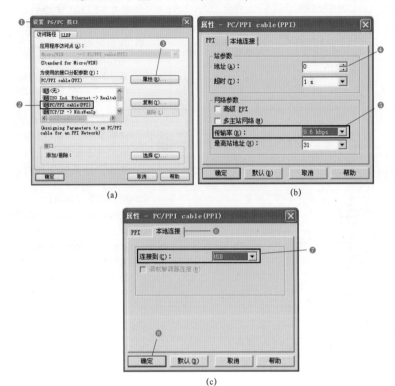

❶ 选中"查看"→"设置"，弹出"设置 PG/PC 接口"对话框。

❷ 选中"PC/PPI cable（PPI）"选项。

❸ 单击"属性"按钮，弹出"属性"对话框。

❹ 将"地址"文本框设为 0（不能与 PLC 地址相同）。

❺ 在"传输率"下拉列表中选择 9.6kbps 选项（要与 PLC 通信速度相同）。

❻ 切换到"本地连接"选项卡。

❼ 在"连接到"下拉列表中选择 USB 选项。

❽ 单击"确定"按钮。

图 8-36　设置 PG/PC 接口

• 建立 PLC 与计算机的通信连接，如图 8-37 所示。

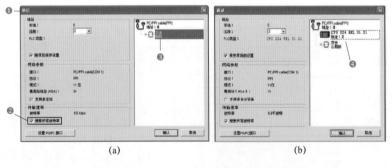
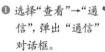
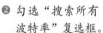

❶ 选择"查看"→"通信"，弹出"通信"对话框。

❷ 勾选"搜索所有波特率"复选框。

❸ 双击"双击刷新"选项，计算机开始搜索与它连接的 PLC。

❹ 如果连接正常，则将出现 PLC 图标及型号。

图 8-37　建立 PLC 与计算机的通信连接

8.4.5　程序的下载和上载

将计算机中编写的程序传送给 PLC 称为下载，将 PLC 中的程序传送给计算机称为上载。

1. 下载程序

程序编译后，就可以将编译好的程序下载到 PLC。程序下载的方法：执行菜单命令"文件"→"下载",也可单击工具栏上的▇图标,弹出"下载"对话框。通信正常时的"下载"对话框如图 8-38 所示,单击"下载"按钮即可将程序下载到 PLC。如果计算机与 PLC 的通信不正常,会出现如图 8-39 所示的对话框,提示出现通信错误。

程序下载时 PLC 会自动切换到 STOP 模式,下载结束后又会自动切换到 RUN 模式。若希望在模式切换时出现模式切换提示,可勾选最下方的两个复选框。

 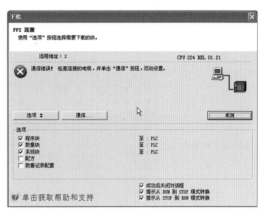

图 8-38　通信正常时的"下载"对话框　　　　图 8-39　通信不正常时的"下载"对话框

2. 上载程序

当需要修改 PLC 中的程序时,可利用 STEP 7-Micro/WIN 软件将 PLC 中的程序上载到计算机。在上载程序时,需要新建一个空项目文件,以便放置上载内容,如果项目文件中已包含其他内容,将会被上载内容覆盖。

上载程序的方法:执行菜单命令"文件"→"上载",也可单击工具栏上的▲图标,弹出"上载"对话框,单击"上载"按钮即可将 PLC 中的程序上载到计算机中。

8.5　S7-200 PLC 编程软件的使用

在使用 STEP 7-Micro/WIN 软件编写完程序后,如果没有安装 PLC 但又想看到程序在 PLC 中的运行效果,可运行 S7-200 PLC 仿真软件,让编写的程序在模拟的 PLC 中运行,从中观察程序的运行效果。

8.5.1　软件界面的说明

S7-200 PLC 仿真软件不是 STEP 7-Micro/WIN 软件的组成部分,它由其他公司开发,用于对 S7-200 系列 PLC 进行仿真。S7-200 PLC 仿真软件是一款绿色软件,无须安装,双击 EXE 文件即可运行,如图 8-40 所示。软件启动后弹出密码对话框,如图 8-41 所示。按提示输入密码,即可弹出软件界面,如图 8-42 所示。

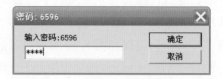

图 8-40 双击 EXE 文件 　　　　　　　　图 8-41 密码对话框

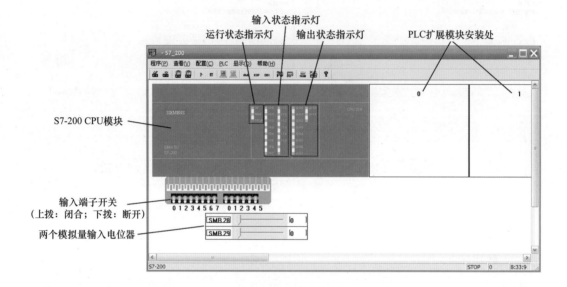

图 8-42 软件界面

 8.5.2 CPU 型号的设置与扩展模块的安装

1. CPU 型号的设置

在仿真时要求仿真软件和编程软件的 CPU 型号相同，否则可能会出现无法仿真或仿真出错的情况。CPU 型号的设置方法如图 8-43 所示；设置效果如图 8-44 所示。

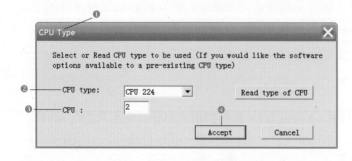

图 8-43 CPU 型号的设置方法

❶ 选择"配置"→"CPU 型号"，弹出 CPU Type 对话框。
❷ 选择 CPU 的型号。
❸ 保持默认的地址 2。
❹ 单击 Accept 按钮。

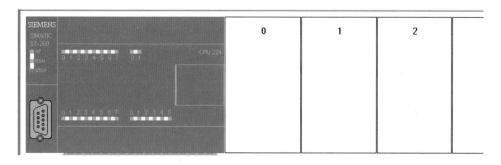

图 8-44　设置效果

2. 扩展模块的安装

在仿真软件中可以安装扩展模块。扩展模块的安装方法如图 8-45 所示。

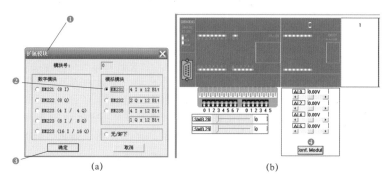

❶ 在扩展模块安装处
双击，弹出"扩展
模块"对话框。
❷ 选择某个需要安装
的模块，如 EM231。
❸ 单击"确定"按钮。
❹ 在 0 模块安装处出现了安装
的 EM231 模块，同时模块
的下方有 4 个模拟量输入滑
块，用于调节模拟量输入的
电压值。

图 8-45　扩展模块的安装方法

如果要删除扩展模块，则双击扩展模块，在弹出的"扩展模块"对话框中，选中"无 /
卸下"单选按钮，单击"确定"按钮即可。

8.5.3　程序的仿真

1. 从编程软件中导出程序

若要仿真编写的程序，必须先在 STEP 7-Micro/WIN 编程软件中编写程序，编写的程
序如图 8-46 所示；再对编写的程序进行编译，在编译无误后可导出程序。导出程序的操
作如图 8-47 所示。

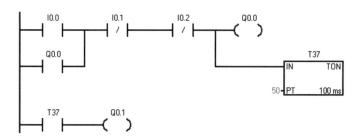

图 8-46　编写程序

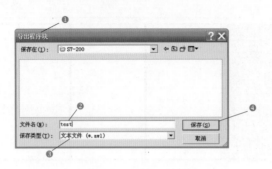

❶ 选择"文件"→"导出",弹出"导出程序块"对话框。
❷ 输入文件名：test。
❸ 设置保存类型。
❹ 单击"保存"按钮。

图 8-47　导出程序的操作

2. 在仿真软件中装载程序

在仿真软件中装载程序的操作方法如图 8-48 所示。

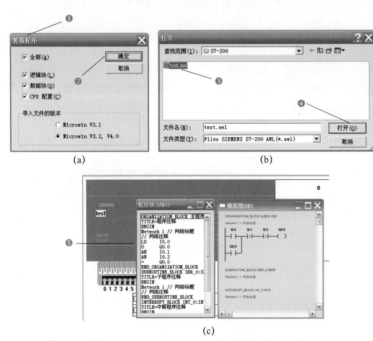

(a)　　　　　　　(b)

(c)

图 8-48　在仿真软件中装载程序的操作方法

❶ 选择"程序"→"装载程序"，弹出"装载程序"对话框。
❷ 保持默认值即可，单击"确定"按钮，弹出"打开"对话框。
❸ 选择 test.awl 文件。
❹ 单击"打开"按钮，即可将文件装载到仿真软件中。
❺ 在仿真软件中出现程序块的语句表和梯形图。若不需要，则可将其关闭。

3. 仿真程序

若要仿真程序，则单击工具栏上的 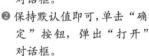（运行）图标，让 PLC 进入 RUN 状态，仿真程序如图 8-49 所示；若要停止仿真，则单击工具栏上的 ■（停止）图标，让 PLC 进入 STOP 状态。

4. 监控变量状态

监控变量状态的操作如图 8-50 所示。

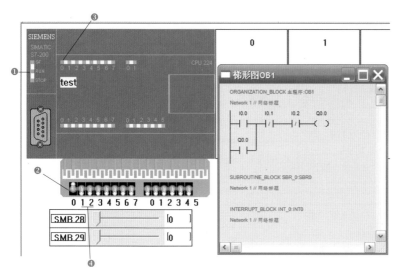

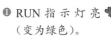
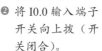
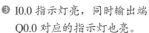

❶ RUN 指 示 灯 亮（变为绿色）。

❷ 将 I0.0 输 入 端 子开 关 向 上 拨（开关闭合）。

❸ I0.0 指示灯亮，同时输出端Q0.0 对应的指示灯也亮。

❹ 将 I0.1 或 I0.2 输 入 端 子开 关 向 上 拨（图 中 无 法 显示），发现 Q0.0 对应的指示灯不亮，这些与直接分析梯形图程序得到的结果是一致的，说明编写的梯形图程序正确。

图 8-49　仿真程序

❶ 选择"查看"→"内存监视"，弹出"内存表"对话框。

❷ 在 " 地 址 栏 " 列输入变量名（如 I0.0）。

❸ 单击 " 开始 " 按钮。

❹ 在 " 值 " 列即可显示该变量的值（2#1）。

图 8-50　监控变量状态的操作

8.6　PLC 的常用指令

PLC最常用的指令，主要包括位逻辑指令、定时器指令和计数器指令。

8.6.1　位逻辑指令

位逻辑指令主要包括触点指令、线圈指令、立即指令、RS触发器指令和空操作指令。

1. 触点指令

触点指令可分为普通触点指令和边沿检测触点指令。

对普通触点指令的说明如表8-2所示。

表 8-2　对普通触点指令的说明

指令标识	梯形图符号及名称	说　明	可用的软元件	举　例
┤├	??.? 常开触点	当??.?位为1时，??.?常开触点闭合；当??.?位为0时常开触点断开	I、Q、M、SM、T、C、L、S、V	I0.1　A 当I0.1位为1时，I0.1常开触点闭合，左母线的能流通过触点流到A点
┤/├	??.? 常闭触点	当??.?位为0时，??.?常闭触点闭合；当??.?位为1时常闭触点断开	I、Q、M、SM、T、C、L、S、V	I0.1　A 当I0.1位为0时，I0.1常闭触点闭合，左母线的能流通过触点流到A点
┤NOT├	┤NOT├ 取反	当该触点的左方有能流时，经取反后右方无能流；当左方无能流时，右方有能流		I0.1　A　B ┤├──●──┤NOT├──● 当I0.1常开触点断开时，A点无能流，经取反后，B点有能流。这里两个触点的组合功能与一个常闭触点的功能相同

对边沿检测触点指令的说明如表8-3所示。

表 8-3　对边沿检测触点指令的说明

指令标识	梯形图符号及名称	说　明	举　例
┤P├	┤P├ 上升沿检测触点	当该指令前面的逻辑运算结果有一个上升沿（0→1）时，会产生一个宽度为一个扫描周期的脉冲，用于驱动后面的输出线圈	I0.4　P　Q0.4 N　Q0.5 I0.4 Q0.4 一个扫描周期 Q0.5 一个扫描周期 当I0.4触点由断开转为闭合时，产生一个上升沿（0→1），P触点的接通时间为一个扫描周期，Q0.4线圈的得电时间也为一个扫描周期。
┤N├	┤N├ 下降沿检测触点	当该指令前面的逻辑运算结果有一个下降沿（1→0）时，会产生一个宽度为一个扫描周期的脉冲，用于驱动后面的输出线圈	当I0.4触点由闭合转为断开时，产生一个下降沿（1→0），N触点的接通时间为一个扫描周期，Q0.5线圈的得电时间也为一个扫描周期

2. 线圈指令

对线圈指令的说明如表8-4所示。

216

表 8-4 对线圈指令的说明

指令标识	梯形图符号及名称	说　明	可用的软元件
( )	??.? ( ) 输出线圈	在输入能流时，??.?线圈得电；在能流消失后，??.?线圈马上失电	
(S)	??.? (S) ???? 置位线圈	在输入能流时，将以??.?开始的????个线圈置位（即让这些线圈都得电）；在能流消失后，这些线圈仍保持得电状态	??.?（软元件）：I、Q、M、SM、T、C、V、S、L，数据类型为布尔型。 ????（软元件的数量）：范围为 1～255
(R)	??.? (R) ???? 复位线圈	在输入能流时，将以??.?开始的????个线圈复位（即让这些线圈都失电）；在能流消失后，这些线圈仍保持失电状态	

线圈指令的应用如图8-51所示。当I0.4常开触点闭合时，M0.0～M0.2、Q0.4线圈得电；在I0.4常开触点断开后，M0.0～M0.2线圈仍保持得电状态，而Q0.4线圈失电。当I0.5常开触点闭合时，M0.0～M0.2线圈失电，Q0.5线圈得电；在I0.5常开触点断开后，M0.0～M0.2线圈仍保持失电状态，Q0.5线圈也失电。

3．立即指令

PLC的一般工作过程：当操作输入端设备时（如单击I0.0端子的外接按钮），状态数据"1"存入输入映像寄存器I0.0中→PLC运行时先扫描、读出输入映像寄存器的数据，然后根据读取的数据运行用户编写的程序→程序运行结束后将结果送入输出映像寄存器（如Q0.0）→通过输出电路驱动来输出端子外接的输出设备（如接触器线圈），并重复上述过程。PLC完整运行一个过程所

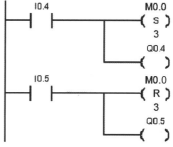

图 8-51　线圈指令的应用

需的时间称为一个扫描周期，在PLC执行用户程序阶段，即使输入设备的状态发生变化（如按钮由闭合改为断开），PLC也不会受到影响，仍按从输入映像寄存器阶段读取的数据执行程序，直到下一个扫描周期才读取输入端的新状态。

如果希望PLC工作时能即时响应输入或即时产生输出，可使用立即指令。立即指令可分为立即触点指令、立即线圈指令。

（1）立即触点指令

立即触点指令又称立即输入指令。执行立即触点指令时，PLC会立即读取输入端子的值，再根据该值判断程序中触点的通/断状态，但并不更新该端子对应的输入映像寄存器的值，其他普通触点的状态仍由从输入映像寄存器阶段读取的值决定。

对立即触点指令的说明如表8-5所示。

表 8-5 对立即触点指令的说明

指令标识	梯形图符号及名称	说明	举例
-|I|-	??.? ┤I├ 立即常开触点	当 PLC 的 ??.? 端子输入为 ON 时，??.? 立即常开触点即刻闭合；当 PLC 的 ??.? 端子输入为 OFF 时，??.? 立即常开触点即刻断开	I0.0 I0.2 I0.3 Q0.0 ├┤ I ├──┤ ├──┤/├──( ) I0.1 ├┤ ├ 当 PLC 的 I0.0 端子输入为 ON（如该端子的外接开关闭合）时，I0.0 立即常开触点即刻闭合，Q0.0 线圈随之得电；当 PLC 的 I0.1 端子输入为 ON 时，I0.1 常开触点并不马上闭合，而是要等到 PLC 运行完后续程序并再次执行程序时才闭合。
-|/I|-	??.? ┤/I├ 立即常闭触点	当 PLC 的 ??.? 端子输入为 ON 时，??.? 立即常闭触点即刻断开；当 PLC 的 ??.? 端子输入为 OFF 时，??.? 立即常闭触点即刻闭合	同样地，当 PLC 的 I0.2 端子输入为 ON 时，可以比 PLC 的 I0.3 端子输入为 ON 时更快地令 Q0.0 线圈失电

（2）立即线圈指令

立即线圈指令又称立即输出指令。该指令在执行时，将前面的运算结果立即送到输出映像寄存器中，从而产生输出。对立即线圈指令的说明如表8-6所示。

表 8-6 对立即线圈指令的说明

指令标识	梯形图符号及名称	说明	举例
(I)	??.? ─(I) 立即输出线圈	在输入能流时，??.? 线圈得电，PLC 的 ??.? 端子立即产生输出；在能流消失后，??.? 线圈失电，PLC 的 ??.? 端子立即停止输出	I0.0 Q0.0 ├┤ ├────( ) 　　　　　　　Q0.1 　　　　　　─(I) 　　　　　　　Q0.2 　　　　　　─(SI) 　　　　　　　3 I0.1 Q0.2 ├┤ ├────(RI) 　　　　　　　3 在 I0.0 常开触点闭合时，Q0.0 ～ Q0.4 线圈均得电，PLC 的 Q0.1 ～ Q0.4 端子立即产生输出，Q0.0 端子需要在程序运行结束后才产生输出；在 I0.0 常开触点断开后，Q0.1 端子立即停止输出，Q0.0 端子需要在程序运行结束后才停止输出，而 Q0.2 ～ Q0.4 端子仍保持输出。
(SI)	??.? ─(SI) ???? 立即置位线圈	在输入能流时，PLC 从以 ??.? 开始的 ???? 个端子立即产生输出；在能流消失后，这些线圈仍保持为 1，其对应的 PLC 端子保持输出	
(RI)	??.? ─(RI) ???? 立即复位线圈	在输入能流时，PLC 从以 ??.? 开始的 ???? 个端子立即停止输出；在能流消失后，这些线圈仍保持为 0，其对应的 PLC 端子仍停止输出	在 I0.1 常开触点闭合时，Q0.2 ～ Q0.4 线圈均失电，PLC 的 Q0.2 ～ Q0.4 端子立即停止输出

4. RS 触发器指令

RS触发器指令的功能是根据R、S端的输入状态产生相应的输出，分为置位优先触发器指令和复位优先触发器指令。对RS触发器指令的说明如表8-7所示。

表 8-7 对 RS 触发器指令的说明

指令标识	梯形图符号及名称	说明
SR	??.? ┌─────┐ │S1 OUT│ │ SR │ │ │ │R │ └─────┘ 置位优先触发器指令	<table><tr><td>S1</td><td>R</td><td>OUT (??.?)</td></tr><tr><td>0</td><td>0</td><td>保持前一状态</td></tr><tr><td>0</td><td>1</td><td>0</td></tr><tr><td>1</td><td>0</td><td>1</td></tr><tr><td>1</td><td>1</td><td>1</td></tr></table>

（续表）

指令标识	梯形图符号及名称	说明
RS	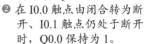 复位优先触发器指令	<table><tr><td>S</td><td>R1</td><td>OUT (??.?)</td></tr><tr><td>0</td><td>0</td><td>保持前一状态</td></tr><tr><td>0</td><td>1</td><td>0</td></tr><tr><td>1</td><td>0</td><td>1</td></tr><tr><td>1</td><td>1</td><td>0</td></tr></table>

RS触发器指令的应用如图8-52所示。

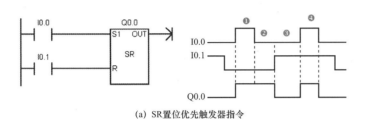

(a) SR置位优先触发器指令

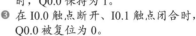

❶ 在 I0.0 触点闭合、I0.1 触点断开时，Q0.0 被置位为 1。
❷ 在 I0.0 触点由闭合转为断开、I0.1 触点仍处于断开时，Q0.0 保持为 1。
❸ 在 I0.0 触点断开、I0.1 触点闭合时，Q0.0 被复位为 0。
❹ 在 I0.0、I0.1 触点均闭合时、Q0.0 被置位为 1。

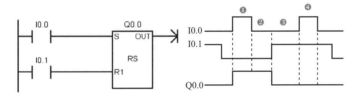

图 8-52 RS 触发器指令的应用

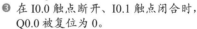

❶ 在 I0.0 触点闭合、I0.1 触点断开时，Q0.0 被置位为 1。
❷ 在 I0.0 触点由闭合转为断开、I0.1 触点仍处于断开时，Q0.0 保持为 1。
❸ 在 I0.0 触点断开、I0.1 触点闭合时，Q0.0 被复位为 0。
❹ 在 I0.0、I0.1 触点均闭合时、Q0.0 被置位为 0。

5. 空操作指令

空操作指令的功能是让程序不执行任何操作。由于该指令在执行时需要一定的时间，故可延缓程序执行周期。对空操作指令的说明如表8-8所示。

表 8-8 对空操作指令的说明

指令标识	梯形图符号及名称	说 明	举 例
NOP	N NOP 空操作	执行一次 NOP 指令需要的时间约为 $0.22\mu s$，执行 N 次 NOP 的时间约为 $0.22\mu s \times N$	M0.0 100 NOP 当 M0.0 触点闭合时，NOP 指令执行 100 次

8.6.2　定时器指令

定时器是一种按时间顺序执行动作的继电器，相当于继电器控制系统中的时间继电器。一个定时器可有很多个常开触点和常闭触点，其定时单位有1ms、10ms、100ms三种。

根据工作方式的不同，定时器指令可分为三种：通电延时定时器（TON）指令、断电延时定时器（TOF）指令、记忆型通电延时定时器（TONR）指令。

三种定时器如图8-53所示。TON、TOF是共享型定时器，即当将某个编号的定时器作为TON使用时，就不能再将它作为TOF使用。

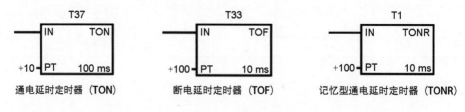

通电延时定时器（TON）　　断电延时定时器（TOF）　　记忆型通电延时定时器（TONR）

图 8-53　三种定时器

1. 通电延时定时器（TON）指令

对通电延时定时器指令的说明如表8-9所示。

表 8-9　对通电延时定时器指令的说明

指令标识	梯形图符号及名称	说　明	参　数
TON	???? IN　TON ????—PT　??? ms 通电延时定时器指令 （指令上方的 ???? 用于输入TON 定时器编号；PT 旁的 ???? 用于设置计时设定值；ms 旁的 ??? 根据定时器编号自动生成，如定时器编号为 T37，则 ???ms 自动变成 100ms）	当 IN 端输入为 ON 时，T×××通电延时定时器开始计时，计时时间为计时设定值（PT）×???ms。在到达计时设定值后，T×××定时器的状态变为 1 并且继续计时，直到最大值 32767。当 IN 端输入为 OFF 时，T×××定时器的计时值清 0，同时状态也变为 0	<table><tr><td>输入/输出</td><td>数据类型</td><td>操作数</td></tr><tr><td>Txxx</td><td>WORD</td><td>常数(T0~T255)</td></tr><tr><td>IN</td><td>BOOL</td><td>I、Q、V、M、SM、S、T、C、L</td></tr><tr><td>PT</td><td>INT</td><td>IW、QW、VW、MW、SMW、SW、LW、T、C、AC、AIW、*VD、*LD、*AC、常数</td></tr></table>

通电延时定时器指令的应用如图8-54所示。

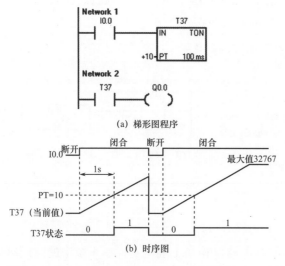

(a) 梯形图程序

(b) 时序图

图 8-54　通电延时定时器指令的应用

当 I0.0 触点闭合时，T37 的 IN 端输入为 ON，开始计时，在达到计时设定值 10（10×100ms=1s）时，T37 的状态变为 1，T37 的常开触点闭合，线圈 Q0.0 得电，继续计时，直到最大值 32767，并保持最大值不变；当 I0.0 触点断开时，T37 的 IN 端输入为 OFF，计时值和状态均为 0，T37 的常开触点断开，线圈 Q0.0 失电。

2. 断电延时定时器（TOF）指令

对断电延时定时器指令的说明如表8-10所示。

表 8-10　对断电延时定时器指令的说明

指令标识	梯形图符号及名称	说　　明	参　　数
TOF	???? IN　TOF ????—PT　??? ms 断电延时定时器指令 （指令上方的????用于输入 TOF 定时器编号；PT 旁的????用于设置计时设定值；ms 旁的??? 根据定时器编号自动生成）	当 IN 端输入为 ON 时，T×××断电延时定时器的状态变为1，同时计时值清0；当 IN 端输入变为 OFF 时，定时器的状态仍为1，定时器开始计时，在到达计时设定值后，定时器的状态变为0，当前计时值保持不变	见下表

输入/输出	数据类型	操作数
Txxx	WORD	常数(T0~T255)
IN	BOOL	I, Q, V, M, SM, S, T, C, L
PT	INT	IW, QW, VW, MW, SMW, SW, LW, T, C, AC, AIW, *VD, *LD, *AC, 常数

断电延时定时器指令的应用如图8-55所示。

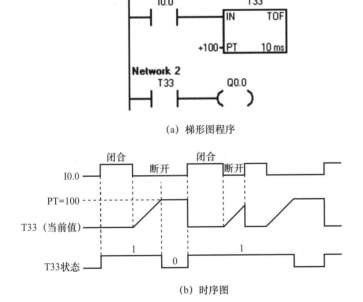

(a) 梯形图程序

(b) 时序图

图 8-55　断电延时定时器指令的应用

当 I0.0 触点闭合时，T33 定时器的 IN 端输入为 ON，T33 的状态变为 1，同时计时值清 0；当 I0.0 触点由闭合转为断开时，T33 的 IN 端输入为 OFF，T33 开始计时，在到达计时设定值 100（100×10ms=1s）时，T33 的状态变为 0，当前计时值不变；当 I0.0 触点重新闭合时，T33 状态变为 1，同时计时值清 0。

在 T33 定时器通电时状态为 1，T33 常开触点闭合，线圈 Q0.0 得电；在 T33 定时器断电后开始计时，在达到计时设定值时状态变为 0，T33 常开触点断开，线圈 Q0.0 失电。

3. 记忆型通电延时定时器（TONR）指令

对记忆型通电延时定时器指令的说明如表8-11所示。

表 8-11 记忆型通电延时定时器指令的说明

指令标识	梯形图符号及名称	说 明	参 数		
TONR	???? IN TONR ????-PT ??? ms 记忆型通电延时定时器指令 （指令上方的 ???? 用于输入 TONR 定时器编号；PT 旁的 ???? 用于设置计时设定值；ms 旁的 ??? 根据定时器编号自动生成）	当 IN 端输入为 ON 时，T××× 记忆型通电延时定时器开始计时，计时时间为计时设定值（PT）×???ms。如果未达到计时设定值时 IN 端的输入便变为 OFF，则定时器将当前计时值保存下来。当 IN 端的输入再次变为 ON 时，定时器在保存的计时值的基础上继续计时，到达计时设定值后，T××× 定时器的状态变为 1 并且继续计时，直到最大值 32767	**输入/输出**	**数据类型**	**操作数**
			Txxx	WORD	常数(T0～T255)
			IN	BOOL	I、Q、V、M、SM、S、T、C、L
			PT	INT	IW、QW、VW、MW、SMW、SW、LW、T、C、AC、AIW、*VD、*LD、*AC、常数

记忆型通电延时定时器指令的应用如图8-56所示。

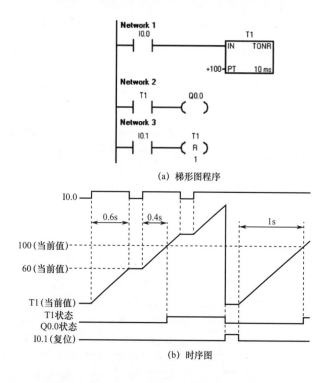

（a）梯形图程序

当 I0.0 触点闭合时，T1 定时器的 IN 端输入为 ON，开始计时。如果计时值未达到计时设定值时 I0.0 触点便断开，则 T1 将当前计时值保存下来。当 I0.0 触点再次闭合时，T1 在保存的计时值的基础上继续计时，当计时值达到计时设定值 100（100×10ms=1s）时，T1 的状态变为 1，T1 的常开触点闭合，线圈 Q0.0 得电，T1 继续计时，直到最大计时值 32767。在计时期间，如果 I0.1 触点闭合，则执行复位指令（R），T1 的被复位，T1 的状态变为 0，计时值也被清 0。当触点 I0.1 断开且 I0.0 闭合时，T1 重新开始计时。

（b）时序图

图 8-56 记忆型通电延时定时器指令的应用

8.6.3 计数器指令

计数器的功能是对输入脉冲进行计数。S7-200系列PLC有三种类型的计数器指令：加计数器（CTU）指令、减计数器（CTD）指令和加减计数器（CTUD）指令。

计数器的编号为C0～C255。三种计数器如图8-57所示。

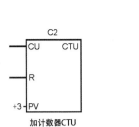 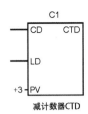 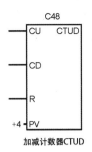

图 8-57 三种计数器

1. 加计数器（CTU）指令

对加计数器指令的说明如表8-12所示。

表 8-12　对加计数器指令的说明

指令标识	梯形图符号及名称	说　　明
CTU	???? 加计数器指令 （指令上方的 ???? 用于输入 CTU 计数器编号；PV 旁的 ???? 用于输入计数设定值；R 为计数器复位端）	当 R 端输入为 ON 时，对加计数器 C×××复位，计数器的状态变为 0，计数值也清 0。 CU 端每输入一个脉冲上升沿，CTU 计数器的计数值就增加 1，当计数值为 PV（计数设定值）时，计数器的状态变为 1 且继续计数，直到最大值 32767

加计数器指令的应用如图8-58所示。

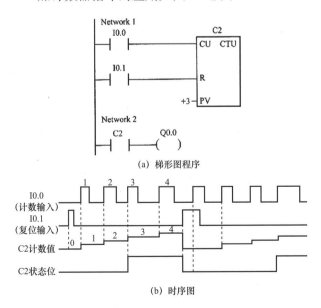

(a) 梯形图程序

(b) 时序图

图 8-58　加计数器指令的应用

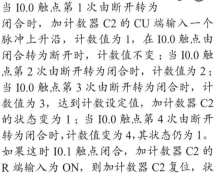

当 I0.1 触点闭合时，加计数器 C2 的 R（复位）端输入为 ON，状态为 0，计数值也清 0。当 I0.0 触点第 1 次由断开转为闭合时，加计数器 C2 的 CU 端输入一个脉冲上升沿，计数值为 1，在 I0.0 触点由闭合转为断开时，计数值不变；当 I0.0 触点第 2 次由断开转为闭合时，计数值为 2；当 I0.0 触点第 3 次由断开转为闭合时，计数值为 3，达到计数设定值，加计数器 C2 的状态变为 1；当 I0.0 触点第 4 次由断开转为闭合时，计数值变为 4，其状态仍为 1。如果这时 I0.1 触点闭合，加计数器 C2 的 R 端输入为 ON，则加计数器 C2 复位，状态变为 0，计数值为 0。若 CU 端输入脉冲，则加计数器 C2 又开始计数。

在加计数器 C2 的状态为 1 时，C2 常开触点闭合，线圈 Q0.0 得电；在加计数器 C2 复位后，C2 触点断开，线圈 Q0.0 失电。

2. 减计数器（CTD）指令

对减计数器指令的说明如表8-13所示。

表 8-13　对减计数器指令的说明

指令标识	梯形图符号及名称	说　　明
CTD	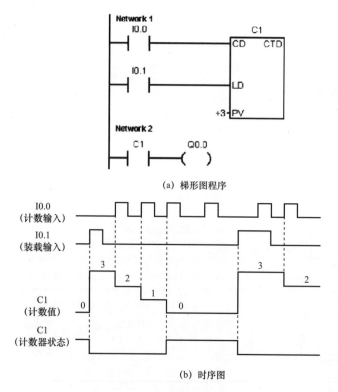 减计数器指令 （指令上方的 ???? 用于输入减计数器编号；PV 旁的 ???? 用于输入计数设定值；LD 为减计数值装载的控制端）	当 LD 端输入为 ON 时，C××× 减计数器的状态变为 0，同时计数值变为 PV。CD 端每输入一个脉冲上升沿，减计数器的计数值就减 1，当计数值减到 0 时，减计数器的状态变为 1 并停止计数

减计数器指令的应用如图8-59所示。

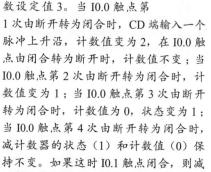

(a) 梯形图程序

(b) 时序图

图 8-59　减计数器指令的应用

当 I0.1 触点闭合时，减计数器的 LD 端输入为 ON，状态变为 0，计数值变为计数设定值 3。当 I0.0 触点第 1 次由断开转为闭合时，CD 端输入一个脉冲上升沿，计数值变为 2，在 I0.0 触点由闭合转为断开时，计数值不变；当 I0.0 触点第 2 次由断开转为闭合时，计数值变为 1；当 I0.0 触点第 3 次由断开转为闭合时，计数值为 0，状态变为 1；当 I0.0 触点第 4 次由断开转为闭合时，减计数器的状态（1）和计数值（0）保持不变。如果这时 I0.1 触点闭合，则减计数器的 LD 端输入为 ON，状态变为 0，计数值由 0 变为计数设定值。在 LD 端输入为 ON 时，CD 端的输入无效。在 LD 端的输入变为 OFF 时，若 CD 端输入脉冲上升沿，则减计数器又开始减计数。

在减计数器 C1 的状态为 1 时，C1 常开触点闭合，线圈 Q0.0 得电；在减计数器 C1 装载后，状态位为 0，C1 触点断开，线圈 Q0.0 失电。

3. 加减计数器（CTUD）指令

对加减计数器指令的说明如表8-14所示。

表 8-14　对加减计数器指令的说明

指令标识	梯形图符号及名称	说　明
CTUD	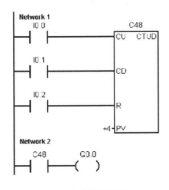 加减计数器指令 （指令上方的 ???? 用于输入加减计数器编号；PV 旁的 ???? 用于输入计数设定值；CU 为加计数输入端；CD 为减计数输入端；R 为计数器复位端）	当 R 端输入为 ON 时，C××× 加减计数器的状态变为 0，同时计数值清 0。CU 端每输入一个脉冲上升沿，加减计数器的计数值就增 1，当计数值增到最大值 32767 时，CU 端再输入一个脉冲上升沿，计数值会变为 -32768。CD 端每输入一个脉冲上升沿，加减计数器的计数值就减 1，当计数值减到最小值 -32768 时，CD 端再输入一个脉冲上升沿，计数值会变为 32767。不管是加计数还是减计数，只要当前计数值大于或等于 PV（计数设定值），加减计数器的状态就为 1

加减计数器指令的应用如图8-60所示。

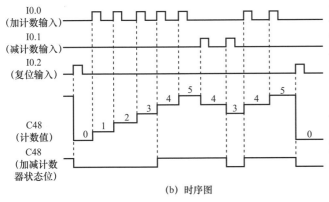

（a）梯形图程序

（b）时序图

图 8-60　加减计数器指令的应用

当 I0.2 触点闭合时，加减计数器 C48 的 R 端输入为 ON，状态变为 0，同时计数值清 0。

当 I0.0 触点第 1 次由断开转为闭合时，加减计数器的计数值为 1；当 I0.0 触点第 2 次由断开转为闭合时，加减计数器的计数值为 2；当 I0.0 触点第 3 次由断开转为闭合时，加减计数器的计数值为 3；当 I0.0 触点第 4 次由断开转为闭合时，加减计数器的计数值为 4，达到计数设定值，加减计数器的状态变为 1。当 CU 端继续输入时，加减计数器的计数值继续增大。如果 CU 端停止输入，而在 CD 端使用 I0.1 触点输入脉冲，则每输入一个脉冲上升沿，加减计数器的计数值就减 1，当计数值减到小于计数设定值 4 时，加减计数器的状态变为 0；如果 CU 端有脉冲输入，又会开始增加计数值，在计数值达到计数设定值时，加减计数器的状态又变为 1。在加计数或减计数时，一旦 R 端输入为 ON，则加减计数器的状态和计数值都变为 0。

在加减计数器 C48 的状态为 1 时，C48 常开触点闭合，线圈 Q0.0 得电；在加减计数器 C48 的状态为 0 时，C48 触点断开，线圈 Q0.0 失电。

8.7 PLC 的常用控制线路与梯形图程序

8.7.1 启动、自锁和停止控制线路与梯形图程序

启动、自锁和停止控制是PLC最基本的控制功能，它既可以采用驱动指令实现，也可以采用置位、复位指令（S、R）实现。

1. 采用驱动指令实现启动、自锁和停止控制

采用驱动指令实现启动、自锁和停止控制的线路与梯形图程序如图8-61所示。

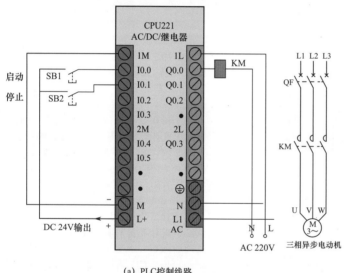

(a) PLC控制线路

当按下启动按钮 SB1 时，启动触点 I0.0 闭合，输出线圈 Q0.0 得电，输出端子 Q0.0 内部的硬触点闭合，Q0.0 端子与 1L 端子之间的内部硬触点闭合，接触器线圈 KM 得电，KM 主触点闭合，电动机得电启动。

输出线圈 Q0.0 得电后，除了会使 Q0.0、1L 端子之间的硬触点闭合，还会使自锁触点 Q0.0 闭合。在启动触点 I0.0 断开后，依靠自锁触点闭合可使线圈 Q0.0 继续得电，电动机会继续运转，从而实现自锁控制功能。

当按下停止按钮 SB2 时，PLC 内部梯形图程序中的停止触点 I0.1 断开，输出线圈 Q0.0 失电，Q0.0、1L 端子之间的内部硬触点断开，接触器线圈 KM 失电，KM 主触点断开，电动机失电停转。

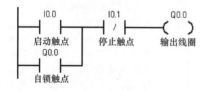

(b) 梯形图程序

图 8-61　采用驱动指令实现启动、自锁和停止控制的线路与梯形图程序

2．采用置位、复位指令实现启动、自锁和停止控制

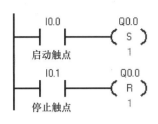

采用置位、复位指令（R、S）实现启动、自锁和停止控制的梯形图程序如图8-62所示。

当按下启动按钮SB1时，启动触点I0.0闭合，执行指令"S Q0.0, 1"，即将输出继电器线圈Q0.0置为1，相当于线圈Q0.0得电，Q0.0、1L端子之间的内部硬触点接通，接触器线圈KM得电，KM主触点闭合，电动机得电启动。

图 8-62　采用置位、复位指令实现启动、自锁和停止控制的梯形图程序

在线圈Q0.0置位后，松开启动按钮SB1，启动触点I0.0断开，但线圈Q0.0仍维持得电状态，电动机继续运转，从而实现自锁控制功能。

当按下停止按钮SB2时，梯形图程序中的停止触点I0.1闭合，执行指令"R Q0.0, 1"，即将输出线圈Q0.0复位（即置为0），相当于线圈Q0.0失电，Q0.0、1L端子之间的内部硬触点断开，接触器线圈KM失电，KM主触点断开，电动机失电停转。

8.7.2　正、反转联锁控制线路与梯形图程序

正、反转联锁控制线路与梯形图程序如图8-63所示。

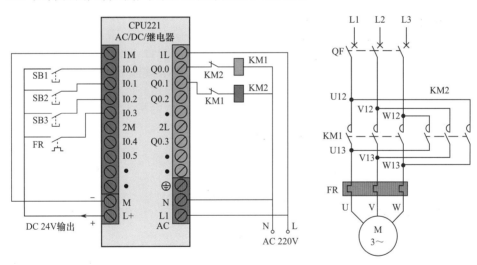

(a)　PLC控制线路

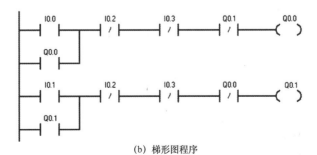

(b)　梯形图程序

图 8-63　正、反转联锁控制线路与梯形图程序

1. 正转联锁控制

按下正转按钮SB1，梯形图程序中的正转触点I0.0闭合，线圈Q0.0得电，Q0.0自锁触点闭合，Q0.0联锁触点断开，Q0.0端子与1L端子之间的内部硬触点闭合，Q0.0自锁触点闭合，使得线圈Q0.0在I0.0触点断开后仍可得电；Q0.0联锁触点断开，使得线圈Q0.1即使在I0.1触点闭合时也无法得电，从而实现联锁控制；Q0.0端子与1L端子之间的内部硬触点闭合，接触器KM1线圈得电，主电路中的KM1主触点闭合，电动机得电正转。

2. 反转联锁控制

按下反转按钮SB2，梯形图程序中的反转触点I0.1闭合，线圈Q0.1得电，Q0.1自锁触点闭合，Q0.1联锁触点断开，Q0.1端子与1L端子之间的内部硬触点闭合，Q0.1自锁触点闭合，使得线圈Q0.1在I0.1触点断开后继续得电；Q0.1联锁触点断开，使得线圈Q0.0即使在I0.0触点闭合（由误操作SB1引起）时也无法得电，从而实现联锁控制；Q0.1端子与1L端子之间的内部硬触点闭合，接触器KM2线圈得电，主电路中的KM2主触点闭合，电动机得电反转。

3. 停转控制

按下停止按钮SB3，梯形图程序中的两个停止触点I0.2断开，线圈Q0.0、Q0.1失电，接触器KM1、KM2线圈失电，主电路中的KM1、KM2主触点断开，电动机失电停转。

4. 过热保护

如果电动机长时间过载运行，则有可能造成FR触点闭合，梯形图程序中的热保护常闭触点I0.3断开，线圈Q0.0、Q0.1失电，接触器KM1、KM2线圈失电，主电路中的KM1、KM2主触点断开，电动机失电停转，从而防止电动机因长时间过流运行而被烧坏。

8.7.3 多地控制线路与梯形图程序

多地控制线路与梯形图程序如图8-64所示。

1. 单人多地控制

❶ 甲地启动控制。在甲地按下启动按钮SB1时，I0.0常开触点闭合，线圈Q0.0得电，Q0.0常开自锁触点闭合，Q0.0端子的内部硬触点闭合，接触器线圈KM得电，主电路中的KM主触点闭合，电动机得电运转。

❷ 甲地停止控制。在甲地按下停止按钮SB2时，I0.1常闭触点断开，线圈Q0.0失电，Q0.0常开自锁触点断开，Q0.0端子的内部硬触点断开，接触器线圈KM失电，主电路中的KM主触点断开，电动机失电停转。

乙地和丙地的启/停控制与甲地的控制方式相同，利用图8-64（b）所示的梯形图程序可以在任何一地进行启/停控制，也可以在一地进行启动控制，在另一地进行停止控制。

2. 多人多地控制

❶ 启动控制。在甲、乙、丙三地同时按下按钮SB1、SB3、SB5，则I0.0、I0.2、I0.4三

个常开触点闭合，线圈Q0.0得电，Q0.0常开自锁触点闭合，Q0.0端子的内部硬触点闭合，接触器线圈KM得电，主电路中的KM主触点闭合，电动机得电运转。

❷ 停止控制。在甲、乙、丙三地按下SB2、SB4、SB6中的某个停止按钮时，I0.1、I0.3、I0.5三个常闭触点中的某个断开，线圈Q0.0失电，Q0.0常开自锁触点断开，Q0.0端子的内部硬触点断开，使得Q0.0线圈供电切断，主电路中的KM主触点断开，电动机失电停转。

利用如图8-64（c）所示的梯形图程序可以实现多人在多地同时按下启动按钮才能进行启动控制，在任意一地都可以进行停止控制的功能。

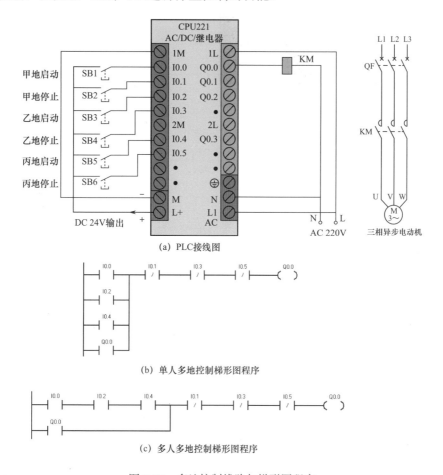

图 8-64　多地控制线路与梯形图程序

8.7.4　定时控制线路与梯形图程序

1. 延时启动定时运行控制线路与梯形图程序

延时启动定时运行控制线路与梯形图程序如图8-65所示，其实现的功能：按下启动按钮SB1 3s后，电动机开始运行；松开启动按钮SB1并运行5s后电动机自动停止运行。

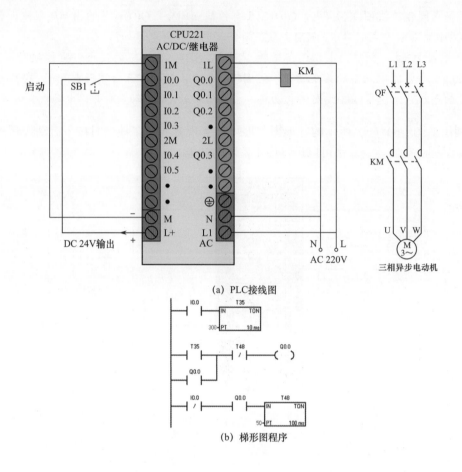

(a) PLC接线图

(b) 梯形图程序

图 8-65　延时启动定时运行控制线路与梯形图程序

对线路图与梯形图程序的说明如下。

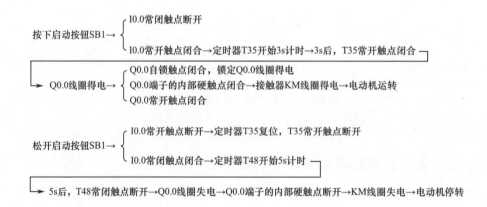

2. 多定时器组合控制线路与梯形图程序

典型的多定时器组合控制线路与梯形图程序如图8-66所示。其实现的功能：按下启动按钮SB1后电动机B马上运行，30s后电动机A开始运行，70s后电动机B停转，100s后电动机A停转。

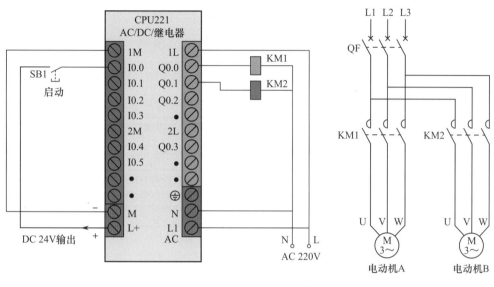

(a) PLC接线图

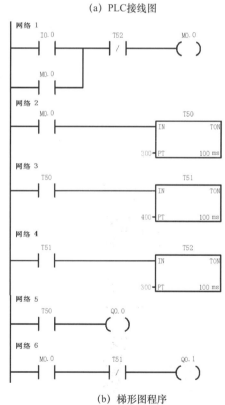

(b) 梯形图程序

图 8-66 典型的多定时器组合控制线路与梯形图程序

对线路图与梯形图程序的说明如下（"[ ]"中的数字为网络号，下同）。

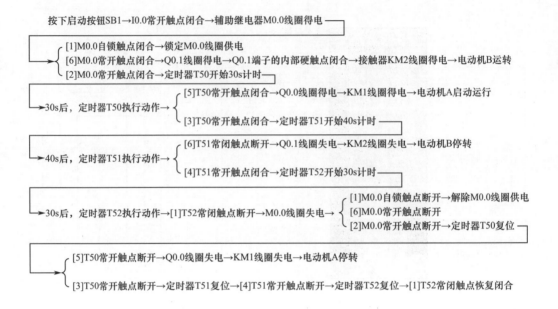

 8.7.5 延长定时控制线路与梯形图程序

西门子S7-200 SMART PLC的最大定时时间为3276.7s（约54min），采用定时器和计数器组合的方式可以延长定时时间。采用定时器与计数器组合的方式延长定时控制线路与梯形图程序如图8-67所示。

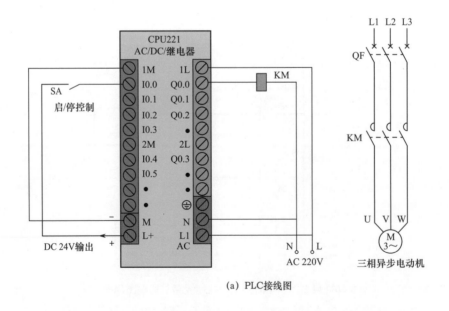

(a) PLC接线图

图 8-67 采用定时器与计数器组合的方式延长定时控制线路与梯形图程序

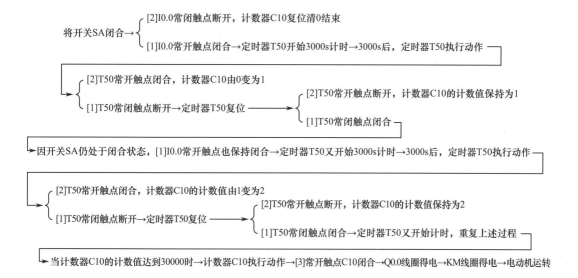

（b）梯形图程序

图 8-67　采用定时器与计数器组合的方式延长定时控制线路与梯形图程序（续）

对线路图与梯形图程序的说明如下。

将开关SA闭合→ { [2]I0.0常闭触点断开，计数器C10复位清0结束
　　　　　　　　[1]I0.0常开触点闭合→定时器T50开始3000s计时→3000s后，定时器T50执行动作 —

　　[2]T50常开触点闭合，计数器C10由0变为1
　{　　　　　　　　　　　　　　　　　　　　　　　{ [2]T50常开触点断开，计数器C10的计数值保持为1
　　[1]T50常闭触点断开→定时器T50复位 →　　　　{ [1]T50常闭触点闭合

→因开关SA仍处于闭合状态，[1]I0.0常开触点也保持闭合→定时器T50又开始3000s计时→3000s后，定时器T50执行动作 —

　　[2]T50常开触点闭合，计数器C10的计数值由1变为2
　{　　　　　　　　　　　　　　　　　　　　　　　{ [2]T50常开触点断开，计数器C10的计数值保持为2
　　[1]T50常闭触点断开→定时器T50复位 →　　　　{ [1]T50常闭触点闭合→定时器T50又开始计时，重复上述过程 —

→当计数器C10的计数值达到30000时→计数器C10执行动作→[3]常开触点C10闭合→Q0.0线圈得电→KM线圈得电→电动机运转

定时器T50的定时单位为0.1s（100ms），它与计数器C10组合使用后，其定时时间=30000×0.1s×30000=90000000s=25000h。若需要重新定时，则将开关QS断开→让[2]I0.0常闭触点闭合→计数器C10复位→闭合QS→重新开始定时。

8.7.6　多重输出控制线路与梯形图程序

多重输出控制线路与梯形图程序如图8-68所示。

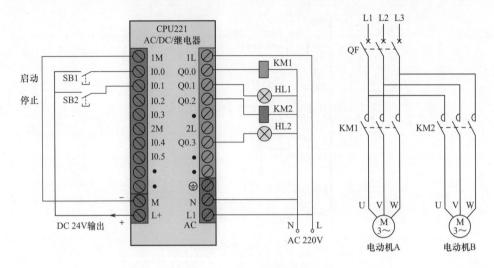

(a) PLC接线图

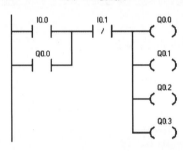

(b) 梯形图程序

图 8-68　多重输出控制线路与梯形图程序

对线路图与梯形图程序的说明如下。

1. 启动控制

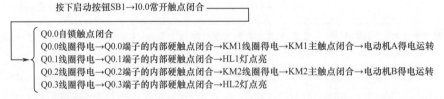

2. 停止控制

8.7.7 过载报警控制线路与梯形图程序

过载报警控制线路与梯形图程序如图8-69所示。

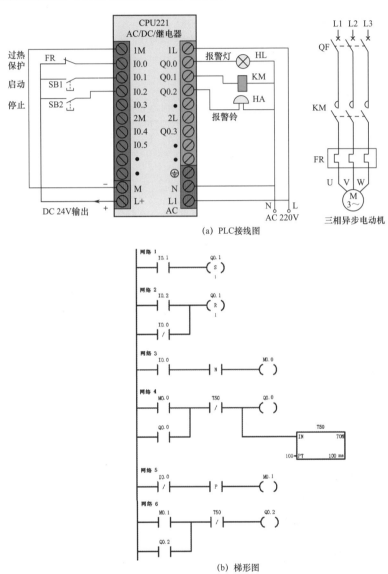

图 8-69 过载报警控制线路与梯形图程序

对线路图与梯形图的说明如下。

1. 启动控制

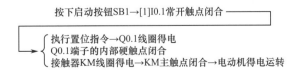

2. 停止控制

按下停止按钮SB2→[2]I0.2常开触点闭合 ─────────┐

┌─ 执行复位指令→Q0.1线圈失电
│ Q0.1端子的内部硬触点断开
└─ 接触器KM线圈失电→KM主触点断开→电动机失电停转

3. 过热保护及报警控制

在正常工作时，FR过热保护触点闭合→
┌─ [2]I0.0常闭触点断开，无法执行Q0.1复位指令
│ [3]I0.0常开触点闭合，下降沿检测（N触点）无效，M0.0状态为0
└─ [5]I0.0常闭触点断开，上升沿检测（P触点）无效，M0.1状态为0

当电动机过载运行时，过热保护触点断开 ─────────┐

┌─ [2]I0.0常闭触点闭合→执行Q0.1复位指令→Q0.1线圈失电→Q0.1端子的内部硬触点断开→KM线圈失电
│   →KM主触点断开→电动机失电停转
│ [3]I0.0常开触点断开，产生一个脉冲下降沿→N触点有效，M0.0线圈得电一个扫描周期
│ [4]M0.0常开触点闭合→定时器T50开始10s计时，同时Q0.0线圈得电→Q0.0自锁触点闭合，
│   点亮报警灯
│ [5]I0.0常闭触点闭合，产生一个脉冲上升沿→P触点有效，M0.1线圈得电一个扫描周期
└─ [6]M0.1常开触点闭合→Q0.2线圈得电→Q0.2自锁触点闭合，报警铃通电发声

10s后，定时器T50执行动作→
┌─ [6]T50常闭触点断开→Q0.2线圈失电→报警铃失电，停止发出报警声
└─ [4]T50常闭触点断开→定时器T50复位，同时Q0.0线圈失电→报警灯失电熄灭

8.7.8　闪烁控制线路与梯形图程序

闪烁控制线路与梯形图程序如图8-70所示。

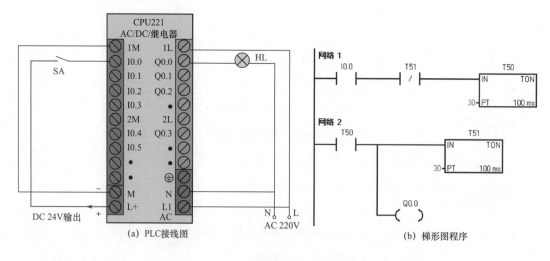

图 8-70　闪烁控制线路与梯形图程序

对线路图与梯形图程序的说明如下。

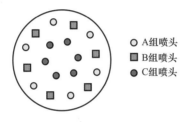

将开关SA闭合→I0.0常开触点闭合

定时器T50开始3s计时→3s后,定时器T50执行动作,T50常开触点闭合
定时器T51开始3s计时,同时Q0.0得电,Q0.0端子的内部硬触点闭合,点亮HL灯→3s后,定时器T51执行动作
T51常闭触点断开→定时器T50复位,T50常开触点断开→Q0.0线圈失电
定时器T51复位→熄灭HL灯,T51常闭触点闭合,重新开始3s计时(在此期间灯处于熄灭状态)

重复上述过程,HL灯以3s亮、3s灭的频率闪烁发光。

8.8 实战:PLC 控制喷泉的线路与梯形图程序

系统要求用两个按钮控制A、B、C三组喷头的工作。三组喷头的排列如图8-71所示,A、B、C三组喷头的工作时序图如图8-72所示。

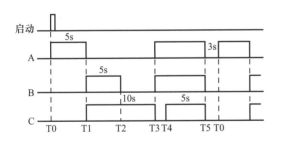

○ A组喷头
■ B组喷头
● C组喷头

图 8-71　A、B、C 三组喷头的排列

启动

A —— 5s —— 3s

B —— 5s ——

C —— 10s —— 5s ——

T0　T1　T2　T3 T4　T5 T0

当按下启动按钮后,A 组喷头先喷 5s 后停止,然后B、C 组喷头同时喷;5s 后,B 组喷头停止,C 组喷头继续喷 5s 再停止;A、B 组喷头喷 7s,C 组喷头在这 7s 的前 2s 内停止,后 5s 内喷水;A、B、C 三组喷头同时停止 3s,以后重复前述过程。按下停止按钮后,三组喷头同时停止喷水。

图 8-72　A、B、C 三组喷头的工作时序图

在控制喷泉时采用的输入/输出设备和对应的PLC端子见表8-15。

表 8-15　采用的输入 / 输出设备和对应的 PLC 端子

输　　　入			输　　　出		
输入设备	对应的 PLC 端子	功能说明	输出设备	对应的 PLC 端子	功能说明
SB1	I0.0	启动控制	KM1 线圈	Q0.0	驱动 A 组电动机工作
SB2	I0.1	停止控制	KM2 线圈	Q0.1	驱动 B 组电动机工作
			KM3 线圈	Q0.2	驱动 C 组电动机工作

PLC控制喷泉的线路图如图8-73所示。

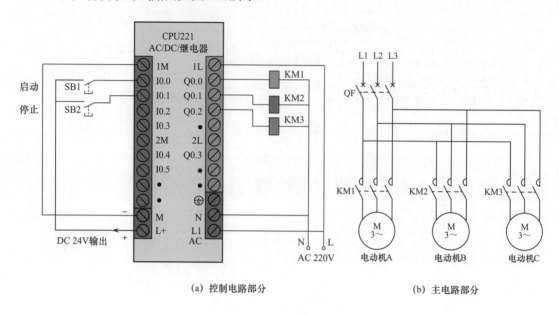

（a）控制电路部分　　　　　　　　　　（b）主电路部分

图 8-73　PLC 控制喷泉的线路图

启动编程软件，编写满足控制要求的梯形图程序，如图8-74所示。

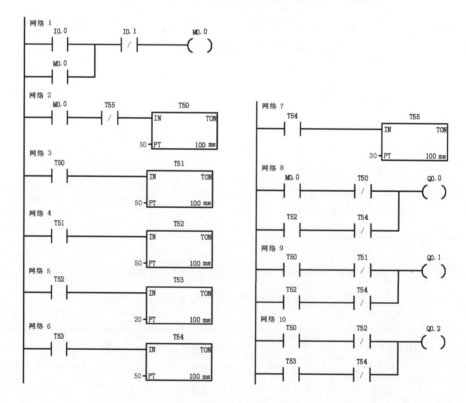

图 8-74　梯形图程序

对线路图和梯形图程序的说明如下。

1. 启动控制

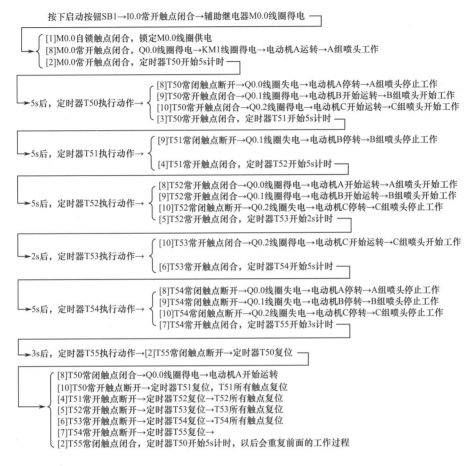

按下启动按钮SB1→I0.0常开触点闭合→辅助继电器M0.0线圈得电

[1]M0.0自锁触点闭合，锁定M0.0线圈供电
[8]M0.0常开触点闭合，Q0.0线圈得电→KM1线圈得电→电动机A运转→A组喷头工作
[2]M0.0常开触点闭合，定时器T50开始5s计时

5s后，定时器T50执行动作→
[8]T50常闭触点断开→Q0.0线圈失电→电动机A停转→A组喷头停止工作
[9]T50常开触点闭合→Q0.1线圈得电→电动机B开始运转→B组喷头开始工作
[10]T50常开触点闭合→Q0.2线圈得电→电动机C开始运转→C组喷头开始工作
[3]T50常开触点闭合，定时器T51开始5s计时

5s后，定时器T51执行动作→
[9]T51常闭触点断开→Q0.1线圈失电→电动机B停转→B组喷头停止工作
[4]T51常开触点闭合，定时器T52开始5s计时

5s后，定时器T52执行动作→
[8]T52常开触点闭合→Q0.0线圈得电→电动机A开始运转→A组喷头开始工作
[9]T52常开触点闭合→Q0.1线圈得电→电动机B开始运转→B组喷头开始工作
[10]T52常闭触点断开→Q0.2线圈失电→电动机C停转→C组喷头停止工作
[5]T52常开触点闭合，定时器T53开始2s计时

2s后，定时器T53执行动作→
[10]T53常开触点闭合→Q0.2线圈得电→电动机C开始运转→C组喷头开始工作
[6]T53常开触点闭合，定时器T54开始5s计时

5s后，定时器T54执行动作→
[8]T54常闭触点断开→Q0.0线圈失电→电动机A停转→A组喷头停止工作
[9]T54常闭触点断开→Q0.1线圈失电→电动机B停转→B组喷头停止工作
[10]T54常闭触点断开→Q0.2线圈失电→电动机C停转→C组喷头停止工作
[7]T54常开触点闭合，定时器T55开始3s计时

3s后，定时器T55执行动作→[2]T55常闭触点断开→定时器T50复位

[8]T50常闭触点闭合→Q0.0线圈得电→电动机A开始运转
[10]T50常开触点断开→定时器T51复位，T51所有触点复位
[4]T51常开触点断开→定时器T52复位→T52所有触点复位
[5]T52常开触点断开→定时器T53复位→T53所有触点复位
[6]T53常开触点断开→定时器T54复位→T54所有触点复位
[7]T54常开触点断开→定时器T55复位→
[2]T55常闭触点闭合，定时器T50开始5s计时，以后会重复前面的工作过程

2. 停止控制

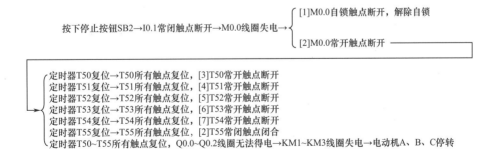

按下停止按钮SB2→I0.1常闭触点断开→M0.0线圈失电→
[1]M0.0自锁触点断开，解除自锁
[2]M0.0常开触点断开

定时器T50复位→T50所有触点复位，[3]T50常开触点断开
定时器T51复位→T51所有触点复位，[4]T51常开触点断开
定时器T52复位→T52所有触点复位，[5]T52常开触点断开
定时器T53复位→T53所有触点复位，[6]T53常开触点断开
定时器T54复位→T54所有触点复位，[7]T54常开触点断开
定时器T55复位→T55所有触点复位，[2]T55常闭触点闭合
定时器T50~T55所有触点复位，Q0.0~Q0.2线圈无法得电→KM1~KM3线圈失电→电动机A、B、C停转

8.9 实战：PLC 控制交通信号灯的线路及梯形图程序

系统要求用两个按钮来控制交通信号灯的工作，交通信号灯的排列如图8-75所示，交

通信号灯的工作时序图如图8-76所示。

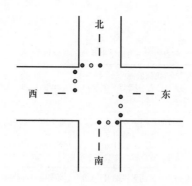

图 8-75 交通信号灯的排列

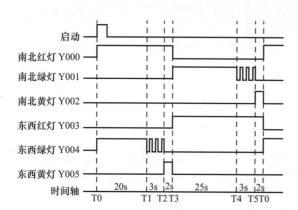

图 8-76 交通信号灯的工作时序图

当按下启动按钮后，南北红灯亮25s，在这期间东西绿灯先亮20s，再以1次/s的频率闪烁3次，接着东西黄灯亮2s；25s后南北红灯熄灭，熄灭时间维持30s，在这期间，东西红灯一直亮，南北绿灯先亮25s，然后以1次/s的频率闪烁3次，接着南北黄灯亮2s。重复上述过程。按下停止按钮后，所有的灯都熄灭。

在控制交通信号灯时采用的输入/输出设备和对应的PLC端子见表8-16。

表 8-16 在控制交通信号灯时采用的输入 / 输出设备和对应的 PLC 端子

输　入			输　出		
输入设备	对应的 PLC 端子	功能说明	输出设备	对应的 PLC 端子	功能说明
SB1	I0.0	启动控制	南北红灯	Q0.0	驱动南北红灯亮
SB2	I0.1	停止控制	南北绿灯	Q0.1	驱动南北绿灯亮
			南北黄灯	Q0.2	驱动南北黄灯亮
			东西红灯	Q0.3	驱动东西红灯亮
			东西绿灯	Q0.4	驱动东西绿灯亮
			东西黄灯	Q0.5	驱动东西黄灯亮

PLC控制交通信号灯的线路图如图8-77所示。启动编程软件，编写满足控制要求的梯形图程序，如图8-78所示。

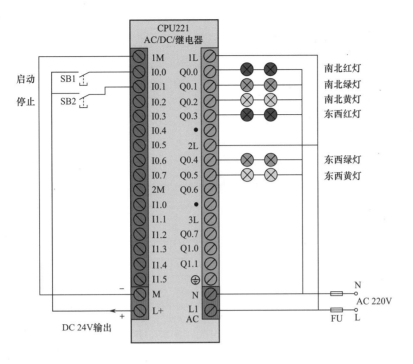

图 8-77 PLC 控制交通信号灯的线路图

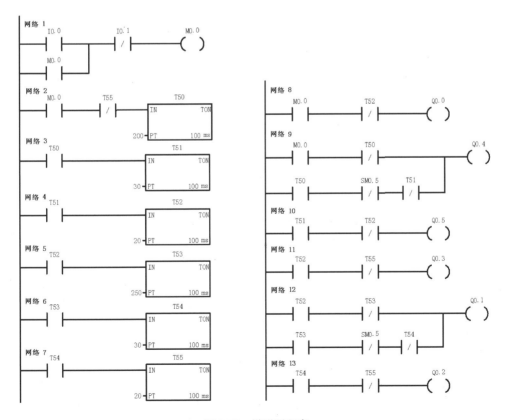

图 8-78 梯形图程序

在图8-78中，采用了一个特殊的辅助继电器SM0.5（触点利用型特殊继电器）。它利用PLC自动驱动线圈，即在梯形图里只能绘制它的触点。SM0.5能产生周期为1s的时钟脉冲，其高、低电平的持续时间各为0.5s。以网络9为例，当T50的常开触点闭合时，在1s内，SM0.5常闭触点接通、断开的时间均为0.5s，Q0.4线圈的得电、失电时间也为0.5s。对线路图和梯形图程序的说明如下。

1. 启动控制

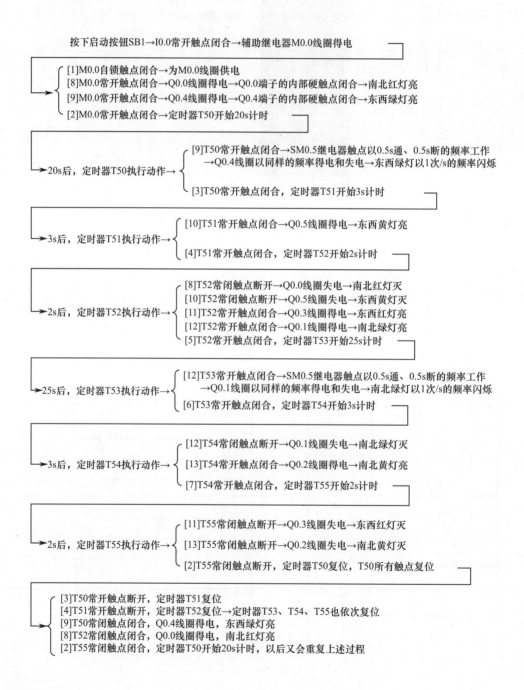

按下启动按钮SB1→I0.0常开触点闭合→辅助继电器M0.0线圈得电

[1]M0.0自锁触点闭合→为M0.0线圈供电
[8]M0.0常开触点闭合→Q0.0线圈得电→Q0.0端子的内部硬触点闭合→南北红灯亮
[9]M0.0常开触点闭合→Q0.4线圈得电→Q0.4端子的内部硬触点闭合→东西绿灯亮
[2]M0.0常开触点闭合→定时器T50开始20s计时

20s后，定时器T50执行动作→
[9]T50常开触点闭合→SM0.5继电器触点以0.5s通、0.5s断的频率工作→Q0.4线圈以同样的频率得电和失电→东西绿灯以1次/s的频率闪烁
[3]T50常开触点闭合，定时器T51开始3s计时

3s后，定时器T51执行动作→
[10]T51常开触点闭合→Q0.5线圈得电→东西黄灯亮
[4]T51常开触点闭合，定时器T52开始2s计时

2s后，定时器T52执行动作→
[8]T52常闭触点断开→Q0.0线圈失电→南北红灯灭
[10]T52常闭触点断开→Q0.5线圈失电→东西黄灯灭
[11]T52常开触点闭合→Q0.3线圈得电→东西红灯亮
[12]T52常开触点闭合→Q0.1线圈得电→南北绿灯亮
[5]T52常开触点闭合，定时器T53开始25s计时

25s后，定时器T53执行动作→
[12]T53常开触点闭合→SM0.5继电器触点以0.5s通、0.5s断的频率工作→Q0.1线圈以同样的频率得电和失电→南北绿灯以1次/s的频率闪烁
[6]T53常开触点闭合，定时器T54开始3s计时

3s后，定时器T54执行动作→
[12]T54常闭触点断开→Q0.1线圈失电→南北绿灯灭
[13]T54常开触点闭合→Q0.2线圈得电→南北黄灯亮
[7]T54常开触点闭合，定时器T55开始2s计时

2s后，定时器T55执行动作→
[11]T55常闭触点断开→Q0.3线圈失电→东西红灯灭
[13]T55常闭触点断开→Q0.2线圈失电→南北黄灯灭
[2]T55常闭触点断开，定时器T50复位，T50所有触点复位

[3]T50常开触点断开，定时器T51复位
[4]T51常开触点断开，定时器T52复位→定时器T53、T54、T55也依次复位
[9]T50常闭触点闭合，Q0.4线圈得电，东西绿灯亮
[8]T52常闭触点闭合，Q0.0线圈得电，南北红灯亮
[2]T55常闭触点闭合，定时器T50开始20s计时，以后又会重复上述过程

2. 停止控制

按下停止按钮SB2→I0.1常闭触点断开→辅助继电器M0.0线圈失电

[1]M0.0自锁触点断开，解除M0.0线圈供电
[8]M0.0常开触点断开→Q0.0线圈无法得电
[9]M0.0常开触点断开→Q0.4线圈无法得电
[2]M0.0常开触点断开，定时器T50复位，T50所有触点复位

[3]T50常开触点断开，定时器T51复位，T51所有触点均复位
[4]T51常开触点断开，定时器T52复位，定时器T53、T54、T55也依次复位
[10]T51常开触点断开，Q0.5线圈无法得电
[11]T52常开触点断开，Q0.3线圈无法得电
[12]T53常开触点断开，Q0.1线圈无法得电
[13]T54常开触点断开，Q0.0~Q0.5线圈均无法得电，所有交通信号灯都熄灭

8.10 实战：PLC 控制多级传送带的线路及梯形图程序

系统要求用两个按钮控制传送带在一定的方式下工作，多级传送带的结构如图8-79所示。

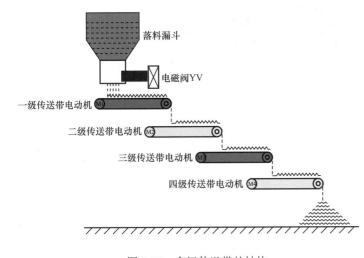

落料漏斗
电磁阀YV
一级传送带电动机 M1
二级传送带电动机 M2
三级传送带电动机 M3
四级传送带电动机 M4

当按下启动按钮后，电磁阀 YV 打开，开始落料，同时一级传送带电动机 M1 启动，将物料往前传送；6s 后二级传送带电动机 M2 启动；M2 启动 5s 后三级传送带电动机 M3 启动；M3 启动 4s 后四级传送带电动机 M4 启动。当按下停止按钮后，为了不让各传送带上有物料堆积，要求先关闭电磁阀 YV，6s 后让 M1 停转；M1 停转 5s 后让 M2 停转；M2 停转 4s 后让 M3 停转；M3 停转 5s 后让 M4 停转。

图 8-79　多级传送带的结构

在控制多级传送带时采用的输入/输出设备和对应的PLC端子见表8-17。

表 8-17　在控制多级传送带时采用的输入 / 输出设备和对应的 PLC 端子

输　入			输　出		
输入设备	对应的 PLC 端子	功能说明	输出设备	对应的 PLC 端子	功能说明
SB1	I0.0	启动控制	KM1 线圈	Q0.0	控制电磁阀 YV
SB2	I0.1	停止控制	KM2 线圈	Q0.1	控制一级传送带电动机 M1
			KM3 线圈	Q0.2	控制二级传送带电动机 M2
			KM4 线圈	Q0.3	控制三级传送带电动机 M3
			KM5 线圈	Q0.4	控制四级传送带电动机 M4

PLC控制多级传送带的线路图如图8-80所示。

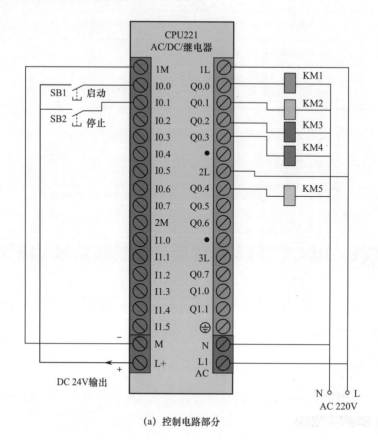

(a) 控制电路部分

(b) 主电路部分

图 8-80　PLC 控制多级传送带的线路图

启动编程软件，编写满足控制要求的梯形图程序，如图8-81所示。

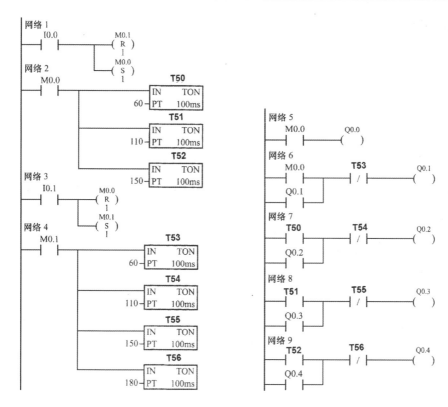

图 8-81 梯形图程序

对线路图和梯形图程序的说明如下。

1. 启动控制

按下启动按钮SB1→[1]I0.0常开触点闭合→ { M0.1线圈复位→[4]M0.1常开触点断开，定时器T53~T56不工作

M0.0线圈置位

[5]M0.0常开触点闭合→线圈Q0.0得电→Q0.0硬触点闭合→KM1线圈得电→电磁阀YV打开，开始落料

[6]M0.0常开触点闭合→线圈Q0.1得电→Q0.1自锁触点闭合，Q0.1硬触点闭合→KM2线圈得电→
电动机M1运转

[2]M0.0常开触点闭合→定时器T50~T52开始计时

6s后，T50定时器执行动作→[7]T50常开触点闭合→线圈Q0.2得电→Q0.2自锁触点闭合，
同时Q0.2硬触点闭合，KM3线圈得电，电动机M2运转

11s后，T51定时器执行动作→[8]T51常开触点闭合→线圈Q0.3得电→Q0.3自锁触点闭合，
同时Q0.3硬触点闭合，KM4线圈得电，电动机M3运转

15s后，T52定时器执行动作→[9]T52常开触点闭合→线圈Q0.4得电→Q0.4自锁触点闭合，
同时Q0.4硬触点闭合，KM5线圈得电，电动机M4运转

2. 停止控制

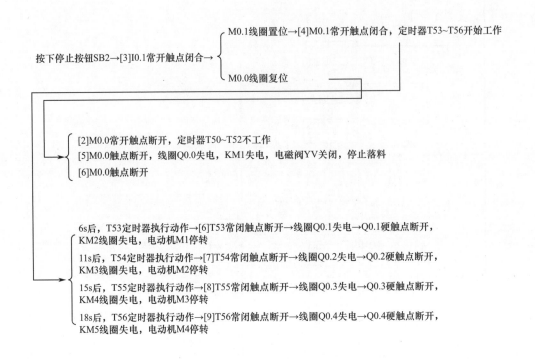

按下停止按钮SB2→[3]I0.1常开触点闭合→
- M0.1线圈置位→[4]M0.1常开触点闭合，定时器T53~T56开始工作
- M0.0线圈复位

[2]M0.0常开触点断开，定时器T50~T52不工作
[5]M0.0触点断开，线圈Q0.0失电，KM1失电，电磁阀YV关闭，停止落料
[6]M0.0触点断开

6s后，T53定时器执行动作→[6]T53常闭触点断开→线圈Q0.1失电→Q0.1硬触点断开，KM2线圈失电，电动机M1停转

11s后，T54定时器执行动作→[7]T54常闭触点断开→线圈Q0.2失电→Q0.2硬触点断开，KM3线圈失电，电动机M2停转

15s后，T55定时器执行动作→[8]T55常闭触点断开→线圈Q0.3失电→Q0.3硬触点断开，KM4线圈失电，电动机M3停转

18s后，T56定时器执行动作→[9]T56常闭触点断开→线圈Q0.4失电→Q0.4硬触点断开，KM5线圈失电，电动机M4停转

8.11 实战：PLC控制车库门的线路及梯形图程序

系统要求车库门在车辆进出时能自动打开、关闭，车库门的控制结构如图8-82所示。

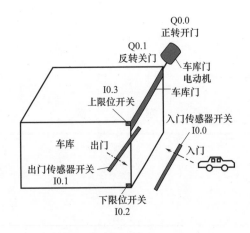

图8-82 车库门控制结构

在车辆入库经过入门传感器时，入门传感器开关闭合，车库门电动机正转，车库门上升，当车库门上升到上限位开关处时，电动机停转；在车辆入库驶离出门传感器时，出门传感器开关闭合，车库门电动机反转，车库门下降，当车库门下降到下限位开关处时，电动机停转。

在车辆出库经过出门传感器时，出门传感器开关闭合，车库门电动机正转，车库门上升，当车库门上升到上限位开关处时，电动机停转；车辆出库经过入门传感器时，入门传感器开关闭合，车库门电动机反转，车库门下降，当车库门下降到下限位开关处时，电动机停转。

在控制车库门时采用的输入/输出设备和对应的PLC端子见表8-18。

表 8-18 在控制车库门时采用的输入 / 输出设备和对应的 PLC 端子

输	入		输	出	
输入设备	对应的 PLC 端子	功能说明	输出设备	对应的 PLC 端子	功能说明
入门传感器开关	I0.0	检测车辆是否通过	KM1 线圈	Q0.0	控制车库门上升（电动机正转）
出门传感器开关	I0.1	检测车辆是否通过	KM2 线圈	Q0.1	控制车库门下降（电动机反转）
下限位开关	I0.2	限制车库门下降			
上限位开关	I0.3	限制车库门上升			

PLC控制车库门的线路图如图8-83所示。

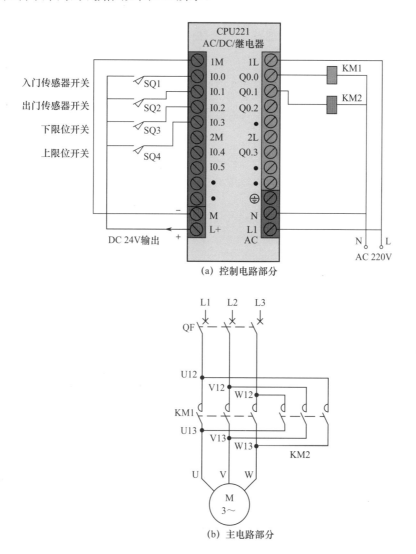

图 8-83 PLC 控制车库门的线路图

启动编程软件，编写满足控制要求的梯形图程序，如图8-84所示。

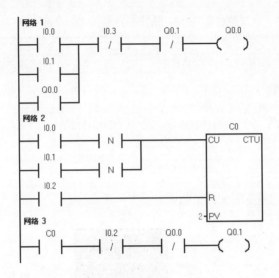

图 8-84　梯形图程序

对线路图和梯形图程序的说明如下。

1. 入门控制过程

车辆入库经过入门传感器时→传感器开关SQ1闭合→ { [2]I0.0常闭触点闭合→下降沿触点不执行动作 ; [1]I0.0常开触点闭合→Q0.0线圈得电 }

{ [3]Q0.0常闭触点断开，Q0.1线圈不得电 ; [1]Q0.0自锁触点闭合→Q0.0线圈得电→Q0.0硬触点闭合→KM1线圈得电→电动机正转，将车库门升起 }

→当车库门上升到上限位开关SQ4处时，SQ4闭合，[1]I0.3常闭触点断开→Q0.0线圈失电→

{ [3]Q0.0常闭触点闭合，为Q0.1线圈得电做准备 ; [1]Q0.0自锁触点断开→Q0.0硬触点断开→KM1线圈失电→电动机停转，车库门停止上升 }

车辆入库驶离入门传感器时→传感器开关SQ1断开→ { [1]I0.0常开触点断开 ; [2]I0.0常开触点由闭合转为断开→下降沿触点执行动作→加计数器C0的计数值由0增为1 }

车辆入库经过出门传感器时→传感器开关SQ2闭合→ { [1]I0.1常开触点闭合→由于SQ4闭合使I0.3常闭触点断开，故Q0.0无法得电 ; [2]I0.1常开触点闭合→下降沿触点不执行动作 }

车辆入库驶离出门传感器时→传感器开关SQ2断开→ { [1]I0.1常开触点断开 ; [2]I0.1常开触点由闭合转为断开→下降沿触点执行动作→加计数器C0的计数值由1增为2 }

{ 计数器C0的状态变为1→[3]C0常开触点闭合→Q0.1线圈得电→KM2线圈得电电动机反转，将车库门降下，当门下降到下限位开关SQ3时，[2]I0.2常开触点闭合，计数器C0复位 ; [3]C0常开触点断开，Q0.1线圈失电→KM2线圈失电→电动机停转，车辆入门控制过程结束 }

248

2．出门控制过程

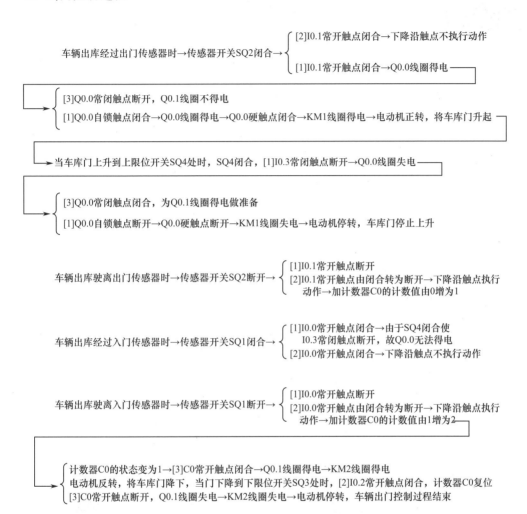

车辆出库经过出门传感器时→传感器开关SQ2闭合→ { [2]I0.1常开触点闭合→下降沿触点不执行动作
[1]I0.1常开触点闭合→Q0.0线圈得电——

{ [3]Q0.0常闭触点断开，Q0.1线圈不得电
[1]Q0.0自锁触点闭合→Q0.0线圈得电→Q0.0硬触点闭合→KM1线圈得电→电动机正转，将车库门升起——

当车库门上升到上限位开关SQ4处时，SQ4闭合，[1]I0.3常闭触点断开→Q0.0线圈失电——

{ [3]Q0.0常闭触点闭合，为Q0.1线圈得电做准备
[1]Q0.0自锁触点断开→Q0.0硬触点断开→KM1线圈失电→电动机停转，车库门停止上升

车辆出库驶离出门传感器时→传感器开关SQ2断开→ { [1]I0.1常开触点断开
[2]I0.1常开触点由闭合转为断开→下降沿触点执行动作→加计数器C0的计数值由0增为1

车辆出库经过入门传感器时→传感器开关SQ1闭合→ { [1]I0.0常开触点闭合→由于SQ4闭合使I0.3常闭触点断开，故Q0.0无法得电
[2]I0.0常开触点闭合→下降沿触点不执行动作

车辆出库驶离入门传感器时→传感器开关SQ1断开→ { [1]I0.0常开触点断开
[2]I0.0常开触点由闭合转为断开→下降沿触点执行动作→加计数器C0的计数值由1增为2

{ 计数器C0的状态变为1→[3]C0常开触点闭合→Q0.1线圈得电→KM2线圈得电
电动机反转，将车库门降下，当门下降到下限位开关SQ3处时，[2]I0.2常开触点闭合，计数器C0复位
[3]C0常开触点断开，Q0.1线圈失电→KM2线圈失电→电动机停转，车辆出门控制过程结束

变频器

在给三相异步电动机定子绕组输入三相交流电后，定子绕组会产生旋转磁场，旋转磁场的转速n_0与交流电源的频率f、电动机的磁极对数p有如下关系：

$$n_0 = 60f/p$$

电动机的转速n略低于旋转磁场的转速n_0（又称同步转速），两者的转速差称为转差s，电动机的转速为

$$n = (1-s)60f/p$$

由于转差s很小，一般为1%～5%，为了计算方便，可认为电动机的转速近似为

$$n = 60f/p$$

通过改变交流电源的频率来调节电动机转速的方法称为变频调速；通过改变电动机的磁极对数p来调节电动机转速的方法称为变极调速。

变极调速方式只适用于结构特殊的多速电动机。在由一种速度转变为另一种速度时，速度变化较大，采用变频调速方式可解决这些问题。如果对异步电动机进行变频调速，则需要用到专门的电气设备——变频器。几种常见的变频器如图9-1所示。

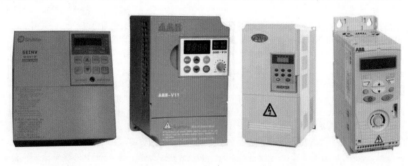

图 9-1　几种常见的变频器

9.1　变频器的基本结构及原理

变频器的功能是将工频（50Hz或60Hz）交流电源转换成频率可变的交流电源，即通过改变交流电源的频率来对电动机进行调速。变频器的种类很多，主要可分为两类：交-

直-交型变频器和交-交型变频器。

9.1.1　交 – 直 – 交型变频器的结构与原理

交-直-交型变频器先利用电路将工频电源转换成直流电源，再将直流电源转换成频率可变的交流电源，通过调节输出电源的频率来改变电动机的转速。交-直-交型变频器的典型结构框图如图9-2所示。

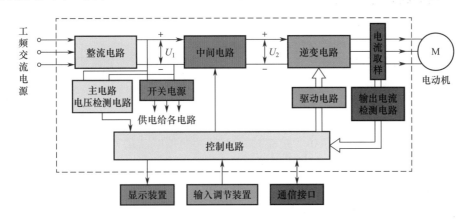

图 9-2　交 – 直 – 交型变频器的典型结构框图

　　由整流电路、中间电路和逆变电路构成变频器的主电路，用来完成交 - 直 - 交的转换。由于主电路工作在高电压、大电流的状态下，为了保护主电路，变频器通常设有主电路电压检测电路和输出电流检测电路。当主电路电压过高或过低时，主电路电压检测电路会将该情况反馈给控制电路，当变频器输出电流过大（如电动机负荷大）时，电流取样元件或电路会产生过流信号，经输出电流检测电路处理后也送到控制电路。当主电路电压不正常或输出电流过大时，控制电路会根据设定的程序做出相应的控制，如让变频器主电路停止工作，并发出相应的报警指示。

　　控制电路是变频器的控制中心，当它接收到输入调节装置或通信接口发送的指令信号后，会发出相应的控制信号去控制主电路，使主电路按设定的要求工作。同时，控制电路还会将有关的设置发送到显示装置，以显示有关信息，便于用户操作或了解变频器的工作情况。

　　变频器的显示装置主要包括显示屏和指示灯；输入调节装置主要包括按钮、开关和旋钮等；通信接口用来与其他设备（如 PLC）进行通信，接收它们发送过来的信息，并将变频器的信息反馈给这些设备。

9.1.2　交 – 交型变频器的结构与原理

交-交型变频器利用电路直接将工频电源转换成频率可变的交流电源，即通过调节输出电源的频率来改变电动机的转速。交-交型变频器的结构框图如图9-3所示。

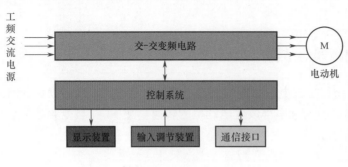

由于交-交变频电路只能将输入交流电的频率降低输出，而工频电源的频率本来就低，所以交-交型变频器的调速范围很小。另外，这种变频器要采用大量的晶闸管等电子元器件，导致装置体积大、成本高，故交-交型变频器远没有交-直-交型变频器应用广泛。

图 9-3　交-交型变频器的结构框图

9.2　变频器的外部接线

西门子 MICROMASTER 440 变频器简称 MM440 变频器，是一种用于控制三相交流电动机速度的变频器。该变频器有多种型号，额定功率的范围为 0.12～200kW（采用恒定转矩 CT 控制方式），或者可达 250kW（采用可变转矩 VT 控制方式）。

MM440 变频器的内部由微处理器控制，功率输出器件采用先进的绝缘栅双极型晶体管（IGBT），可为变频器和电动机提供全面的保护。MM440 变频器具有默认参数，在驱动数量众多的简单电动机时可直接让变频器使用默认参数。MM440 变频器具有完善的控制功能参数，可用在更高级的电动机控制系统中。MM440 变频器可用于单机驱动系统，也可集成到自动化系统中。

MM440 变频器的型号很多，主要区别在于功率不同：功率越大，体积越大。根据体积的不同，可将 MM440 变频器的型号分为 A～F、FX、GX 型，A 型最小，GX 型最大。MM440 变频器的具体型号一般用订货号来表示，MM440 变频器的外形和订货号含义如图 9-4 所示。

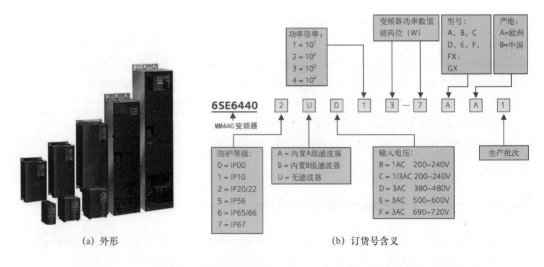

(a) 外形　　　　　　　　　　(b) 订货号含义

图 9-4　MM440 变频器的外形和订货号含义

MM440变频器的内部结构及外部接线如图9-5所示。

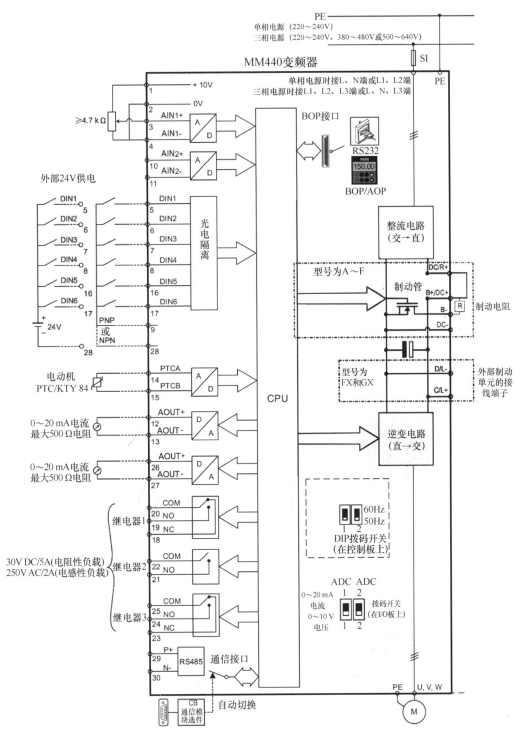

图 9-5　MM440 变频器的内部结构及外部接线图

9.2.1 主电路外部端子的接线

MM440变频器主电路的接线端子（以D、E型为例）如图9-6所示。MM440变频器主电路的接线方法如图9-7所示。变频器如果使用单相交流电源，则L、N两根电源线分别接到变频器的L/L1、N/L2端；如果使用三相交流电源，则L1、L2、L3三根电源线分别接到变频器的L/L1、N/L2、L3端，变频器的U、V、W输出端接到三相交流电动机的U、V、W端。

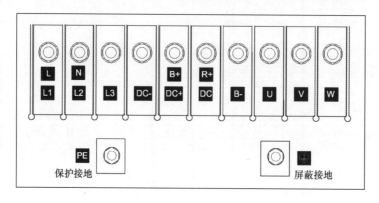

图 9-6　MM440 变频器主电路的接线端子（以 D、E 型为例）

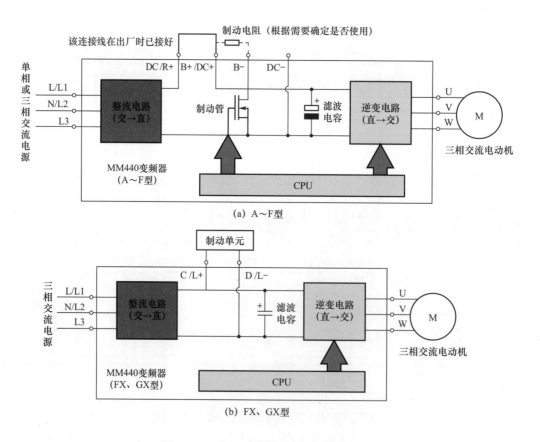

(a) A～F型

(b) FX、GX型

图 9-7　MM440 变频器主电路的接线方法

在需要电动机停机时，变频器将停止输出三相交流电源，电动机失电后会惯性运转。此时的电动机相当于一台发电机（再生发电），其绕组会产生电流（再生电流），该电流经逆变电路对中间电路的滤波电容充电而构成回路，电流再经逆变电路流回电动机绕组。这个流回绕组的电流会产生磁场，从而对电动机进行制动，电流越大，制动力矩越大，制动时间越短。为了提高制动效果，变频器在中间电路中增加一个制动管。在需要使用变频器的制动功能时，应给制动管外接制动电阻。在制动时，CPU控制制动管导通，这时电动机因惯性运转产生的再生电流的途径为电动机绕组→逆变电路→制动电阻→制动管→逆变电路→电动机绕组。由于制动电阻的阻值小，故再生电流大，将产生很强的磁场对电动机进行制动。对于A～F型MM440变频器，可采用制动管外接制动电阻的方式进行制动；对于FX、GX型MM440变频器，由于其连接的电动机功率大，电动机再生发电产生的电流大，因此，不宜使用制动管和制动电阻的方式进行制动，而是采用在D/L-、C/L+端外接制动单元的方式进行制动。

 ### 9.2.2　控制电路外部端子的接线

控制电路的外部端子包括数字量输入端子、模拟量输入端子、数字量输出端子、模拟量输出端子等，其接线如图9-8所示。

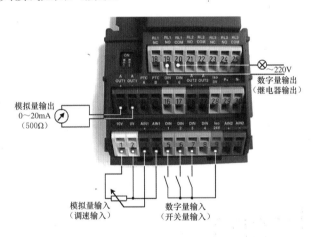

图 9-8　控制电路外部端子的接线

1. 数字量输入端子的接线及参数设置

MM440变频器有DIN1～DIN6六路数字量（又称开关量）输入端子。这些端子可以外接开关。在接线时，可使用变频器内部24V直流电源，如图9-9（a）所示；也可以使用外部24V直流电源，如图9-9（b）所示。

DIN1～DIN6六路数字量输入端子的功能分别由P0701～P0706的参数值设定，各参数值对应的功能见表9-1。例如，参数P0701用于设置DIN1（5号端子）的功能，其参数值为1，对应的功能为接通正转/断开停车，即DIN1端子的外接开关闭合时电动机正转启动；外接开关断开时电动机停转。

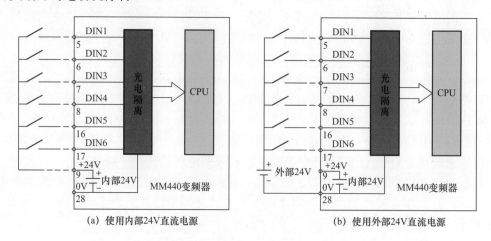

（a）使用内部24V直流电源　　　　　　（b）使用外部24V直流电源

图9-9　数字量输入端子的两种接线方式

表9-1　各参数值对应的功能

数字输入	端子编号	参数编号	设定值	功能说明
DIN1	5	P0701	1	各参数值对应的功能：
DIN2	6	P0702	12	• 0：禁用数字输入
DIN3	7	P0703	9	• 1：接通正转 / 断开停车
DIN4	8	P0704	15	• 2：接通反转 / 断开停车
DIN5	16	P0705	15	• 3：断开，按惯性自由停车
DIN6	17	P0706	15	• 4：断开，按第二降速时间快速停车

• 9：故障复位

说明：

1. 数字量的输入逻辑可以通过 P0725 改变：P0725=1（默认值）时，高电平输入为 ON；P0725=0 时，低电平输入为 ON

2. 数字量的输入状态由参数 r0722 监控，开关闭合时相应笔画点亮

• 10：正向点动

• 11：反向点动

• 12：反转（与正转命令配合使用）

• 13：电动电位计升速

• 14：电动电位计降速

• 15：固定频率直接选择

• 16：固定频率选择 +ON 命令

• 17：固定频率编码选择 +ON 命令

• 25：使能直流制动

• 29：外部故障信号触发跳闸

• 33：禁止附加频率设定值

• 99：使能 BICO 参数化

2. 模拟量输入端子的接线及参数设置

MM440变频器有AIN1、AIN2和PTC三路模拟量输入端子：AIN1、AIN2用作调速输入端子；PTC用作温度检测输入端子。

（1）AIN1、AIN2 端子的接线及参数设置

AIN1、AIN2端子用于输入0～10V的直流电压或0～20mA的直流电流，从而控制变频器输出电源的频率在0～50Hz的范围内变化。AIN1、AIN2端子的接线如图9-10（a）所示；在变频器面板上有AIN1、AIN2两个设置开关，如图9-10（b）所示；开关选择ON时将输入类型设为0～20mA直流电流输入，开关选择OFF时将输入类型设为0～10V直流电压输入。

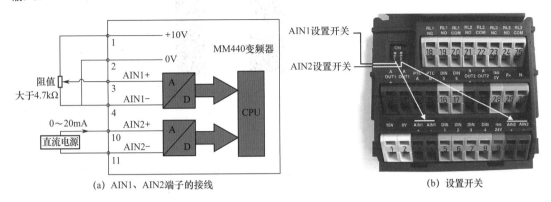

(a) AIN1、AIN2端子的接线　　　　　　　　　　(b) 设置开关

图 9-10　AIN1、AIN2 端子的接线及设置开关

如果需要其他范围的直流电流（或电压），可通过设置参数P0757～P0761来实现：表9-2是在AIN1端子输入2～10V直流电压时对变频器输出电源的频率进行控制；表9-3是在AIN2端子输入4～20mA直流电流时对变频器输出电源的频率进行控制。

表 9-2　在 AIN1 端子输入 2 ～ 10V 直流电压时对变频器输出电源的频率进行控制

参数编号	设定值	参数功能	图　示
P0757[0]	2	电压 2V 对应 0% 的标度，即 0Hz	频率/Hz
P0758[0]	0%		
P0759[0]	10	电压 10V 对应 100% 的标度，即 50Hz	
P0760[0]	100%		
P0761[0]	2	死区宽度	

表 9-3　在 AIN2 端子输入 4 ～ 20mA 直流电流时对变频器输出电源的频率进行控制

参数编号	设定值	参数功能	图　示
P0757[1]	4	电流 4mA 对应 0% 的标度，即 0Hz	频率/Hz
P0758[1]	0%		
P0759[1]	20	电流 20mA 对应 100% 的标度，即 50Hz	
P0760[1]	100%		
P0761[1]	4	死区宽度	

AIN1、AIN2端子默认用作模拟量输入端，也可以用作DIN7、DIN8数字量输入端，其接线如图9-11所示。

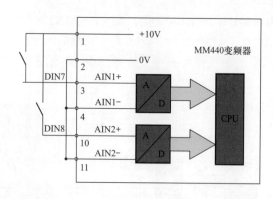

图 9-11　AIN1、AIN2 端子用作 DIN7、DIN8

（2）PTC 端子的接线及参数设置

PTC端子用于外接温度传感器（PTC型或KTY84型），变频器通过温度传感器检测电动机的温度，一旦温度超过某一值，变频器将会发出温度报警。PTC端子的接线如图9-12所示。

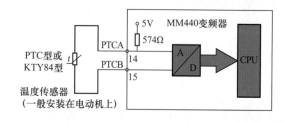

图 9-12　PTC 端子的接线

如果变频器在 PTCA、PTCB 端连接 PTC 型温度传感器，则需要将参数 P0601 设为 1，使得 PTC 型温度传感器的功能有效。在正常情况下，PTC 型温度传感器的阻值在 1500Ω 以下，温度越高，阻值越大。一旦阻值大于 1500Ω，14、15 脚之间的输入电压超过 4V，则变频器将发出报警信号，并进行停机保护。

如果变频器在 PTCA、PTCB 端连接 KTY84 型温度传感器，则应将 KTY84 型温度传感器的阳极接到 PTCA 端，阴极接到 PTCB 端，并将参数 P0601 设为 2，使得 KTY84 型温度传感器的功能有效。检测的温度值会被写入参数 r0035 中。电动机过温保护的动作阈值可用参数 P0604（默认值为 130℃）设定。

3. 数字量输出端子的接线及参数设置

MM440变频器有三路数字量输出端子，其外部接线如图9-13所示。

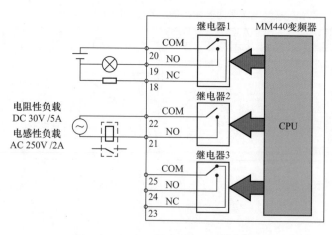

图 9-13　数字量输出端子的外部连接

如果这些端子外接电阻性负载（如电阻、灯泡等），并且采用直流电源供电，则直流电压最高为 30V，直流电流最大为 5A；若这些端子外接电感性负载（如各类线圈），并且采用交流电源供电，则交流电压最高为 250V，交流电流最大为 2A。

三个数字量输出端子的功能可由参数P0731、P0732和P0733的设定值确定。数字量输出端子1的默认功能为变频器故障（P0731=52.3），即变频器出现故障时，该端子内部继电器的常闭触点断开，常开触点闭合；数字量输出端子2的默认功能为变频器报警（P0732=52.7）；数字量输出端子3对应的设置参数P0733=0.0，无任何功能，用户可通过修改P0733的值来设置该端子的功能。

4．模拟量输出端子的接线及参数设置

MM440变频器有两路模拟量输出端子（AOUT1、AOUT2），其接线如图9-14所示。一般通过外接电流表（内阻最大值为500Ω）来指示变频器的频率、电压或电流等数值。

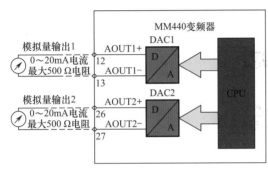

图 9-14　模拟量输出端子的接线

通过设置参数P0777～ P0780可以改变AOUT端输出电流与变频器输出电源频率的关系，AOUT1、AOUT2端分别由各参数的第一、二组参数（[0]、[1]）设置。表9-4是在AOUT1端输出4～20mA电流时的参数设置。

表 9-4　在 AOUT1 端输出 4 ～ 20mA 电流时的参数设置

参数编号	设 定 值	参数功能	图示
P0777[0]	0%	0Hz 对应输出电流 4mA	电流(mA)
P0778[0]	4		
P0779[0]	100%	50Hz 对应输出电流 20mA	
P0780[0]	20		

9.3　变频器的调试

MM440变频器可以外接SDP（状态显示板）、BOP（基本操作板）或AOP（高级操作板），如图9-15所示。

9.3.1　利用 SDP（状态显示板）和外部端子调试变频器

在SDP上只有两个用于显示状态的LED指示灯，无任何按键，故只能通过SDP查看状态，通过外部端子连接的开关或电位器来调试变频器。由于无法通过SDP修改变频器的参数，因此只能按出厂参数值或先前通过其他方式设置的参数值工作。

在SDP上有两个指示灯，其指示含义如图9-16所示。

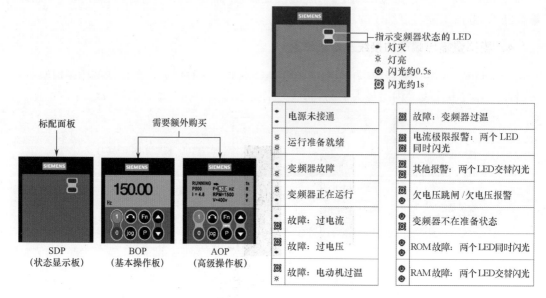

图 9-15　MM40 变频器可连接的面板　　　　图 9-16　SDP 的指示灯及指示含义

当变频器连接SDP时，只能使用变频器控制电路的外部端子来调试变频器。当DIN1端子的外接开关闭合时，电动机启动并正转；当外接开关断开时，电动机停转。在电动机运转时，调节AIN1端子的外接电位器，可以对电动机进行调速，同时AOUT1端子的输出电流会发生变化，外接电流表的表针偏转，用于指示变频器当前输出至电动机的电源频率。变频器的输出频率越高，AOUT1端子的输出电流越大，指示输出电源频率越高。一旦变频器出现故障，则RL1端子（继电器输出端子1）内部的继电器动作，常开触点闭合，外接指示灯发光，指示变频器出现故障。如果将DIN3端子的外接开关闭合，则会对变频器进行故障复位，RL1端子内部继电器的常开触点断开，外接指示灯熄灭。

9.3.2　利用 BOP（基本操作板）调试变频器

在使用BOP连接变频器（要先将SDP从变频器上拆下）时，可以设置变频器的参数，也可以直接用BOP上的按键控制变频器运行。

1. BOP 介绍

BOP上方为五位数字的显示屏，用于显示参数编号、参数值、数值、报警和故障等信息。BOP不能存储参数信息。BOP的外形及按键名称如图9-17所示，对显示屏及按键

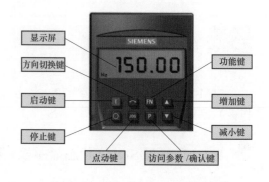

图 9-17　BOP 的外形及按键名称

功能的说明见表9-5。

表 9-5　对显示屏及按键功能的说明

显示按钮	功　能	功能说明
P(1) r 0000 Hz	状态显示	用于显示变频器当前的设定值
I	启动	用于启动变频器。为了使此键的操作有效，应设定 P0700=1
0	停止	OFF1：变频器将按照选定的斜坡下降速率减速停机。为了允许此键操作，应设定 P0700=1。 OFF2：按此键两次（或一次，但时间较长），电动机将在惯性作用下自由停机
↻	改变转动方向	电动机的反向用负号（−）表示或用闪烁的小数点表示。为了使此键的操作有效，应设定 P0700=1
jog	点动	在变频器无输出的情况下按此键，将使电动机启动，并按预设的点动频率运行。释放此键，变频器停机。如果变频器／电动机正在运行，则按此键不起作用
Fn	浏览辅助信息或跳转	在显示任何一个参数时按下此键并保持 2s 不动，将显示以下参数值：直流电压、输出电流、输出频率、输出电压、由 P0005 选定的数值。若连续多次按下此键，则轮流显示以上参数。 在显示任何一个参数（r××××或 P××××）时迅速按下此键，将立即跳转到 r0000。跳转到 r0000 后，按此键将返回原来的显示点。在出现故障或报警的情况下，可以通过此键将显示的故障或报警信息复位
P	访问参数	按此键即可访问参数
▲	增加数值	用于增加面板上显示的参数值
▼	减小数值	用于减小面板上显示的参数值

2. 利用 BOP 设置变频器的参数

在变频器处于默认设置时，可以利用BOP修改参数，但不能控制电动机运行。若要控制电动机运行，必须将参数P0700、P1000的值设为1。在变频器通电时可以安装或拆卸BOP；若在电动机运行时拆卸BOP，则电动机将自动停转。

利用BOP设置变频器参数的操作方法见表9-6和表9-7。其中，P1000[0]表示P1000的第0组参数（又称下标参数0）；"r----"为只读参数，显示的是特定的参数值，用户无法修改；"P----"可以由用户修改。

注意：在用BOP设置变频器的参数时，如果面板显示"busy"，则表明变频器正在忙于处理优先级更高的任务。

3. 故障复位操作

如果变频器在运行时发生故障或报警，则会出现提示，并按照设定的方式进行默认处理（一般是停机），此时需要用户查找原因并排除故障，并在面板上进行故障复位操作。下面以变频器出现"F0003（电压过低）"故障为例说明故障复位的操作方式：当变频器欠电压时，显示屏会显示故障代码"F0003"。若故障已经排除，则按Fn键，变频器会复位到运行准备状态，显示设定频率"5000"并闪烁；若故障没能排除，则故障代码"F0003"仍会出现。

表 9-6 利用 BOP 设置变频器参数
（P0004=7）的操作方法

序号	操作步骤	显示结果
1	单击 P 键，访问参数	r0000
2	单击 ▲ 键，直到显示 P0004	P0004
3	单击 ▶ 键，进入参数值访问级	0
4	单击 ▲ 键，直至达到所需的参数值	7
5	单击 P 键，确认并存储参数值	P0004
6	使用者只能看到电动机的参数	

表 9-7 利用 BOP 设置变频器参数
（P1000[0]=1）的操作方法

序号	操作步骤	显示结果
1	单击 P 键，访问参数	r0000
2	单击 ▲ 键，直到显示 P1000	P1000
3	单击 P 键，显示 in000，即 P1000 的第 0 组值	in000
4	单击 P 键，显示当前参数值 2	2
5	单击 ▼ 键，直至达到所要求的参数值 1	1
6	单击 P 键，存储当前设置	P1000
7	单击 FN 键，显示 r0000	r0000
8	单击 P 键，显示频率	5000

9.4 变频器的参数设置及常规操作

MM440变频器的参数分为P型参数（以字母P开头）和r型参数（以字母r开头）：P型参数是用户可修改的参数；r型参数为只读参数，用于显示一些特定的信息。

9.4.1 变频器的参数设置

如果要把变频器的所有参数复位到工厂设定值，则必须将BOP或AOP连接到变频器。整个复位过程需要约3min才能完成。MM440变频器所有参数复位的操作流程如图9-18所示。

通常情况下，MM440变频器的常用参数是为西门子标准电动机设置的，如果连接其他类型的电动机，则建议在运行前对变频器进行快速调试，即根据电动机和负载特性，以及变频器的控制方式对变频器的相关参数进行必要的设置。在快速调试时，需要给变频器连接BOP或AOP，也可以使用带调试软件STARTER或DriveMonitor的PC工具。

MM440变频器参数的快速调试流程如图9-19所示。在快速调试时，需要设置用户访问级参数P0003，如果令P0003=1，则在调试时只能看到标准级（访问级1）的参数，扩展级（访问级2）和专家级（访问级3）的参数不会显示出来。在图9-19中设置 P0003=3，在调试时会显示有关的扩展级和专家级参数。在快速调试的过程中，如果对某参数不是很了解，则可查看变频器使用手册的参数表，并阅读该参数的详细说明。对于一些不是很重要的参数，可以保持默认值。如果调试时不了解电动机的参数，则可设参数P3900=3，即自动检测电动机的参数。

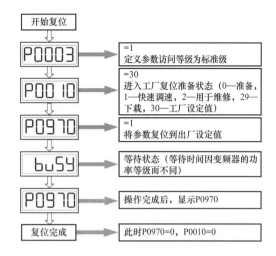

图 9-18　MM440 变频器所有参数复位的操作流程

9.4.2　变频器的常规操作

MM440变频器执行常规操作的前提条件如下。

- 设置 P0010=0，让变频器初始化，进入运行准备状态。
- 设置 P0700=1，让 BOP 或 AOP 的启动 / 停止按键的操作有效。
- 设置 P1000=1，可通过▲和▼键调节频率来改变电动机的转速。

利用BOP或AOP对MM440变频器进行常规操作的步骤如下。

- 单击▮（运行）键，启动电动机。
- 在电动机运转时，单击▲（增加）键，使电动机的频率升到 50Hz。
- 在电动机的频率达到 50Hz 时，单击▼（减小）键，使电动机的转速下降。
- 单击◉（转向）键，改变电动机的运转方向。
- 单击◉（停止）键，让电动机停转。

在操作MM440变频器时，要注意以下事项。

- 变频器自身没有主电源开关，一旦接通电源，变频器内部就会通电。在按下运行键或 DIN1 端子的输入 ON 信号（正转）之前，变频器的输出一直处于等待状态。
- 如果变频器安装了 BOP 或 AOP，并且已设置要显示的输出频率（P0005=21），那么在变频器减速停机时，相应的设置值大约每1s显示一次。
- 在变频器出厂时，已按相同额定功率的西门子四极标准电动机的常规应用对象进行参数设置。如果用户采用了其他型号的电动机，则必须按电动机铭牌上的规格对相关参数进行重新设置。
- 只有在 P0010=1 时，才能修改电动机的参数。
- 在启动电动机前，必须确保 P0010=0。

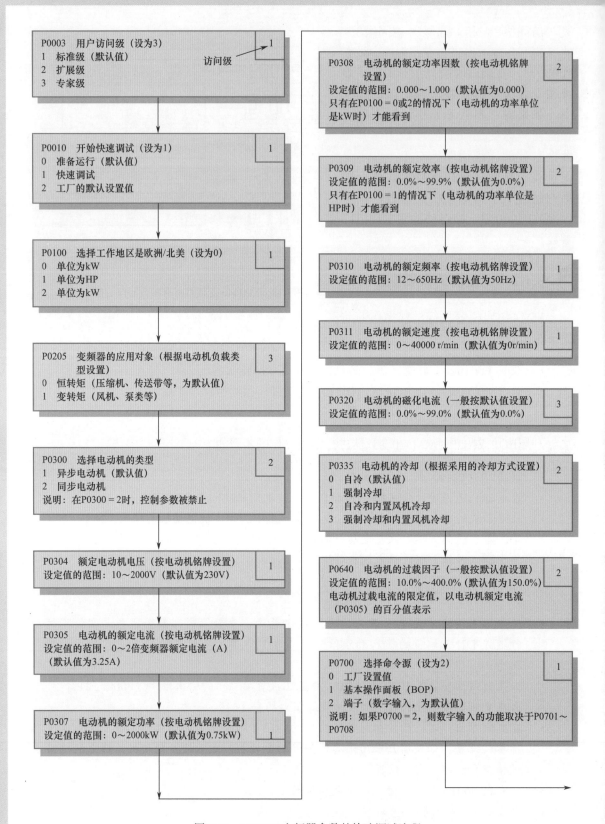

图 9-19 MM440 变频器参数的快速调试流程

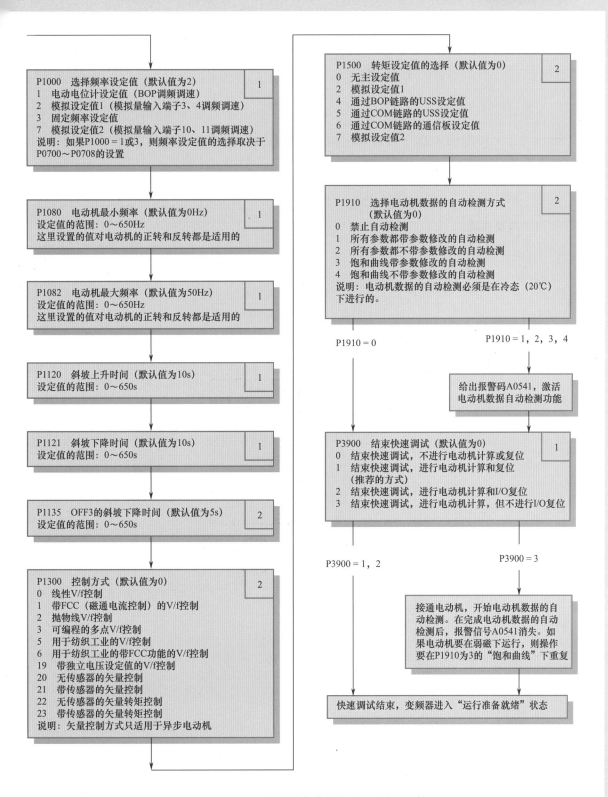

图 9-19　MM440 变频器参数的快速调试流程（续）

9.5 变频器的应用电路

9.5.1 利用输入端子控制电动机正/反转和面板键盘调速的电路

利用两个开关驱动电动机运行：一个开关控制电动机正转和停转；另一个开关控制电动机反转和停转。电动机的加速和减速时间均为10s，转速可使用BOP或AOP来调节。

1. 电路接线

利用变频器的数字量输入端子控制电动机正/反转和面板键盘调速的电路如图9-20所示。

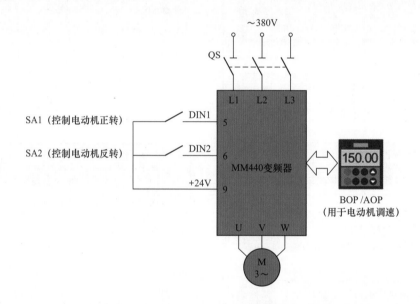

图 9-20 利用变频器的数字量输入端子控制电动机正 / 反转和面板键盘调速的电路

2. 参数设置

将变频器的所有参数复位到工厂默认值：在BOP或AOP上设置参数P0010=3，P0970=1，按下P键开始参数复位，大约3min完成复位过程。

设置电动机的参数：设置P0100=1，进入参数的快速调试状态，即按照电动机铭牌设置电动机的主要参数，见表9-8。设置完成后，设置P0100=0，即让变频器退出快速调试状态。

其他参数设置：其他参数主要用于设置数字量输入端子的功能、调速方式和电动机转速的频率范围等，见表9-9。

表 9-8　电动机的主要参数设置

参数编号	工厂默认值	设置值及说明
P0003	1	1—设用户访问级为标准级
P0010	0	1—快速调试
P0100	0	0—工作地区：功率用 kW 表示，频率为 50Hz
P0304	230	380—电动机的额定电压（V）
P0305	3.25	0.95—电动机的额定电流（A）
P0307	0.75	0.37—电动机的额定功率（kW）
P0308	0	0.8—电动机的额定功率因数（cosφ）
P0310	50	50—电动机的额定频率（Hz）
P0311	0	2800—电动机的额定转速（r/min）

表 9-9　电动机的其他参数设置

参数编号	工厂默认值	设置值及说明
P0003	1	1—设用户访问级为标准级
P0700	2	2—命令源选择由端子输入
P0701	1	1—ON 接通正转，OFF 停止
P0702	12	2—ON 接通反转，OFF 停止
P1000	2	1—由 BOP 或 AOP 面板键盘（电动电位计）输入频率的设定值
P1080	0	0—电动机运行的最低频率（Hz）
P1082	50	50—电动机运行的最高频率（Hz）
P1040	5	30—设置键盘控制的频率值（Hz）

3．操作过程及电路说明

（1）正转控制过程

当SA1开关闭合时，变频器的DIN1端（5脚）输入为ON，驱动电动机开始正转，用时10s便稳定运行在30Hz（对应电动机转速为1680r/min）。电动机的加速时间（斜坡上升时间）由参数P1120决定，面板键盘调速前的电动机稳定转速30Hz由参数P1040决定。当SA1开关断开时，变频器的DIN1端输入为OFF，电动机在10s内减速并停止，电动机的减速时间（斜坡下降时间）由参数P1121决定。

（2）反转控制过程

当SA2开关闭合时，变频器的DIN2端（6脚）输入为ON，驱动电动机开始反转，用时10s便稳定运行在30Hz（对应电动机转速为1680r/min）；当SA2开关断开时，变频器的DIN2端输入为OFF，电动机在10s内减速并停止。与正转控制一样，电动机的加速时间、稳定转速、减速时间分别由参数P1120、P1040、P1121决定。

（3）面板键盘调速过程

当单击BOP或AOP上的▼键时，变频器的输出频率下降，电动机的转速下降，转速的最低频率由P1080=0决定；当单击面板上的▲键时，变频器的输出频率上升，电动机的转速升高，转速的最高频率由P1082=50（对应电动机的额定转速2800r/min）决定。

9.5.2 利用输入端子控制电动机正/反转和电位器调速的电路

利用变频器外接的两个开关分别控制电动机正转和反转，并利用变频器外接的电位器对电动机进行调速。

1. 电路接线

利用变频器的外接开关控制电动机正/反转和电位器调速的电路如图9-21所示。

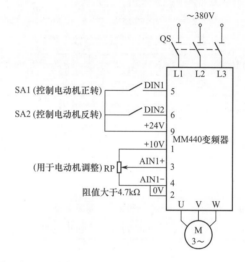

图 9-21　利用变频器的外接开关控制电动机正反转和电位器调速的电路

2. 参数设置

复位变频器的所有参数为工厂默认值，并设置电动机的参数及其他参数。其他参数主要用于设置数字量输入端子的功能、调速方式和电动机转速的频率范围等，见表9-10。

表 9-10　其他参数的设置

参数编号	工厂默认值	设置值及说明
P0003	1	1—设用户访问级为标准级
P0700	2	2—命令源选择由端子输入
P0701	1	1—ON 接通正转，OFF 停止
P0702	12	2—ON 接通反转，OFF 停止
P1000	2	2—频率设定值选择为模拟输入
P1080	0	0—电动机运行的最低频率（Hz）
P1082	50	50—电动机运行的最高频率（Hz）

若变频器只有SOP（无操作按键），则无法进行参数设置，只能让变频器参数按照工厂默认值工作，但在变频器驱动电动机时无法发挥出良好性能。

3．操作过程及电路说明

（1）正转和调速控制过程

当SA1开关闭合时，变频器的DIN1端（5脚）输入为ON，驱动电动机正转，调节AIN1端（3、4脚）的RP电位器，AIN端的输入电压在0～10V范围内变化，对应变频器的输出频率在0～50Hz范围内变化，电动机转速在0～2800 r/min范围内变化。当SA1开关断开时，变频器的DIN1端输入为OFF，电动机停止运转。

（2）反转和调速控制过程

当SA2开关闭合时，变频器的DIN2端（6脚）输入为ON，驱动电动机反转，调节AIN1端（3、4脚）的RP电位器，AIN端的输入电压在0～10V范围内变化，对应变频器的输出频率在0～50Hz范围内变化，电动机转速在0～2800 r/min范围内变化。当SA2开关断开时，变频器的DIN2端输入为OFF，电动机停止运转。

9.5.3　变频器的多段速控制方式和电路

1．变频器的多段速控制方式

MM440变频器可以通过DIN1～DIN6六个数字量输入端子，控制电动机最多能以15种速度运行，并且从一种速度可直接切换到另一种速度，该功能被称为变频器的多段速控制（又被称为多段固定频率功能）。实现变频器的多段速控制方式有以下几种。

（1）直接选择方式

直接选择方式是指用DIN1～DIN6端子直接选择固定频率，一个端子可以选择一个固定频率。在使用这种方式时，先设参数P0701～P0706均为15，即将各DIN端子功能设为直接选择方式，再在各端子的固定频率参数P1001～P1006中设置固定频率，并设置P1000=3，即将频率来源指定为参数设置的固定频率。

在直接选择方式下，各DIN端子的功能设置参数和对应的固定频率设置参数见表9-11。

表 9-11　各 DIN 端子的功能设置参数和对应的固定频率设置参数

变频器端子号	端子功能设置参数	对应的固定频率设置参数	说　　明
5	P0701	P1001	若将 P0701～P0706 参数值均设为 15，则表示将各对应端子的功能设为"直接选择＋固定频率"方式；若将参数值设为 16，则表示将各对应端子的功能设为"直接选择＋ON命令"方式
6	P0702	P1002	
7	P0703	P1003	
8	P0704	P1004	若将 P1000 应设为 3，则表示将频率设定值设为固定频率。
16	P0705	P1005	若将多个选择同时激活时，则将选定的频率设为它们的总和
17	P0706	P1006	

（2）"直接选择＋ON 命令"方式

"直接选择+ON命令"方式是指DIN1～DIN6端子能直接选择固定频率，具有启动功能，即用DIN端子直接启动电动机，并按设定的固定频率运行。在使用这种方式时，应将参数P0701~P0706设为16，其他参数的设置与直接选择方式相同。

（3）"二进制编码选择+ON命令"方式

"二进制编码选择+ON命令"方式是指用DIN1~DIN4四个端子组合来选择固定频率（最多可选择15个固定频率）。在使用这种方式时，应将参数P0701~P0704设为17。在"二进制编码选择+ON命令"方式下，DIN1~DIN4端子的输入状态与对应选择的固定频率参数见表9-12。

表9-12　DIN1～DIN4端子的输入状态与对应选择的固定频率参数

DIN4（端子8）	DIN3（端子7）	DIN2（端子6）	DIN1（端子5）	固定频率参数
0	0	0	1	P1001
0	0	1	0	P1002
0	0	1	1	P1003
0	1	0	0	P1004
0	1	0	1	P1005
0	1	1	0	P1006
0	1	1	1	P1007
1	0	0	0	P1008
1	0	0	1	P1009
1	0	1	0	P1010
1	0	1	1	P1011
1	1	0	0	P1012
1	1	0	1	P1013
1	1	1	0	P1014
1	1	1	1	P1015

2. 变频器的多段速控制电路

利用三个开关对变频器进行多段速控制的电路如图9-22所示：SA3用于控制电动机的启动和停止；SA1、SA2（组合开关）用于对变频器进行3段速控制。

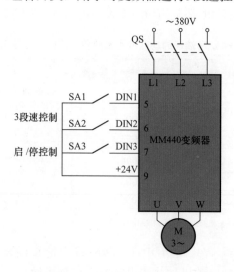

图9-22　利用三个开关对变频器进行多段速控制的电路

将变频器的所有参数复位为工厂默认值，设置电动机的参数及其他参数。DIN端子的多段速控制方式的参数设置见表9-13。

表 9-13　DIN 端子的多段速控制方式的参数设置

参数编号	工厂默认值	设置及说明
P0003	1	1—设用户访问级为标准级
P0700	2	2—命令源选择由端子输入
P0701	1	17—选择固定频率（"二进制编码选择 +ON 命令"方式）
P0702	1	17—选择固定频率（"二进制编码选择 +ON 命令"方式）
P0703	1	1—ON 接通正转，OFF 停止
P1000	2	3—选择固定频率设定值
P1001	0	15—设定固定频率 1（Hz）
P1002	5	30—设定固定频率 2（Hz）
P1003	10	50—设定固定频率 3（Hz）

当开关SA3闭合时，DIN3端子的输入为ON，电动机启动运行，操作过程如下。

❶ 第 1 段速控制：将 SA2 断开、SA1 闭合，DIN2=0（OFF）、DIN1=1（ON），变频器按照 P1001 的设置值输出频率为 15Hz 的电源，用于驱动电动机，电动机的转速为 840r/min（2800 r/min× 15/50=840r/min）。

❷ 第 2 段速控制：将 SA2 闭合、SA1 断开，DIN2=1（ON）、DIN1=0（OFF），变频器按照 P1002 的设置值输出频率为 30Hz 的电源，用于驱动电动机，电动机的转速为 1680r/min。

❸ 第 3 段速控制：将 SA2 闭合、SA1 闭合，DIN2=1（ON）、DIN1=1（ON），变频器按照 P1003 的设置值输出频率为 50Hz 的电源，用于驱动电动机，电动机的转速为 2800r/min。

❹ 停止控制：将 SA2、SA1 都断开，DIN2、DIN1 端子输入均为 OFF，变频器停止输出电源，电动机停转。另外，当电动机运行在任何一个频率下时，将 SA3 开关断开，DIN3 端子的输入为 OFF，电动机停转。

9.5.4　变频器的 PID 控制电路

1. PID 控制

PID的英文全称为Proportion Integration Differentiation。PID控制又称比例积分微分控制，是一种闭环控制。下面以图9-23所示的恒压供水系统的PID控制为例进行说明。

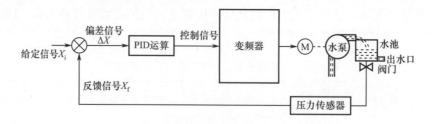

图 9-23　恒压供水系统的 PID 控制

　　　　　　电动机驱动水泵将水抽入水池，水池中的水除了经出水口提供用水，还经阀门送到压力传感器，传感器将水压大小转换成相应的电信号 X_f，X_f 被反馈到比较器与给定信号 X_i 进行比较，得到偏差信号 ΔX（$\Delta X = X_i - X_f$）。若 $\Delta X > 0$，则表明水压小于给定值，偏差信号经 PID 运算得到控制信号，控制变频器，使其输出频率上升，电动机转速加快，水泵抽水量增多，水压增大；若 $\Delta X < 0$，则表明水压大于给定值，偏差信号经 PID 运算得到控制信号，控制变频器，使其输出频率下降，电动机转速变慢，水泵抽水量减少，水压下降；若 $\Delta X = 0$，则表明水压等于给定值，偏差信号经 PID 运算得到控制信号，控制变频器，使其输出频率不变，电动机转速不变，水泵抽水量不变，水压不变。由于控制回路具有滞后性，因此水压值总与给定值存在偏差。例如，当用水量增多、水压下降时，$\Delta X > 0$，电动机转速变快，从压力传感器检测到水压下降，再到控制电动机转速加快、提高抽水量、恢复水压需要一定时间；通过提高电动机的转速恢复水压后，系统又要将电动机转速调回正常值，这也要一定时间。在这段回调时间内水泵抽水量会偏多，导致水压增大，又需进行反调。这样的情况使得水池水压会在给定值上下波动（振荡），即水压不稳定。

　　采用 PID 运算可以有效减少控制环路滞后和过调问题（无法彻底消除）。PID 运算包括 P（比例）运算、I（积分）运算和 D（微分）运算。P 运算是将偏差信号 ΔX 按比例放大，提高控制的灵敏度；I 运算是对偏差信号进行积分运算，消除 P 运算引起的误差并提高控制精度，但积分运算会使控制具有滞后性；D 运算是对偏差信号进行微分运算，使得控制具有超前性和预测性。

2. MM440 变频器的 PID 原理图及有关参数

　　西门子 MM440 变频器的 PID 原理图及有关参数如图 9-24 所示。MM440 变频器的给定信号由参数 P2253 设定（见表 9-14），MM440 变频器的反馈信号由参数 P2264 设定（见表 9-15）。

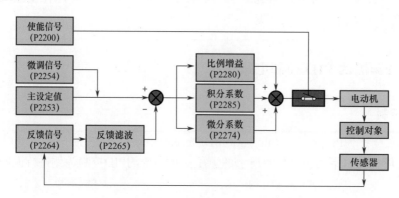

图 9-24　西门子 MM440 变频器的 PID 原理图及有关参数

表 9-14　MM440 变频器的给定信号由参数 P2253 设定

PID 给定源参数	设定值	功能解释	说　明
P2253	2250	BOP	通过 P2240 改变目标值
	755.0	模拟通道 1	通过模拟量大小来改变目标值
	755.1	模拟通道 2	

表 9-15　MM440 变频器的反馈信号由参数 P2264 设定

PID 反馈源参数	设定值	功能解释	说　明
P2264	755.0	模拟通道 1	当模拟量波动较大时，可适当加大滤波
	755.1	模拟通道 2	通过 P2265 改变目标值，以确保系统稳定

3. MM440 变频器的 PID 控制恒压供水电路

西门子 MM440 变频器的 PID 控制恒压供水电路如图 9-25 所示。

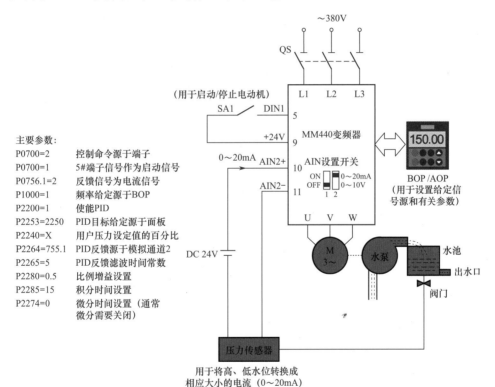

主要参数：
P0700=2　控制命令源于端子
P0700=1　5#端子信号作为启动信号
P0756.1=2　反馈信号为电流信号
P1000=1　频率给定源于BOP
P2200=1　使能PID
P2253=2250　PID目标给定源于面板
P2240=X　用户压力设定值的百分比
P2264=755.1　PID反馈源于模拟通道2
P2265=5　PID反馈滤波时间常数
P2280=0.5　比例增益设置
P2285=15　积分时间设置
P2274=0　微分时间设置（通常
　　　　　微分需要关闭）

用于将高、低水位转换成
相应大小的电流（0～20mA）

图 9-25　西门子 MM440 变频器的 PID 控制恒压供水电路

将变频器所有的参数复位为工厂默认值，并设置电动机的参数。在设置电动机参数时，应设置P0100=1，即进入参数快速调试状态，按照电动机铭牌设置电动机的一些主要参数。在电动机的参数设置完成后，令P0100=0，让变频器退出快速调试状态。对其他参数的设置主要包括控制参数设置（见表9-16）、给定参数设置（见表9-17）、反馈参数设置（见表9-18）和PID参数设置（见表9-19）。

表 9-16 控制参数的设置及说明

参数编号	工厂默认值	设置值及说明
P0003	1	2—用户访问级为扩展级
P0004	0	0—显示全部参数
P0700	2	2—由端子输入（选择命令源）
*P0701	1	1—端子 DIN1 的功能为接通正转（ON）或停机（OFF）
*P0702	12	0—端子 DIN2 禁用
*P0703	9	0—端子 DIN3 禁用
*P0704	0	0—端子 DIN4 禁用
P0725	1	1—端子 DIN 输入为高电平有效
P1000	2	1—由 BOP（▲▼）设置频率
*P1080	0	20—电动机运行的最低频率（下限频率）(Hz)
*P1082	50	50—电动机运行的最高频率（上限频率）(Hz)
P2200	0	1—PID 的控制功能有效

注：标"*"的参数可根据用户的需要改变。

表 9-17 给定参数（目标参数）的设置及说明

参数编号	工厂默认值	设置值及说明
P0003	1	3—用户访问级为专家级
P0004	0	0—显示全部参数
P2253	0	2250—已激活的 PID 设定值（PID 设定值信号源）
*P2240	10	60—由面板 BOP（▲▼）设定的目标值（%）
*P2254	0	0—无 PID 微调信号源
*P2255	100	100—PID 设定值的增益系数
*P2256	100	0—PID 微调信号增益系数
*P2257	1	1—PID 设定值的斜坡上升时间
*P2258	1	1—PID 设定值的斜坡下降时间
*P2261	0	0—PID 设定值无滤波

注：标"*"的参数可根据用户的需要改变。

表 9-18 反馈参数的设置及说明

参数编号	工厂默认值	设置值及说明
P0003	1	3—用户访问级为专家级
P0004	0	0—显示全部参数
P2264	755.0	755.1—PID 反馈信号由 AIN2+（模拟输入 2）设定
*P2265	0	0—PID 反馈信号无滤波
*P2267	100	100—PID 反馈信号的上限值（%）
*P2268	0	0—PID 反馈信号的下限值（%）
*P2269	100	100—PID 反馈信号的增益（%）
*P2270	0	0—不用 PID 反馈器的数学模型
*P2271	0	0—PID 传感器的反馈形式为正常

注：标"*"的参数可根据用户的需要改变。

表 9-19　PID 参数的设置及说明

参 数 号	工厂默认值	设置值及说明
P0003	1	3—用户访问级为专家级
P0004	0	0—显示全部参数
*P2280	3	25—PID 比例增益系数
*P2285	0	5—PID 积分时间
*P2291	100	100—PID 输出上限（%）
*P2292	0	0—PID 输出下限（%）
*P2293	1	1—PID 限幅的斜坡上升 / 下降时间（s）

注：标"*"的参数可根据用户的需要改变。

对供水电路的控制过程如下。

❶ 启动运行。闭合开关SA1，变频器的DIN1端子输入为ON，驱动电动机运行，电动机带动水泵往水池中抽水。

❷ PID控制过程。水池中的一部分水从出水口流出，另一部分水经阀门流向压力传感器。水池的水位越高，压力传感器承受的压力越大，其导通电阻越小，流往变频器AIN2端子的电流越大（电流途径：DC 24V+→AIN2+端子→AIN2端子内部电路→AIN2-端子→压力传感器→DC 24V-）。如果AIN2端子输入的反馈电流小于给定值12mA（给定值由P2240设定，其值为60，表示为最大电流20mA的60%），则表明水池水位低于要求的水位，变频器在内部将对反馈电流与给定值进行PID运算，并控制电动机升速。随着水泵抽水量的增大，水位将快速上升。如果水位超过了要求的水位，AIN2端子自输入的反馈电流大于给定值12mA，则变频器控制电动机降速，水泵抽水量将减少（少于出水口流出的水量），水位下降。总之，当水池中的水位超过了要求的水位时，通过变频器PID电路的比较运算，可控制电动机提速；反之，可控制电动机降速，让水池的水位在要求的水位上、下小幅波动。

❸ 停止运行。断开开关SA1，变频器的DIN1端子输入为OFF，停止输出电源，电动机停转。

注意：更改参数P2240的值可以改变给定值（也称目标值），从而改变水池水位（改变水压）。P2240的值是以百分比的形式表示的，可以用BOP或AOP上的增、减键改变。当设置P2231=1时，可将利用增、减键改变的P2240值保存到变频器；当设置P2232=0时，可将利用增、减键改变的P2240值设为负值。

9.6　变频器与 PLC 的综合应用

9.6.1　PLC控制变频器驱动电动机延时正/反转的电路

可通过三个开关操作PLC的方式控制变频器驱动电动机延时正/反转运行：一个开关

用于正转控制；一个开关用于停转控制；一个开关用于反转控制。当正转开关闭合时，先延时20s，然后电动机正转运行，运行频率为30Hz（对应电动机的转速为1680r/min）；当停转开关闭合时，电动机停转；当反转开关闭合时，先延时15s，然后电动机反转运行，运行频率为30Hz（对应电动机的转速为1680r/min）。

1. PLC 输入 / 输出（I/O）端子的分配

PLC采用西门子S7-200系列中的CPU221 DC/DC/DC。PLC其输入/输出端子的分配见表9-20。

表 9-20　PLC 输入 / 输出（I/O）端子的分配

输　入			输　出		
输入端子	外接部件	功　能	输出端子	外接部件	功　能
I0.1	SB1	正转控制	Q0.1	连接变频器的 DIN1 端子	正转 / 停转控制
I0.2	SB2	反转控制	Q0.2	连接变频器的 DIN2 端子	反转 / 停转控制
I0.3	SB3	停转控制			

2. 电路接线

通过三个开关操作PLC的方式控制变频器驱动电动机延时正/反转的电路如图9-26所示。

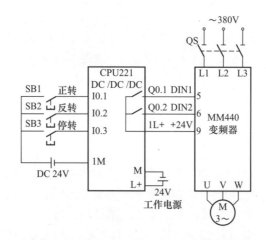

图9-26　PLC控制变频器驱动电动机延时正/反转的电路

3. 变频器的参数设置

在参数设置时，一般先将变频器的所有参数复位为工厂默认值，然后设置电动机参数，再设置其他参数。其他参数主要用于设置数字量输入端子的功能、调速方式和电动机转速的频率范围等，具体见表9-21。

表 9-21 其他参数的设置

参数编号	工厂默认值	设置值及说明
P0003	1	1—设用户访问级为标准级
P0700	2	2—命令源由端子输入
P0701	1	1—ON 接通正转，OFF 停止
P0702	1	2—ON 接通反转，OFF 停止
P1000	2	1—频率设定值为键盘（MOP）设定值
P1080	0	0—电动机运行的最低频率（Hz）
P1082	50	50—电动机运行的最高频率（Hz）
P1120	10	5—斜坡上升时间（s）
P1121	10	10—斜坡下降时间（s）
P1040	5	30—设定键盘控制的频率值（Hz）

4．PLC 控制程序及说明

通过三个开关操作PLC的方式控制变频器驱动电动机延时正/反转的PLC程序及说明如图9-27所示。

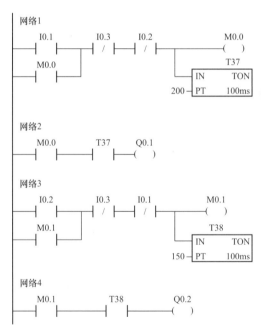

图 9-27 通过三个开关操作 PLC 的方式控制变频器驱动电动机延时正 / 反转的 PLC 程序及说明

❶ 正转和停转控制过程

按下正转开关 SB1，PLC 的 I0.1 端子输入为 ON，使得 PLC 程序中的 [1]I0.1 常开触点闭合，辅助继电器 M0.0 线圈得电，同时定时器 T37 得电开始 20s 计时。20s 后，[2]T37 常开触点闭合，Q0.1 线圈得电，Q0.1 端子内部的硬件触点闭合，变频器 DIN1 端子输入为 ON，变频器输出电源使电动机正转启动，电动机在 5s（由 P1120=5 决定）后的运行频率达到 30Hz（由 P1040=30 决定），对应的电动机转速为 1680r/min（2800 r/min×30/50）。按下停转开关 SB3，PLC 的 I0.3 端子输入为 ON，使得 PLC 程序中的 [1]I0.3 常闭触点断开，辅助继电器 M0.0 线圈失电，同时定时器 T37 失电。在 10s（由 P1121=10 决定）内频率下降到 0Hz，电动机停转。

❷ 反转和停转控制过程

按下反转开关 SB2，PLC 的 I0.2 端子输入为 ON，PLC 程序中的 [3]I0.2 常开触点闭合，辅助继电器 M0.1 线圈得电，同时定时器 T38 得电开始 15s 计时。15s 后，[4]T38 常开触点闭合，Q0.2 线圈得电，Q0.2 端子内部的硬件触点闭合，变频器 DIN2 端子输入为 ON，变频器输出电源使电动机反转启动，电动机在 5s 内的运行频率达到 30Hz，对应的电动机转速为 1680r/min。按下停转开关 SB3，PLC 的 I0.3 端子输入为 ON，使得 PLC 程序中的 [3]I0.3 常闭触点断开，辅助继电器 M0.1 线圈失电，同时定时器 T38 失电。在 10s 内频率下降到 0Hz，电动机停转。

9.6.2 PLC 控制变频器实现多段速运行的电路

可通过两个开关操作PLC的方式控制变频器驱动电动机多段速运行：一个开关用作启

动开关；另一个开关用作停止开关。当启动开关闭合时，电动机启动并按第1段速运行；30s后，电动机按第2段速运行；30s后，电动机按第3段速运行。当停止开关闭合时，电动机停转。

1. PLC 输入 / 输出（I/O）端子的分配

PLC采用西门子S7-200系列中的CPU221。PLC输入/输出端子的分配见表9-22。

表 9-22　PLC 输入 / 输出（I/O）端子的分配

输　　入			输　　出		
输入端子	外接部件	功　能	输出端子	外接部件	功　能
I0.1	SB1	启动控制	Q0.1	连接变频器的 DIN1 端子	用于 3 段速控制
I0.2	SB2	停止控制	Q0.2	连接变频器的 DIN2 端子	用于 3 段速控制
			Q0.3	连接变频器的 DIN3 端子	用于启 / 停控制

2. 电路接线

通过两个开关操作PLC的方式控制变频器驱动电动机多段速运行的电路如图9-28所示。

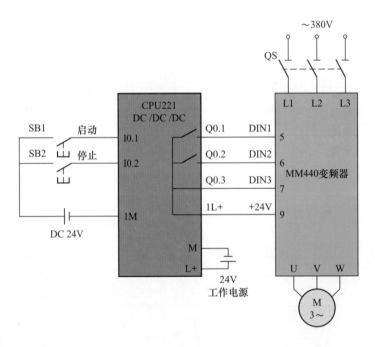

图 9-28　通过两个开关操作 PLC 的方式控制变频器驱动电动机多段速运行的电路

3. 变频器参数设置

将变频器的所有参数复位为工厂默认值，并设置电动机的参数和其他参数。其他参数主要用于设置DIN端子的多段速控制方式，具体见表9-23（DIN端子采用"二进制编码选择+ON命令"方式控制多段速，3段速频率分别为15Hz、30Hz、50Hz）。

表 9-23 DIN 端子的多段速控制方式的参数设置

参数编号	工厂默认值	设置值及说明
P0003	1	1—设用户访问级为标准级
P0700	2	2—命令源选择由端子输入
P0701	1	17—选择固定频率（二进制编码选择 +ON 命令）
P0702	1	17—选择固定频率（二进制编码选择 +ON 命令）
P0703	1	1—ON 接通正转，OFF 停止
P1000	2	3—选择固定频率设定值
P1001	0	15—设定固定频率 1（Hz）
P1002	5	30—设定固定频率 2（Hz）
P1003	10	50—设定固定频率 3（Hz）

4．PLC 控制程序及说明

通过两个开关操作PLC的方式控制变频器驱动电动机多段速运行的PLC程序及说明如图9-29所示。

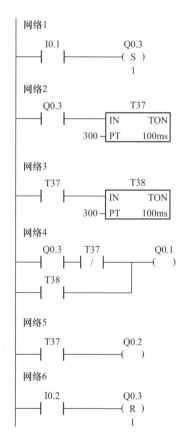

图 9-29 通过两个开关操作 PLC 的方式控制变频器驱动电动机多段速运行的 PLC 程序及说明

当启动开关SB1闭合时，PLC的I0.1端子输入为ON，[1]中的I0.1常开触点闭合，线圈Q0.3被置位为1（得电），这会使：① [2]中的Q0.3常开触点闭合，定时器T37得电，开始30s计时；② 变频器DIN3端子输入为ON，电动机启动运转；③ [4]中的Q0.3常开触点闭合，Q0.1线圈得电，PLC的Q0.1端子内部的硬件触点闭合，变频器DIN1端子输入为ON，此时PLC的Q0.2端子内部的硬件触点处于断开状态，变频器DIN2端子输入为OFF。DIN2=0、DIN1=1，使得变频器输出第1段15Hz的频率，电动机转速为840r/min。

30s后，定时器T37因计时时间到而执行动作，这会使：① [3]中的T37常开触点闭合，定时器T38得电开始30s计时；② [4]中的T37常闭触点断开，Q0.1线圈失电，PLC的Q0.1端子内部的硬件触点断开，变频器DIN1端子的输入为OFF；③ [5]中的T37常开触点闭合，Q0.2线圈得电，PLC的Q0.2端子内部的硬件触点闭合，变频器DIN2端子输入为ON。DIN2=1、DIN1=0，使得变频器输出第2段30Hz的频率，电动机转速为1680r/min。

30s后，定时器T38因计时时间到而执行动作，这会使：① [4]中的T38常开触点闭合，Q0.1线圈得电，PLC的Q0.1端子内部的硬件触点闭合，变频器DIN1端子输入为ON；② 此时Q0.2线圈处于得电状态，PLC的Q0.2端子内部的硬件触点闭合，变频器DIN2端子输入为ON。DIN2=1、DIN1=1，使得变频器输出第3段50Hz的频率，电动机转速为2800r/min。

当停止开关SB2闭合时，[6]中的I0.2常开触点闭合，线圈Q0.3被复位为0（失电），这会使：① PLC的Q0.3端子内部的硬件触点断开，变频器DIN3端子输入为OFF，变频器停止输出电源，电动机停转；② [2]中的Q0.3常开触点断开，定时器T37失电，[3]中的T37常开触点马上断开，定时器T38失电，[4]、[5]中的T38、T37常开触点断开，Q0.1、Q0.2线圈失电，变频器的输入端子DIN1=0、DIN2=0。

触摸屏

西门子精彩系列触摸屏（SMART LINE）是西门子根据市场需求推出的具有触摸操作功能的 HMI（人机界面）设备。本章将以此系列产品为例对触摸屏进行介绍。

10.1 SMART LINE 触摸屏简介

10.1.1 SMART LINE 触摸屏的特点

西门子精彩系列触摸屏（SMART LINE）主要具有以下特点。

- 屏幕尺寸有 7 英寸、10 英寸两种，支持横向和竖向安装。
- 屏幕的分辨率高，有 800×480（7 英寸）、1024×600（10 英寸）两种。
- 集成以太网接口（俗称网线接口），可与 S7-200 SMART 系列 PLC、"LOGO！"等进行通信（最多可连接 4 个逻辑模块）。
- 具有隔离串口（RS-422/485 自适应切换），可连接西门子、三菱、施耐德、欧姆龙及部分台达系列 PLC。
- 支持 Modbus RTU 协议通信。
- 集成 USB 2.0 Host 接口，可连接鼠标、键盘、Hub 及 USB 存储器。
- 具有数据和报警记录的归档功能。
- 具有强大的配方管理、趋势显示、报警功能。
- 通过 Pack & Go 功能，可轻松实现项目更新与维护。
- 搭配使用 WinCC flexible SMART 软件（SMART LINE 触摸屏的组态软件），可实现更强功能。

10.1.2 SMART LINE 触摸屏的常用型号

在利用 WinCC flexible SMART 软件的组态项目选择设备时，可以发现 SMART LINE 触摸屏有 8 种型号，如图 10-1 所示，其中 Smart 700 IE V3 型和 Smart 1000 IE V3 型最为常用，其外形如图 10-2 所示。

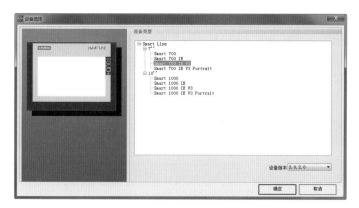

图 10-1 SMART LINE 触摸屏有 8 种型号

Smart 700 IE V3型　　　　Smart 1000 IE V3型

图 10-2 两种常用的 SMART LINE 触摸屏外形

10.1.3 SMART LINE 触摸屏的主要部件

SMART LINE 触摸屏的各型号外形略有不同，但组成部件大同小异。Smart 700 IE V3 型触摸屏的组成部件及说明如图 10-3 所示。

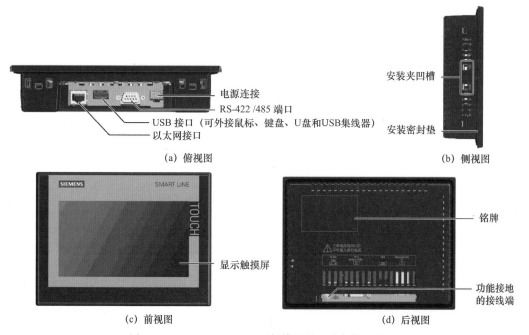

图 10-3 Smart 700 IE V3 型触摸屏的组成部件及说明

10.1.4 SMART LINE 触摸屏的技术规格

SMART LINE 触摸屏的技术规格见表 10-1。

表 10-1　SMART LINE 触摸屏的技术规格

项目		Smart 700 IE V3 型	Smart 1000 IE V3 型
显示尺寸		7 英寸	10 英寸
开孔尺寸（mm×mm）		192×138	259×201
前面板尺寸（mm×mm）		209×155	276×218
安装方式		横向 / 竖向	
显示类型		LCD-TFT	
分辨率（像素）		800×480	1024×600
颜色		65536	
亮度（cd/m²）		250	
背光寿命（h）		最大 20000	
触屏类型		高灵敏度 4 线电阻式触摸屏	
CPU		ARM，600MHz	
内存		128MB DDR 3	
项目内存		8MB Flash	
供电电源		24V 直流电源	
电压允许范围		19.2 ～ 28.8V	
时钟		硬件实时时钟	
串口通信		1×RS-422/485，带隔离串口，最大通信速率为 187.5kbps	
以太网接口		1×RJ-45，最大通信速率为 100Mbps	
USB		USB 2.0 Host，支持 U 盘、鼠标、键盘、Hub	
认证		CE、RoHS	
环境条件	操作温度	0℃～ 50℃（垂直安装）	
	存储 / 运输温度	−20℃～ 60℃	
	最大相对湿度	90%RH（无冷凝）	
防护等级	前面	IP65	
	背面	IP20	
软件功能	组态软件	WinCC flexible SMART V3	
	可连接的西门子 PLC	S7-200/S7-200 SMART/LOGO!	
	第三方 PLC	三菱 PLC（ FX/Protocol 4），施耐德 PLC（Modicon Modbus），欧姆龙 PLC（ CP/CJ）	
	变量数（个）	800	
	画面数（个）	150	
	变量归档数（个）	5	

10.2　SMART LINE 触摸屏与其他设备的连接

10.2.1　SMART LINE 触摸屏的供电接线

Smart 700 IE V3 型触摸屏的供电电源为 24V 直流电源，电压的允许范围为 19.2 ～ 28.8V，其电源接线如图 10-4 所示。电源连接器为触摸屏自带，无须另外购置。

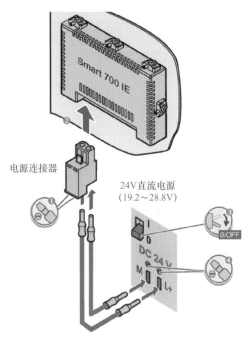

❶ 将两根电源电缆的一端插到电源连接器中，并使用一字螺丝刀将其固定。

❷ 将电源连接器连接到触摸屏。

❸ 关闭电源。

❹ 将两根电源电缆的另一端插到电源端子中，并使用一字螺丝刀将其固定。请确保极性连接正确。

图 10-4　Smart 700 IE V3 型触摸屏的电源接线

10.2.2　SMART LINE 触摸屏与组态计算机的以太网连接

SMART LINE 触摸屏中的控制和监控画面是使用安装在计算机中的 WinCC flexible SMART 组态软件制作的。在画面制作完成后，计算机通过电缆将画面下载到触摸屏。计算机与 SMART LINE 触摸屏一般使用网线连接，具体连接如图 10-5 所示。

SMART LINE触摸屏面板　　　　　网线　　　　　计算机

LAN口　　　　　LAN口

图 10-5　SMART LINE 触摸屏与计算机连接

10.2.3　SMART LINE 触摸屏与西门子 PLC 的连接

对于具有以太网接口（或安装了以太网通信模块）的西门子 PLC，可采用网线与 SMART LINE 触摸屏连接；对于没有以太网接口的西门子 PLC，可通过 RS-485 端口与 SMART LINE 触摸屏连接。SMART LINE 触摸屏支持连接的西门子 PLC 及支持的通信协议见表 10-2。

表 10-2　SMART LINE 触摸屏支持连接的西门子 PLC 及支持的通信协议

SMART LINE 触摸屏支持连接的西门子 PLC	支持的通信协议
SIEMENS S7-200	以太网、PPI、MPI
SIEMENS S7-200 CN	以太网、PPI、MPI
SIEMENS S7-200 Smart	以太网、PPI、MPI
SIEMENS LOGO!	以太网

SMART LINE 触摸屏与西门子 PLC 的连接如图 10-6 所示。

图 10-6　SMART LINE 触摸屏与西门子 PLC 的连接

SMART LINE 触摸屏与西门子 PLC 的 RS-485 串行连接如图 10-7 所示（在连接时，使用 9 针 D-Sub 连接器，但在通信时只用到其中的第 3 针和第 8 针）。

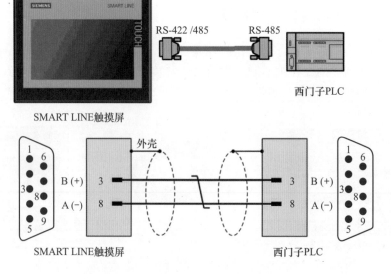

图 10-7　SMART LINE 触摸屏与西门子 PLC 的 RS-485 串行连接

10.2.4　SMART LINE 触摸屏与其他 PLC 的连接

SMART LINE 触摸屏除了可以与西门子 PLC 连接，还可以与三菱、施耐德、欧姆龙及部分台达 PLC 进行 RS-422/485 串行连接，如图 10-8 所示。

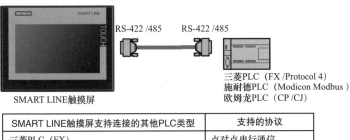

SMART LINE触摸屏支持连接的其他PLC类型	支持的协议
三菱PLC（FX）	点对点串行通信
三菱PLC（Protocol 4）	多点串行通信
施耐德PLC（Modicon Modbus）	点对点串行通信
欧姆龙PLC（CP/CJ）	多点串行通信

图 10-8　SMART LINE 触摸屏与其他 PLC 的 RS-422/485 串行连接

1. SMART LINE 触摸屏与三菱 PLC 的 RS-422/485 串行连接

SMART LINE 触摸屏与三菱 PLC 的 RS-422/485 串行连接如图 10-9 所示。

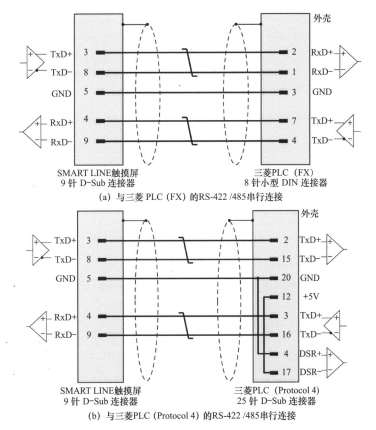

图 10-9　SMART LINE 触摸屏与三菱 PLC 的 RS-422/485 串行连接

2. SMART LINE 触摸屏与施耐德 PLC 的 RS-422/485 串行连接

SMART LINE 触摸屏与施耐德 PLC 的 RS-422/485 串行连接如图 10-10 所示。

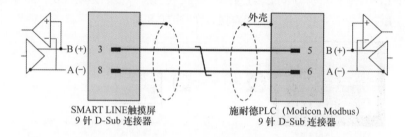

图 10-10　SMART LINE 触摸屏与施耐德 PLC 的 RS-422/485 串行连接

3. SMART LINE 触摸屏与欧姆龙 PLC 的 RS-422/485 串行连接

SMART LINE 触摸屏与欧姆龙 PLC 的 RS-422/485 串行连接如图 10-11 所示。

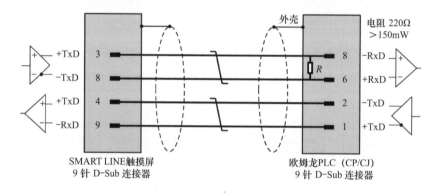

图 10-11　SMART LINE 触摸屏与欧姆龙 PLC 的 RS-422/485 串行连接

10.3　SMART LINE 触摸屏的组态软件

　　WinCC 软件是西门子人机界面（HMI）设备的组态软件，根据使用方式的不同，可将其分为 SIMATIC WinCC V14（TIA 博途平台中的组态软件）、WinCC V7.4（单独使用的组态软件）和 WinCC flexible SMART V3（SMART LINE 触摸屏的组态软件）。前两种 WinCC 软件的安装文件"体积庞大"（接近 10GB），而 WinCC flexible SMART V3 的安装文件"体积小巧"（1GB 左右），可直接下载使用，无须授权。由于这三种 WinCC 软件在具体使用时大同小异，故这里以 WinCC flexible SMART V3 为例来介绍西门子 WinCC 软件的使用方法。

10.3.1　SMART LINE 触摸屏组态软件的安装与卸载

安装与使用 WinCC flexible SMART V3 软件（SMART LINE 触摸屏组态软件）的系统

要求见表 10-3。

表 10-3　安装与使用 WinCC flexible SMART V3 软件的系统要求

选项	要求
操作系统	Windows 7/Windows 10
RAM	最小 1.5GB，推荐 2GB
处理器	最低要求 Pentium IV 或同等 1.6GHz 的处理器，推荐使用 Core 2 Duo
硬盘空闲存储空间	如果 WinCC flexible SMART V3 未安装在系统分区中，则所需存储空间的分配如下： • 大约 2.6GB 分配到系统分区 • 大约 400MB 分配到安装分区 以便确保留出足够多的剩余硬盘空间用于页面文件
可同时安装的其他西门子软件	• STEP 7（TIA Portal）V14 SP1 • WinCC（TIA Portal）V13 SP2/V14 SP1/V15 • WinCC flexible 2008 SP3/SP5/SP4 CHINA

1．软件的下载与安装

　　WinCC flexible SMART V3 软件的安装包可通过西门子自动化官网（www.ad.siemens.com.cn）免费下载。为了能够顺利安装软件，在安装前请关闭计算机的安全软件（如 360 安全卫士）和其他正在运行的软件。软件的下载与解压缩如图 10-12 所示。

图 10-12　软件的下载与解压缩

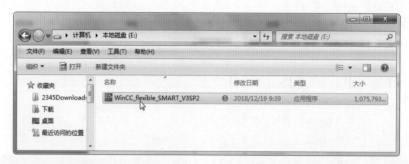

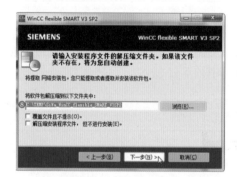
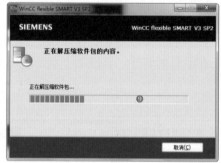

❺ 下载完成后，双击 WinCC flexible SMART V3 安装包文件进行解压操作。

❻ 弹出欢迎对话框，单击"下一步"按钮。

❼ 选择安装语言，单击"下一步"按钮。

❽ 选择解压文件的存放位置，单击"下一步"按钮。

❾ 开始解压缩软件包中的内容。

❿ 至此，已完成软件的解压缩，单击"完成"按钮，开始安装软件。

图 10-12 软件的下载与解压缩（续）

在 WinCC flexible SMART V3 安装包文件解压缩完成后，会自动开始安装。如果无法安装，可删除注册表中的相关项后再进行安装。

❶ 单击"开始"按钮，在最下方的文本框内输入 regedit，单击回车键，弹出"注册表编辑器"窗口。

❷ 在左窗格中依次展开 HKEY_LOCAL_MACHINE → SYSTEM → CURrentControlSet → Control → SessionManager,在右窗格找到 PendingFileRenameOperations 选项,将该选项删除,如图 10-13 所示。不要重新启动计算机,继续安装或重新解压缩后再安装即可。

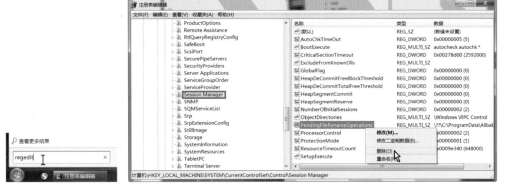

图 10-13　将注册表编辑器中的 PendingFileRenameOperations 选项删掉

在 WinCC flexible SMART V3 安装包文件解压缩完成后即可开始安装,具体安装过程如图 10-14 所示。

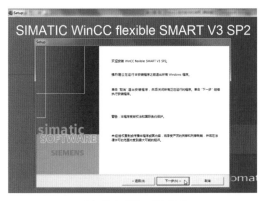

(a) 单击"下一步"按钮

(b) 单击"下一步"按钮

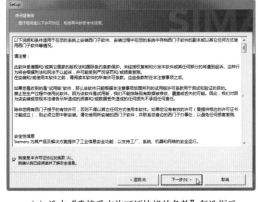

(c) 选中"我接受本许可证协议的条款"复选框后
单击"下一步"按钮

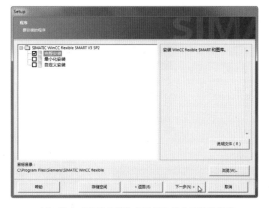

(d) 选中"完整安装"复选框和软件安装路径后
单击"下一步"按钮

图 10-14　WinCC flexible SMART V3 软件的安装过程

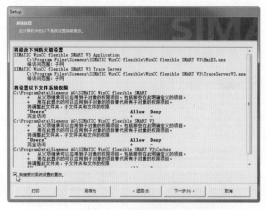
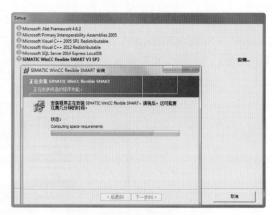

(e) 选中"我接受对系统设置的更改"复选框后　　　　　　(f) 按顺序安装软件和需要的组件
单击"下一步"按钮

(g) 选中"是,立即重启计算机"单选按钮后单击"完成"按钮

图 10-14　WinCC flexible SMART V3 软件的安装过程(续)

2. 软件的启动及卸载

WinCC flexible SMART V3 软件的启动如图 10-15 所示。

安装软件后,单击计算机桌面左下角的"开始"→"程序"→WinCC flexible SMART V3,即可启动该软件;也可以直接双击计算机桌面上的 WinCC flexible SMART V3 图标来启动软件。

图 10-15　WinCC flexible SMART V3 软件的启动

WinCC flexible SMART V3 软件的卸载如图 10-16 所示。

单击计算机桌面左下角的"开始"→"控制面板"→"程序"→"程序和功能"→"卸载或更改程序",找到 WinCC flexible SMART V3 SP2 选项,单击鼠标右键,在弹出的快捷菜单中选择"卸载",即可将该软件从计算机中卸载。

图 10-16　WinCC flexible SMART V3 软件的卸载

 10.3.2　SMART LINE 触摸屏组态软件的使用

WinCC flexible SMART V3 软件的功能强大。下面通过一个简单的项目来快速了解该软件的使用方法。完成的项目画面如图 10-17 所示。

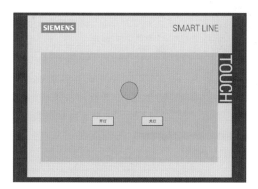

图 10-17　完成的项目画面

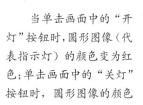

当单击画面中的"开灯"按钮时,圆形图像(代表指示灯)的颜色变为红色;单击画面中的"关灯"按钮时,圆形图像的颜色变为灰色。

1. 项目的创建与保存

在 WinCC flexible SMART V3 中启动和创建项目,如图 10-18 所示。

(a) 选择创建空项目

图 10-18　在 WinCC flexible SMART V3 中启动和创建项目

(b) 选择触摸屏型号

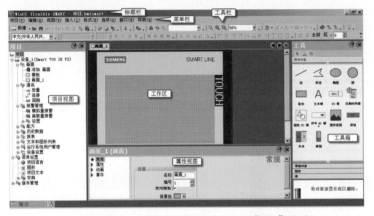

(c) 软件启动完成并自动创建一个文件名为"项目"的项目

图 10-18　在 WinCC flexible SMART V3 中启动和创建项目（续）

在 WinCC flexible SMART V3 软件启动后会出现如图 10-18（a）所示的对话框，可以选择打开已有的或以前编辑过的项目，这里选择"创建一个空项目"选项；接着出现如图 10-18（b）所示的对话框，从中选择触摸屏型号，单击"确定"按钮；等待一段时间后，WinCC 启动完成，出现 WinCC flexible SMART V3 软件窗口，并自动创建了一个文件名为"项目"的项目，如图 10-18（c）所示。

WinCC flexible SMART V3 软件界面由标题栏、菜单栏、工具栏、项目视图、工作区、工具箱和属性视图组成。

为了防止计算机因断电造成项目丢失，也为了以后查找项目方便，建议为创建的项目更名及进行保存操作，如图 10-19 所示。

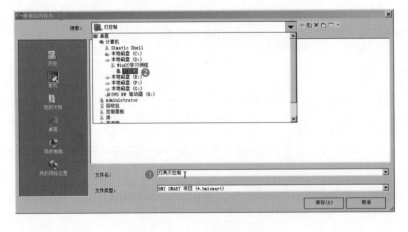

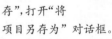

❶ 执行菜单命令"项目"→"保存"，打开"将项目另存为"对话框。

❷ 将当前项目保存在"灯控制"文件夹中。

❸ 将项目更名为"灯亮灭控制"。

图 10-19　项目的更名及保存

④ 打开"灯控制"文件夹。

⑤ 在该文件夹中，第 1 个是项目文件，后 3 个是软件自动建立的与项目有关的文件。

图 10-19　项目的更名及保存（续）

2. 项目的变量设置

创建项目后，如果项目需要传送到触摸屏来控制 PLC，则应建立通信连接，以便设置与触摸屏连接的 PLC 类型和通信参数。为了让无触摸屏和 PLC 的用户快速掌握 WinCC 的使用方法，本项目仅在计算机中模拟运行，无须建立通信连接，可直接进行变量设置。

组态变量是指在 WinCC 中定义项目时要用的变量。组态变量的设置过程如图 10-20 所示。

注意：变量分为内部变量和外部变量，变量都有一个名称和数据类型。触摸屏内部有一定的存储空间，一个变量就是存储空间中的一个区块，变量名就是这个区块的名称，区块大小由数据类型确定（例如，字节型变量是一个 8 位的存储区块）。

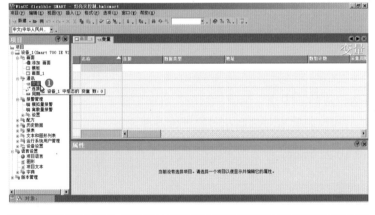

❶ 在项目视图中双击"设备"→"通讯"→"变量"选项，在工作区中将出现变量表。

❷ 在变量表"名称"列的下方空白处双击，会自动生成一个默认变量名为"变量_1"的变量，该变量的其他各项内容也会自动生成。

❸ 将变量名改为"指示灯"，数据类型由默认的"Int（整型）"改为"Bool（布尔型）"，即可定义一个名称为"指示灯"的布尔型变量。

图 10-20　组态变量的设置过程

293

定义为内部变量的存储区块只能供触摸屏自身使用，与外部的 PLC 没有关联；定义为外部变量的存储区块既可供触摸屏使用，也可供外部连接的 PLC 使用。变量的数据类型及取值范围见表 10-4。

表 10-4 变量的数据类型及取值范围

数据类型	符号	位数 /b	取值范围
字符型	Char	8	—
字节型	Byte	8	$0 \sim 255$
有符号整型	Int	16	$-32\,768 \sim 32\,767$
无符号整型	UInt	16	$0 \sim 65\,535$
长整型	Long	32	$-2\,147\,483\,648 \sim 2\,147\,483\,647$
无符号长整型	ULong	32	$0 \sim 4\,294\,967\,295$
实数（浮点数）型	Float	32	$\pm 1.175\,495e\text{-}38 \sim \pm 3.402\,823e\text{+}38$
双精度浮点型	Double	64	—
布尔（位）型	Bool	1	True（1）、False（0）
字符串型	String	—	—
日期时间型	DateTime	64	日期 / 时间

3. 项目的画面设置

触摸屏项目是由一个个画面组成的：先建立画面，然后在画面上放置一些对象（如按钮、图形、图片等），并根据显示和控制要求对画面及对象进行各种设置。

• 新建或打开画面，如图 10-21 所示。

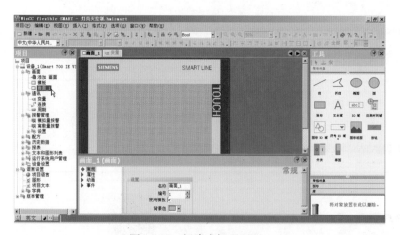

在项目视图中双击"画面"下的"添加画面"即可新建一个画面（在创建空项目时，WinCC 会自动建立一个名称为"画面_1"的画面）。在项目视图中双击"画面_1"，工作区就会打开该画面。

图 10-21 新建或打开画面

- 放置"开灯"按钮的操作过程如图 10-22 所示。

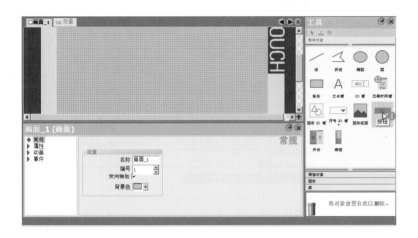

① 在工具箱中找到按钮工具。

② 将按钮工具拖放到工作区画面的合适位置。

③ 选择"常规"选项。

④ 将"'OFF'状态文本"改为"开灯"。

⑤ 将"'ON'状态文本"框清空或不选中"'ON'状态文本"复选框，这样按钮在处于 ON 状态时就不会显示文本。

⑥ 选中"事件"下的"单击"选项。

⑦ 选择函数 SetBit(置位)。

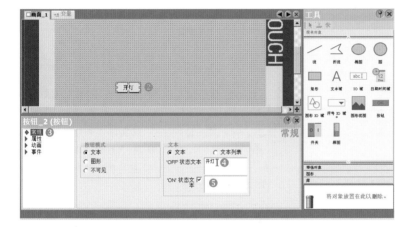

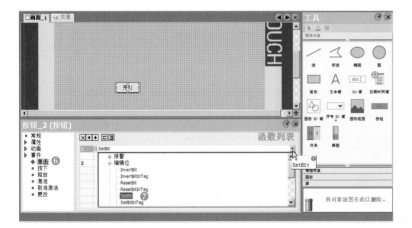

图 10-22　放置"开灯"按钮的操作过程

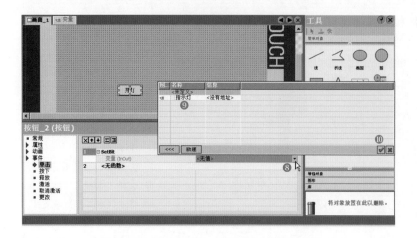

⑧ 单击▾按钮，弹出变量选择框。

⑨ 选择"指示灯"变量。

⑩ 单击☑按钮，即可将"开灯"按钮的单击事件设为"SetBit 指示灯"。

图 10-22　放置"开灯"按钮的操作过程（续）

- 放置"关灯"按钮的操作过程如图 10-23 所示。

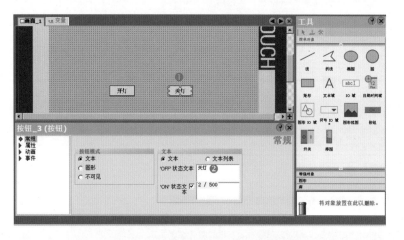

❶ 在画面中放置一个按钮。

❷ 将"'OFF'状态文本"设置为"关灯"。

❸ 将"关灯"按钮的"单击"事件设为"ResetBit 指示灯"。

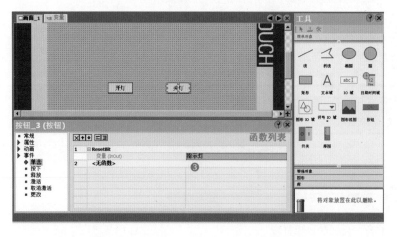

图 10-23　放置"关灯"按钮的操作过程

放置指示灯图形，即当"指示灯"变量的值为 0 时，圆形图像（指示灯图形）的颜色为灰色；当"指示灯"变量的值为 1 时，圆形图像的颜色为红色。放置指示灯图形的过程如图 10-24 所示。

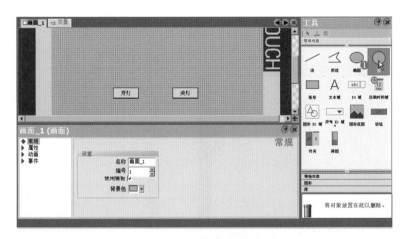

❶ 在工具箱中找到圆工具。

❷ 将工具箱中的圆工具拖放到画面的合适位置。

❸ 将圆的颜色与"指示灯"变量的值关联起来。

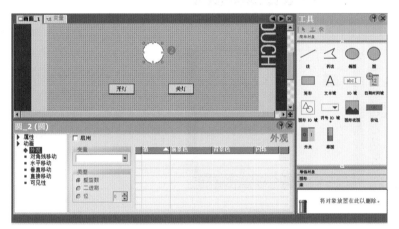

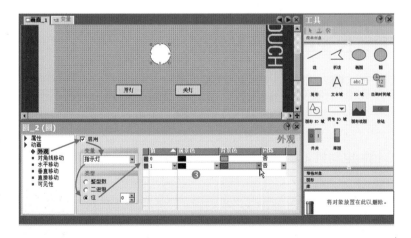

图 10-24　放置指示灯图形的过程

4. 项目的模拟运行

在设置变量和画面后，一个简单的项目就完成了。在 WinCC 中可以执行模拟运行操作来查看项目的运行效果。项目的模拟运行如图 10-25 所示。

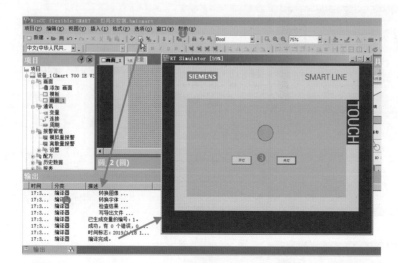

❶ 单击 [图标]（启动运行系统）图标，也可执行菜单命令"项目"→"编译器"→"启动运行系统"，对项目进行编译。

❷ 在下方的输出窗口中出现编译信息。

 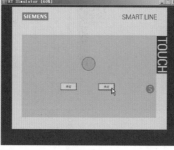

❸ 编译完成后，会显示项目画面。

❹ 单击"开灯"按钮，圆形指示灯的颜色变为红色。

❺ 单击"关灯"按钮，圆形指示灯的颜色变为灰色。

图 10-25　项目的模拟运行

10.4　触摸屏操作和监控 PLC 的开发实例

单独一台触摸屏是没有多大使用价值的，如果将其与 PLC 连接起来使用，则不但可以当作输入设备，给 PLC 输入指令或数据，还能用作显示设备，将 PLC 内部元件的状态和数值直观地显示出来。

下面以触摸屏连接 PLC 控制电动机正转、反转和停转，并监视 PLC 输出状态为例进行介绍。

10.4.1　明确要求、规划变量和线路

利用触摸屏上的 3 个按钮分别控制电动机正转、反转和停转。触摸屏是通过改变

PLC 内部的变量值来控制 PLC 的。本例中选用 S7-200 PLC，以及 Smart 700 IE V3 型触摸屏（属于西门子精彩系列触摸屏 SMART LINE）。PLC 的变量分配见表 10-5。

表 10-5　PLC 的变量分配

变量或端子	外接部件	功能
M0.0	无	正转 / 停转控制
M0.1	无	反转 / 停转控制
Q0.0	外接正转接触器线圈	正转控制输出
Q0.1	外接反转接触器线圈	反转控制输出

触摸屏与 PLC 的连接及电动机正/反转控制线路如图 10-26 所示。触摸屏与 PLC 之间可使用普通网线进行通信，也可使用 9 针 D-Sub 连接器进行通信，两种通信方式不能同时使用。

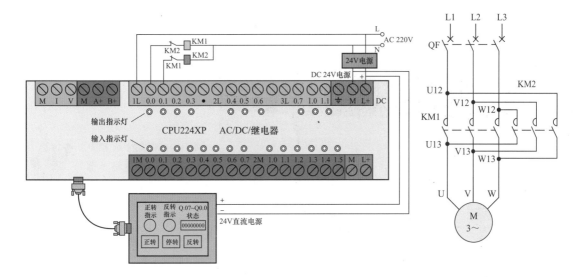

　　单击"正转"按钮时，正转指示灯亮，状态监视区的显示值为 00000001，PLC 上 Q0.0 端的指示灯亮，内部触点导通，有电流流过 KM1 接触器线圈，KM1 主触点闭合，电动机正转；
　　单击"反转"按钮时，反转指示灯亮，状态监视区的显示值为 00000010，PLC 上 Q0.1 端的指示灯亮，内部触点导通，有电流流过 KM2 接触器线圈，KM2 主触点闭合，电动机反转；
　　单击"停转"按钮时，正转指示灯熄灭，状态监视区的显示值为 00000000，PLC 上 Q0.0 端的指示灯熄灭，内部触点断开，KM1 接触器线圈失电，KM1 主触点断开，电动机失电停转。

图10-26　触摸屏与 PLC 的连接及电动机正/反转控制线路

10.4.2　编写和下载 PLC 程序

在计算机中启动 STEP 7-Micro/WIN 软件，编写控制电动机正 / 反转的 PLC 程序，如图 10-27 所示。

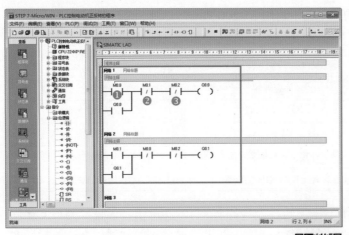

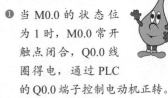
❶ 当 M0.0 的 状 态 位 为 1 时，M0.0 常 开 触点闭合，Q0.0 线 圈 得 电，通 过 PLC 的 Q0.0 端子控制电动机正转。

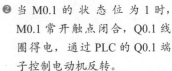
❷ 当 M0.1 的 状 态 位 为 1 时，M0.1 常开触点闭合，Q0.1 线 圈 得 电，通 过 PLC 的 Q0.1 端子控制电动机反转。

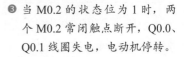
❸ 当 M0.2 的 状态位为 1 时，两个 M0.2 常闭触点断开，Q0.0、Q0.1 线圈失电，电动机停转。

图10-27　编写控制电动机正/反转的程序

如果要将计算机中编写的程序传送到 PLC，则应把 PLC 和计算机连接起来。S7-200 PLC 与计算机的硬件通信连接如图 10-28 所示。

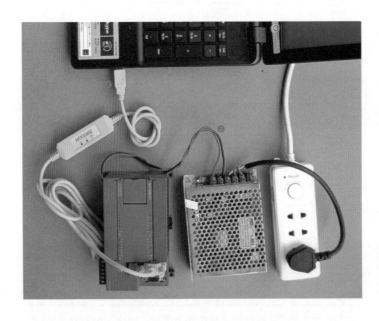

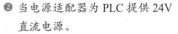
❶ USB-RS485 编程电缆：一端连接计算机的 USB 接口；另一端连接 PLC 的 PORT0 或 PORT1 端口。

❷ 当电源适配器为 PLC 提供 24V 直流电源。

图 10-28　S7-200 PLC 与计算机的硬件通信连接

10.4.3　设置触摸屏画面项目

1. 创建触摸屏画面项目文件

在计算机中启动 WinCC flexible SMART 软件（西门子 SMART LINE 触摸屏的组态软件），并创建一个名为"电动机正反转控制画面 .hmismart"的项目。创建触摸屏画面项目文件如图 10-29 所示。

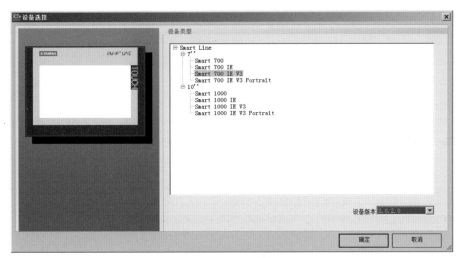

(a) 选择触摸屏的型号和版本号

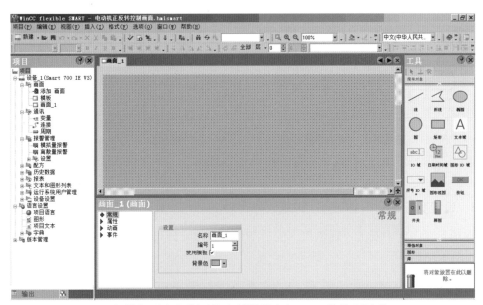

(b) 创建一个名为"电动机正反转控制画面.hmismart"的项目文件

图 10-29 创建触摸屏画面项目文件

2. 设置项目连接的 PLC 类型和通信参数

如果需要将通过 WinCC 组态软件创建的项目下载到触摸屏,以便控制 PLC,则应设置项目连接的 PLC 类型和通信参数,如图 10-30 所示。

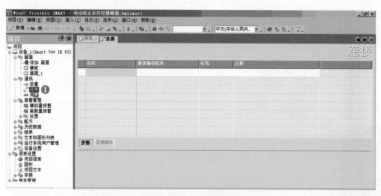

(a) 建立一个连接表

❶ 双击"连接"
选项，在工
作区将出现
连接表。

❷ 在"名称"列的空白处
双击，生成一个默认名
称为"连接_1"的连接，
将"通讯驱动程序"设
为"SIMATIC S7 200"，
将"在线"设为"开"。

❸ 若触摸屏与S7-200 PLC
使用9针D-Sub连接器
进行连接通信，则按此
标记进行设置。

(b) 触摸屏和PLC使用9针D-Sub连接器进行连接通信时的通信参数设置

图 10-30 设置项目连接的 PLC 类型和通信参数

3. 设置变量

在项目视图区中双击"通讯"下的"变量"选项，即可在工作区出现变量表。变量的
设置如图 10-31 所示。

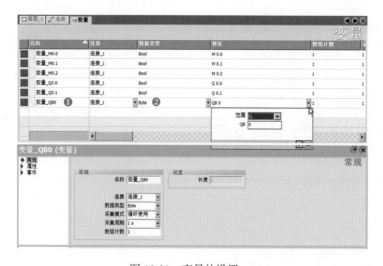

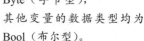

❶ 建立 6 个变量。
❷ 将"变量_QB0"
的数据类型设为
Byte（字节型），
其他变量的数据类型均为
Bool（布尔型）。

图 10-31 变量的设置

4．设置指示灯

设置指示灯的操作步骤如图 10-32 所示。

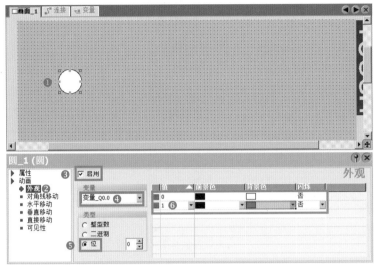

(a) 在画面上放置一个圆形并设置属性

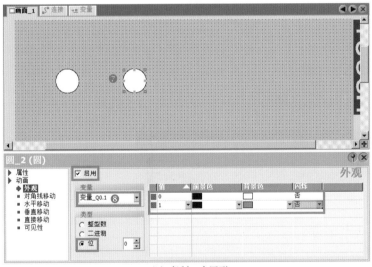

(b) 复制一个圆形

图 10-32　设置指示灯的操作步骤

❶ 在工具箱中单击圆工具，将其拖曳到工作区的合适位置。

❷ 选中"动画"下的"外观"选项。

❸ 选中"启用"复选框。

❹ 在"变量"下拉列表中选择"变量_Q0.0"。

❺ 选中"位"单选按钮。

❻ 将"值"设为 0 时，背景色为白色；将"值"设为 1 时，背景色为红色。

❼ 复制一个圆形。

❽ 在"变量"下拉列表中选择"变量_Q0.1"，其他属性保持不变。

5．设置按钮

设置正转按钮的操作步骤如图 10-33 所示。

(a) 设置按钮按下时执行"SetBit M0.0"

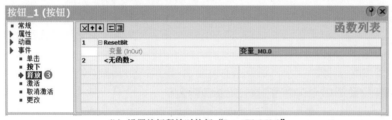

(b) 设置按钮释放时执行"ResetBit M0.0"

图 10-33　设置正转按钮的操作步骤

❶ 在工具箱中单击按钮工具，将其拖曳到工作区的合适位置，并将"常规"选项中的"'OFF'状态文本"设为"正转"。

❷ 选中"事件"下的"按下"选项，在右边的函数列表中选择"SetBit（置位）"函数，在变量栏中选择"变量_M0.0"。

❸ 选中"事件"下的"释放"选项，在右边的函数列表中选择"ResetBit（复位）"函数，在变量栏中选择"变量_M0.0"。

设置反转按钮的操作步骤如图 10-34 所示。

(a) 设置按钮按下时执行"SetBit M0.1"

图 10-34　设置反转按钮的操作步骤

❶ 复制一个正转按钮，并将"常规"选项中的"'OFF'状态文本"设为"反转"。

❷ 选中"事件"下的"按下"选项，在右边的函数列表中选择"SetBit（置位）"函数，在变量栏中选择"变量_M0.1"。

(b)　设置按钮释放时执行 "ResetBit M0.1"

图 10-34　设置反转按钮的操作步骤（续）

❸ 选中"事件"下的"释放"选项，在右边的函数列表中选择"ResetBit（复位）"函数，在变量栏中选择"变量_M0.1"。

设置停转按钮的操作步骤如图 10-35 所示。

(a)　设置按钮按下时执行 "SetBit M0.2"

❶ 复制一个正转按钮，并将"常规"选项中的"'OFF'状态文本"设为"停转"。

❷ 选中"事件"下的"按下"选项，在右边的函数列表中选择"SetBit（置位）"函数，在变量栏中选择"变量_M0.2"。

❸ 选中"事件"下的"释放"选项，在右边的函数列表中选择"ResetBit（复位）"函数，在变量栏中选择"变量_M0.2"。

(b)　设置按钮释放时执行 "ResetBit M0.2"

图 10-35　设置停转按钮的操作步骤

6．设置状态位监视器

设置状态位监视器的操作步骤如图 10-36 所示。

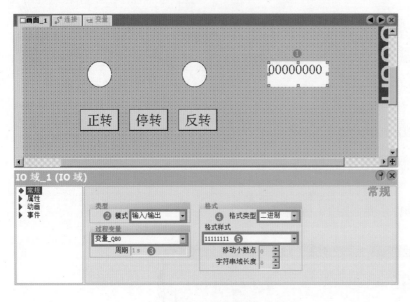

① 在工具箱中单击 IO 域工具，将其拖曳到工作区的合适位置。

② 在"模式"下拉列表中选择"输入/输出"。

③ 在"过程变量"下拉列表中选择"变量_QB0"。

④ 在"格式类型"下拉列表中选择"二进制"。

⑤ 在"格式样式"下拉列表中选择"11111111"。

图 10-36　设置状态位监视器的操作步骤

7. 设置说明文本

设置说明文本的操作步骤如图 10-37 所示。

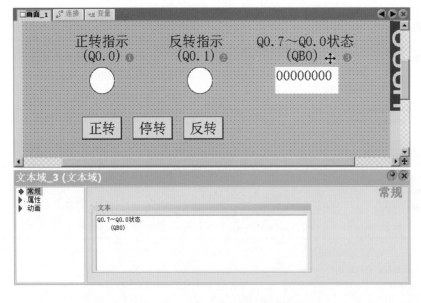
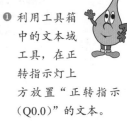

① 利用工具箱中的文本域工具，在正转指示灯上方放置"正转指示（Q0.0）"的文本。

② 在反转指示灯上方放置"反转指示（Q0.1）"的文本。

③ 在状态位监视器上方放置"Q0.7 ～ Q0.0 状态（QB0）"的文本。

图 10-37　设置说明文本的操作步骤

8. 设置触摸屏与计算机的通信连接

西门子 Smart 700 IE V3 触摸屏仅支持通过以太网的方式下载项目文件。在下载前，可利用一根网线将触摸屏和计算机连接起来，并设置计算机和触摸屏的 IP 地址。触摸屏与计算机的连接如图 10-38 所示。

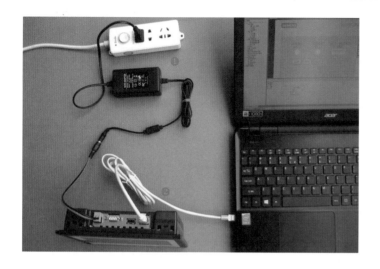

❶ 24V 电源适配器用于将 220V 交流电压转换成 24V 直流电压。

❷ 用网线将触摸屏与计算机连接起来。

图 10-38　触摸屏与计算机的连接

设置计算机 IP 地址的操作步骤如图 10-39 所示。

(a)　"控制面板"窗口

(b)　"网络和共享中心"窗口

(c)　"网络连接"窗口

(d)　"本地连接 属性"对话框

❶ 打开"控制面板"窗口，双击"网络和共享中心"选项。

❷ 弹出"网络和共享中心"窗口，单击"更改适配器设置"选项。

❸ 弹出"网络连接"窗口，右键单击"本地连接"图标，在弹出的快捷菜单中选择"属性"。

❹ 弹出"本地连接 属性"对话框，选中"Internet 协议版本 4（TCP/IPv4）"选项，单击"属性"按钮。

图 10-39　设置计算机 IP 地址的操作步骤

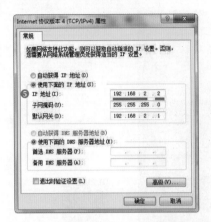

❺ 弹出"Internet 协议版本 4（TCP/IPv4）属性"对话框，选中"使用下面的 IP 地址"单选按钮，系统将自动生成 IP 地址和子网掩码，将"默认网关"的前三个值设为与 IP 地址相同的值，第 4 个值设为 1 。

(e) "Internet协议版本4（TCP/IPv4）属性"对话框

图 10-39　设置计算机 IP 地址的操作步骤（续）

设置触摸屏 IP 地址的操作步骤如图 10-40 所示（一定要为触摸屏接通 24V 直流电源）。

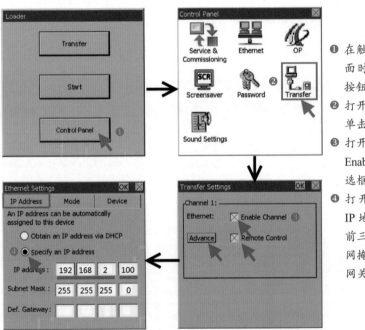

❶ 在触摸屏通电出现启动界面时，单击 Control Panel 按钮。
❷ 打开 Control Panel 对话框，单击 Transfer 图标。
❸ 打开 Transfer Settings 对话框，选中 Enable Channel 和 Remote Control 复选框，单击 Advance 按钮。
❹ 打开 Ethernet Settings 对话框，将 IP 地址设置为与计算机 IP 地址的前三组值相同，第四组值不同，子网掩码将自动生成，不用设置默认网关。

图 10-40　设置触摸屏 IP 地址的操作步骤

注意：若在触摸屏的启动界面中单击 Transfer 按钮，则进入传送模式；若单击 Start 按钮，则进入项目画面；若单击 Control Panel 按钮，则进入控制面板，即 Control Panel 对话框。

9. 下载项目

下载项目的操作步骤如图 10-41 所示。

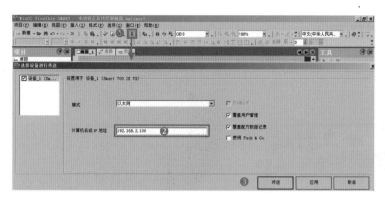

(a) 在对话框中输入触摸屏的IP地址

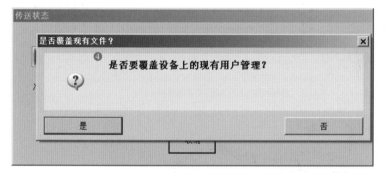

(b) 询问是否覆盖触摸屏的原用户管理数据

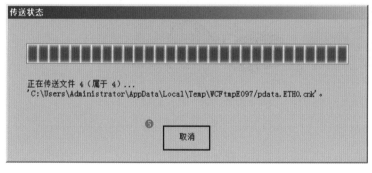

(c) "传送状态"对话框

图 10-41　下载项目的操作步骤

❶ 单击 图标，或者执行菜单命令"项目"→"传送"→"传输"，将弹出"选择设备进行传送"对话框。

❷ 在"计算机名或 IP 地址"文本框中输入触摸屏的 IP 地址。

❸ 单击"传送"按钮开始下载项目。

❹ 如果希望保存之前的用户管理数据，则可单击"否"按钮，否则单击"是"按钮。

❺ 若在"传送状态"对话框中单击"取消"按钮，则可取消项目下载。

 10.4.4　执行触摸屏连接 PLC 实例的测试操作

西门子 Smart 700 IE V3 型触摸屏与 S7-200 PLC 采用串行通信连接，如图 10-42 所示，并使用 24V 电源适配器为触摸屏和 PLC 提供电源。

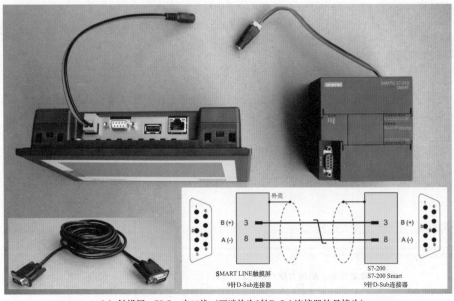

(a) 触摸屏、PLC、串口线（两端均为9针D-Sub连接器的母接头）

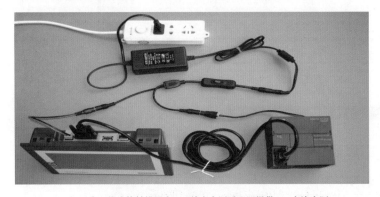

(b) 用串口线连接触摸屏和PLC并由电源适配器提供24V直流电源

图 10-42 西门子 Smart 700 IE V3 型触摸屏与 S7-200 PLC 采用串行通信连接

触摸屏连接 PLC 实例的测试操作如图 10-43 所示。

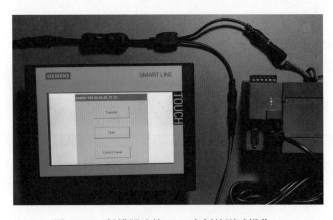

图 10-43 触摸屏连接 PLC 实例的测试操作

❶ 打开触摸屏的启动界面，不进行任何操作，几秒钟后将进入项目画面。

❷ 状态位监视器显示 "00000000"，表示 PLC 的 8 个输出继电器 Q0.7 ～ Q0.0 的状态位均为 0。若触摸屏与 PLC 未建立通信连接，则监视器会显示 "########"。

❸ 单击 "正转" 按钮，正转指示灯和 Q0.0 输出指示灯变亮，状态位监视器显示 "00000001"，即输出继电器 Q0.0 的状态位为 1，Q0.0 端子的内部硬触点闭合。

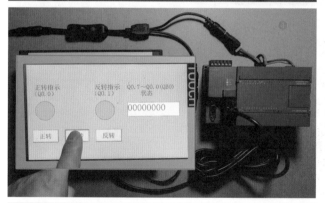

❹ 单击 "停转" 按钮，正转指示灯和 Q0.0 输出指示灯熄灭，状态位监视器显示为 "00000000"，即输出继电器 Q0.0 的状态位为 0，Q0.0 端子的内部硬触点断开。

❺ 单击 "反转" 按钮，反转指示灯和 Q0.1 输出指示灯变亮，状态位监视器显示为 "00000010"，即输出继电器 Q0.1 的状态位为 1，Q0.1 端子的内部硬触点闭合。

图 10-43　触摸屏连接 PLC 实例的测试操作（续）

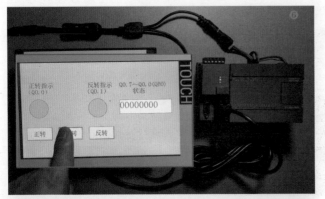

⑥ 单击"停转"按钮，反转指示灯和 Q0.1 输出指示灯熄灭，状态位监视器显示为"00000000"，即输出继电器 Q0.1 的状态位为 0，Q0.1 端子的内部硬触点断开。

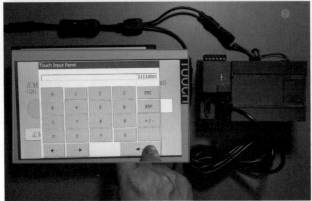

⑦ 单击状态位监视器，弹出屏幕键盘，输入"11110001"后单击回车键，即将 PLC 的输出继电器 Q0.7～Q0.4，以及 Q0.0 的状态位设为 1。

⑧ Q0.7～Q0.4，以及 Q0.0 的输出指示灯变亮，由于 Q0.0 的状态位为 1，因此正转指示灯变亮。

⑨ 单击"停转"按钮，正转指示灯和 Q0.0 输出指示灯熄灭，状态位监视器显示为"11110000"，即"停转"按钮不能改变输出继电器 Q0.7～Q0.4 的状态位。

图 10-43　触摸屏连接 PLC 实例的测试操作（续）